普通高等教育系列教材

Altium Designer 原理图 与 PCB 设计教程

高敬鹏　武超群　王臣业　等编著

机械工业出版社

本书从实用的角度出发，全面阐述了利用 Altium Designer 软件进行电子产品设计应具备的基础知识和 Altium Designer 的使用环境等内容，讲解了电路原理图和印制电路板的设计方法和操作步骤。最后，以一个具体的实例详细介绍了 Altium Designer 的开发方法和过程。

本书由浅入深，从易到难，各章节既相对独立又前后关联，以大量的图解和例题讲解了 Altium Designer 软件基本功能的应用与操作，并通过提示、技巧和注意等方式指导读者对重点内容的理解，以帮助读者将所学知识真正运用到实际产品的设计生产中去。本书除了最后一章外，每章配有思考与练习，以帮助读者深入地进行学习。

本书既可作为高等学校电子系统设计课程的教材，也可作为电路设计及相关行业工程技术人员的技术参考书。

本书配有授课电子教案和实例源文件，需要的教师可登录 www.cmpedu.com 免费注册、审核通过后下载，或联系编辑索取（微信：15910938545，电话：010-883797539）。

图书在版编目（CIP）数据

Altium Designer 原理图与 PCB 设计教程/高敬鹏等编著 . —北京：机械工业出版社，2013.7（2024.1 重印）
普通高等教育系列教材
ISBN 978-7-111-42567-0

Ⅰ.①A… Ⅱ.①高… Ⅲ.①印刷电路-计算机辅助设计-应用软件-高等学校-教材 Ⅳ.①TN410.2

中国版本图书馆 CIP 数据核字（2013）第 104851 号

机械工业出版社（北京市百万庄大街 22 号 邮政编码 100037）
责任编辑：和庆娣
责任印制：李 昂
北京科信印刷有限公司印刷
2024 年 1 月第 1 版·第 15 次印刷
184mm×260mm·19.25 印张·476 千字
标准书号：ISBN 978-7-111-42567-0
定价：59.90 元

电话服务

客服电话：010-88361066
010-88379833
010-68326294

封底无防伪标均为盗版

网络服务

机 工 官 网：www.cmpbook.com
机 工 官 博：weibo.com/cmp1952
金 书 网：www.golden-book.com
机工教育服务网：www.cmpedu.com

前　言

电子工业的飞速发展和电子计算机技术的广泛应用，促进了电子设计自动化技术日新月异。Altium Designer 作为新一代的计算机辅助设计（Computer Aided Design，CAD）软件，其独一无二的 DXP 技术集成平台为设计系统提供了所有工具和编辑器的兼容环境，被广泛应用于航空、航天、汽车、造船、通用机械和电子等工业领域。

电子系统设计是一个不断发展的新型学科。Altium Designer 是目前最流行的电子设计领域的前端开发工具。本书以 Altium Designer 开发环境为背景，介绍电子产品开发的完整解决方案。

为了使读者迅速掌握 Altium Designer Summer 09 软件入门的要点与难点，本书每个知识点都通过一个典型的例题来说明其功能和用法，并给出重要的选项设置含义。本书根据作者多年使用 Altium Designer 进行印制电路板设计的实践经验和相应的教学经验，按照案例式教学的写作模式，由浅入深、图文并茂、全面剖析 Altium Designer 软件的功能及其在电子设计领域的应用方法。

本书共分 11 章，分别从电路原理图设计、印制电路板设计和信号完整性分析三个方面进行阐述，主要内容包括 Altium Designer 基本知识、电路原理图设计、原理图元件库的管理与创建、电路原理图高级设置、层次式原理图设计、印制电路板设计基础知识、印制电路板的布局设计、印制电路板的布线设计、印制电路板的后续制作、信号完整性分析和综合实例等。最后一章给出一个完整的实例，以帮助读者顺利地理解完成开发任务的整个过程，从原理图的设计到印制电路板的制作，读者都可以按照书中所讲述内容进行实际操作。

本书主要由哈尔滨工程大学的高敬鹏、王臣业，黑龙江工程学院的武超群编写，参加本书编写和程序调试工作的老师还有管殿柱、宋一兵、付本国、赵景伟、赵景波、张洪信、王献红、曹立文、谈世哲、李文秋、初航，在此表示衷心的感谢。

感谢您选择了本书，希望我们的努力对您的工作和学习有所帮助，也希望您把对本书的意见和建议告诉我们。

编　者

目　　录

第 1 章 Altium Designer 介绍

Altium Designer 系统是 Altium 公司于 2006 年年初推出的一种电子设计自动化（Electronic Design Automation，EDA）设计软件。该软件提供了电子产品一体化开发所需的所有技术和功能。Altium Designer 在单一设计环境中集成板级和 FPGA 系统设计、基于 FPGA 和分立处理器的嵌入式软件开发，以及 PCB 设计、编辑和制造，并集成了现代设计数据管理功能，使得 Altium Designer 成为电子产品开发的完整解决方案。

1.1 Altium Designer 发展历史

电子工业的飞速发展和电子计算机技术的广泛应用，促进了电子设计自动化技术日新月异。特别是在 20 世纪 80 年代末期，由于电子计算机操作系统 Windows 的出现，计算机辅助设计（Computer Aided Design，CAD）软件发生了一次大变革，纷纷臣服于 Microsoft 的 Windows 风格，并随着 Windows 版本的不断更新，也相应地推出新的 CAD 软件产品。在电子 CAD 领域，Protel Technology（Altium 的前身）公司在 EDA 软件产品的推陈出新方面扮演了一个重要角色。

20 世纪 80 年代末，Windows 系统开始日益流行，许多应用软件也纷纷开始支持 Windows 操作系统。Protel 也不例外，相继推出了 Protel For Windows 1.0、Protel For Windows 1.5 等版本。这些版本的可视化功能给用户设计电子线路带来了很大的方便，设计者不用再记一些烦琐的命令，这也让用户体会到资源共享的乐趣。

20 世纪 90 年代中期，Windows 95 出现，Protel 也紧跟潮流，推出了基于 Windows 95 的 3.X 版本。3.X 版本的 Protel 加入了新颖的主从式结构，但在自动布线方面却没有什么出众的表现。另外，由于 3.X 版本的 Protel 是 16 位和 32 位的混合型软件，所以不太稳定。

1999 年 Protel 公司推出了给人全新感觉的 Protel 99，其出众的自动布线能力获得了业内人士的一致好评。Protel 99 既有原理图逻辑功能验证的混合信号仿真，又有 PCB 信号完整性分析的板级仿真，从而构成了从电路设计到真实板分析的完整体系。

2000 年 Protel 公司推出了 Protel 99SE，其性能进一步提高，对设计过程有更大的控制力。

2001 年 8 月 Protel 公司更名为 Altium 公司。2002 年 Altium 公司推出了新产品 Protel DXP，Protel DXP 集成了更多工具，使用更方便，功能更强大。

2003 年推出的 Protel 2004 对 Protel DXP 进行了完善。

2006 年年初，公司推出了 Protel 系列的高端版本 Altium Designer 6.0。并在以后的几年中分别推出 Altium Designer 6.3、6.5、6.7、6.8、6.9、7.0、7.5 和 8.0 等版本。

2008 年 12 月，Altium Designer Summer 09 推出，此新版软件发布的 Altium Designer 引入新的设计技术和理念，以帮助电子产品设计创新，利用技术进步，使产品的任务设计更快地走向市场。电路板设计空间功能增强，让设计者可以更快地设计全三维 PCB 设计环境，避免出现错误和不准确的模型设计。

本书将以 Altium Designer Summer 09 版本为例，向读者介绍 Altium Designer 软件的组成、功能和操作方法。

1.2 Altium Designer 的优势及特点

Altium Designer 作为最佳的电子开发解决方案，将电子产品开发的所有技术与功能完美地融合在了一起，其所提供的设计流程效率是传统的点式工具开发技术无法比拟的。与以前的 Protel 版本相比较，Altium Designer 的主要特点及功能如下。

1. 一体化的设计流程

在单一、完整的设计环境中，集成了板极和 FPGA 系统设计，基于 FPGA 和分立处理器的嵌入式软件开发，以及 PCB 版图设计、编辑和制造等，向用户提供了所有流程的平台级集成，以及一体化的项目和文档管理结构，并支持传统相互独立设计学科的融合。用户可以有效管理整个设计流程，并且在设计流程的任何阶段、在项目的任何文档中随时都可以进行修改和更新，而系统则会提供完全的同步操作，以确保将这些变化反映到项目中的所有设计文档中，保证了设计的完整性。

2. 增强的数据共享功能

Altium Designer 完全兼容了 Protel 的各种版本，并提供对 Protel 99SE 下创建的 DDB 和库文件的导入功能，同时可以导入 P-CAD、OrCAD、AutoCAD、PADS PowerPCB 等软件的设计文件和库文件，能够无缝地将大量原有单点工具设计产品转换到 Altium Designer 设计环境中。其智能 PDF 向导则可以帮助用户把整个项目或所选定的设计文件打包成可移植的 PDF 文档，便于团队之间的灵活合作。

3. 可编程器件的充分利用

使用高容量可编程器件，可以把更多的设计从硬连接的平台转移到软环境中，从而节省设计时间，简化板卡设计，降低最终的制造成本。Altium Designer 系统克服了可编程逻辑设计中的障碍，延伸了可编程设计的支持功能，使用原理图和 HDL 源文件的组合来输入 FPGA 设计，用户可利用块级设计输入系统结构，同时保留了使用 HDL 定义逻辑块的灵活性；增强的 JTAG 器件浏览器可以使用户在调试电路时实时查看 JTAG 器件（如 FPGA）的引脚状态，而不需要从物理上对该器件进行探测；可配置的逻辑分析器则可以用来检测 FPGA 设计内部多重节点的状态。使用基于 FPGA 的虚拟器件来测试由 FPGA 器件所构成系统的整体功能，可以简化对系统级仿真的依赖，便于用户快速、交互地实现和调试基于 FPGA 的设计。

4. 完全的约束驱动设计

Altium Designer 提供了综合的、精密的设计规则范围，涵盖了板卡设计流程的各个方面，从电气、布线直到信号完整性等，用户可以快速、高效地定义所有的约束条件，灵活控制设计中的关键参数。此外，多种布线模式、完整的交互式布线系统，以及 Situs TM 自动布线支持等丰富功能的增强，可以进一步帮助用户设计并制造出完全满足设计约束条件的、无差错的板卡。

5. 结构化的设计输入

Altium Designer 的原理图编辑器能够保证任意复杂度的结构化设计输入，支持分层的设计方法，用户可以方便地把设计分割成功能块，从上至下或者从下至上查看电路，项目中可包含的页面数目没有限制，而且分层的深度也是无限的。而多通道设计的智能处理能够帮助用户在项目中高效地构建重复的电路块。

6. 面向各种处理器的嵌入式软件设计

Altium Designer 提供了多功能的 32 位 RISC 软处理器——TSK 3000 和一系列的通用 8 位软处理器，这些软处理器内核均独立于目标和 FPGA 供应商。增强了对更多的 32 位微处理器的支持，对每一种处理器都提供完备的开发调试工具，并提供了处理器之间的硬件和 C 语言级别的设计兼容性，从而提高了嵌入式软件设计在特殊软处理器、FPGA 内部的桥接的硬处理器和连接到单个 FPGA 的分立处理器之间的可移植性。广泛支持 Wishbone Open Bus 互联标准，简化了处理器到外设和存储器之间的连接，可以在页面上快速地添加外设器件，并方便地加以配置。

7. 高密板和高速信号设计的支持

Altium Designer 系统极大地增强了对高密板设计和高速信号设计的支持，创新的 Bload Insight 系统把鼠标变成了交互的数据挖掘工具，可以透视复杂的多层板卡。光标放在 PCB 设计上时，会显示出下面对象的关键信息，可以使用户毫不费力地浏览和编辑设计中叠放的对象，提高了在密集、多层设计环境中的编辑速度；强大的"逃逸布线"引擎，可以尝试将每个定义的焊盘通过布线刚好引到 BGA 边界，使对密集 BGA 类型封装的布线变得十分简单，节省了用户的设计时间；对差分信号提供系统级范围内的支持，使用户可以充分利用大规模可编程器件上的低电压差分信号功能，降低高密度电路的功率消耗和电磁干扰，改善反射噪声。布线前，可以进行信号完整性分析，帮助用户选择正确的信号线终结策略，及时添加必要的器件到设计中以防止过多的反射；布线结束后，还可以在最终的 PCB 上运行阻抗、反射和串扰分析来检查设计的实际性能，进一步优化信号质量。

1.3 Altium Designer 的安装与启动

Altium Designer Summer 09 的文件大小大约为 1.8GB，用户可以与当地的 Altium 销售和支持中心或增值代理商联系，获得软件及许可证。拥有 Altium Designer 许可证的用户，可以获得 3 个月免费的无限制电话和 E-mail 支持，以帮助用户快速掌握 Altium Designer 系统的使用方法和有关的细节信息，还可以免费访问 Altium 公司网站定期发布的补丁包，这些补丁包会给用户的 Altium Designer 系统带来更多新技术，以及更多的器件支持和增强功能，以确保用户始终保持最新的设计技术。

Altium 公司英文网站：http://www.altium.com/

中文网站：http://www.altium.com.cn/

1.3.1 Altium Designer 对系统的要求

Altium Designer Summer 09 对系统的整体要求比较高，为了获得良好的软件运行速度和设计环境，Altium 公司推荐的最佳系统性能配置如下。

- Windows XP SP2 专业版或更新版本。
- 英特尔酷睿 2 双核/四核 2.66GHz 或更快的处理器或同等速度的 CPU。
- 内存：2GB。
- 硬盘空间：10GB（系统安装 + 用户档案）。
- 双显示器：屏幕分辨率至少为 1680 × 1050（宽屏）或者 1600 × 1200（4:3）像素。
- NVIDIA 公司的 GeForce 80003 系列、256MB（或更多）或同等级别显卡。
- 并口（用于连接 NanoBoard-NB1）。
- USB 2.0 端口（用于连接 NanoBoard-NB2）。
- Adobe Reader 8 或更高版本。
- DVD 驱动器。
- Internet 连接，以接收更新和在线技术支持。

在实际的电子产品开发应用中，能够接受的最低系统性能配置如下。

- Windows XP SP2 的 Professional 版本。
- 英特尔奔腾 1.8GHz 处理器或相同等级。
- 内存：1 GB。
- 硬盘空间：3.5 GB（系统安装 + 用户档案）。
- 1280 × 1024 屏幕分辨率的主显示器、最低屏幕分辨率为 1024 × 768 的次显示器。
- NVIDIA 公司的 Geforce 6000/7000 系列、128MB 显卡或同等级别的显卡。
- 并口（用于连接 NanoBoard-NB1）。
- USB 2.0 端口（用于连接 NanoBoard-NB2）。
- Adobe Reader 8 或更高版本。
- DVD 驱动器。

在最佳的系统性能配置和最低的系统性能配置中均不建议使用集成显卡。此外，要实现 Altium Designer 的 FPGA 设计功能，还需要安装相应的第三方器件供应商工具，这些工具可以免费从器件供应商网站内下载获取。

1.3.2　Altium Designer 的安装

Altium Designer Summer 09 的安装过程非常简单、轻松。只需双击"setup. exe"文件，即可启动安装程序，按照提示一步一步执行下去即可安装成功。

【例 1-1】　安装 Altium Designer Summer 09。

1）双击安装目录中的"setup. exe"文件，软件开始安装，系统弹出如图 1-1 所示的 Altium Designer Summer 09 安装界面。

2）单击 Next> 按钮，进入如图 1-2 所示的软件许可界面。

3）选择"I accept the license agreement"（接受授权协议）单选框，单击 Next> 按钮，进入如图 1-3 所示的用户信息对话框。

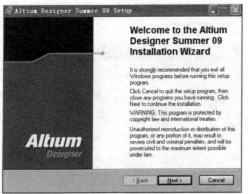
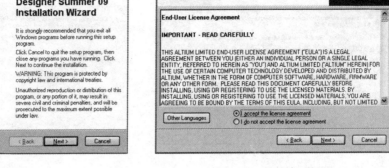

图1-1 安装界面　　　　　　　　　　　　　　图1-2 软件许可界面

📖 在用户信息对话框中，最好填写在 Windows XP 中注册的用户名和公司名称。

4）填写完毕，单击 Next> 按钮，进入如图1-4所示的选择安装路径向导。系统默认安装路径是 "C:\Program Files \ Altium Designer Summer 09 \ "。如果需要更改安装路径，可单击 Browse 按钮，在打开的目录对话框中加以指定。

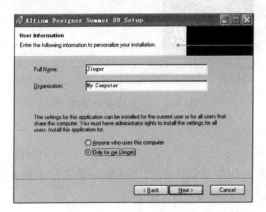
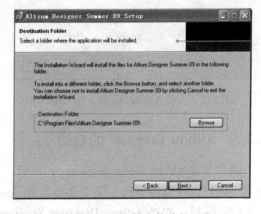

图1-3 用户信息对话框　　　　　　　　　　　图1-4 选择安装路径

5）选择安装路径后，单击 Next> 按钮，系统弹出如图1-5所示的界面，供用户选择是否安装 Board – Level Libraries（板级设计集成库）。

Board – Level Libraries 用于支持 Altium Designer Summer 09 及 Altium Designer 的先前版本，如 Altium Designer 6、Altium Designer Summer 08 等。

6）单击 Next> 按钮，系统弹出如图1-6所示的界面，这是 Altium Designer Summer 09 收集完安装信息后的安装向导对话框，提示用户可以开始安装了。

7）单击 Next> 按钮，系统开始安装，如图1-7所示，进度条表示了安装过程大体需要的时间。安装完毕，系统弹出如图1-8所示的软件安装结束对话框。

8）单击 Finish 按钮，即完成了 Altium Designer Summer 09 软件的安装。

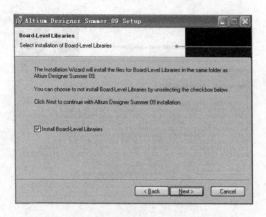

图 1-5   选择安装 Board-Level Libraries

图 1-6   收集完安装信息

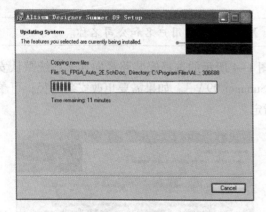

图 1-7   安装 Altium Designer Summer 09

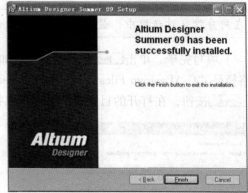

图 1-8   安装结束对话框

1.3.3   Altium Designer 的启动

顺利安装 Altium Designer Summer 09 后，系统会在 Windows 的"开始"菜单栏中加入程序项。用户也可以在桌面上建立 Altium Designer Summer 09 的快捷方式。

【例 1-2】   启动 Altium Designer Summer 09 并激活。

1）在"开始"菜单栏中找到 Altium Designer Summer 09 图标 ，单击该图标，或者在桌面上双击快捷方式图标，即可初次启动 Altium Designer Summer 09，启动画面如图 1-9 所示。此时，在画面右侧显示"Unlicensed"，表示软件尚未被激活。

2）启动后即进入"My Account"（我的账户）窗口，此时显示状态为"not signed in"（未登录）。单击"Sign In"选项，系统弹出如图 1-10 所示的"Account Sign In"对话框。输入"用户名"和"密码"后，单击 Sign in 按钮，即可登录自己的账户，如图 1-11 所示。

登录后，所用软件的名称、激活码等参数都显示在"Available License"区域中。同时，以红色显示"You are not using a valid license. Select a license below and click Use or Activate"，提示用户尚未使用有效许可激活软件。

3）根据系统提示，单击"Activate"选项，此时红色提示消失，用户获得有效许可，软件被激活，如图 1-12 所示。

图1-9 激活前的 Altium Designer Summer 09
启动画面

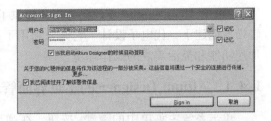

图1-10 "Account Sign In" 对话框

图1-11 登录账户（Unlicensed）

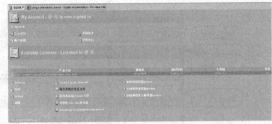

图1-12 使用有效许可激活 Altium Designer Summer 09

4）单击"产品名称"下方的"保存单机许可证文件"按钮，选择合适的路径，备份一个单机许可证文件，如图1-13所示。

图1-13 备份许可证文件

当用户需要在另外一台计算机上使用 Altium Designer Summer 09 时，在"My Account"窗口中单击"添加单机版 License 文件"选项，将备份的许可证文件加入即可，无须登录，也无须重新激活。

5）选择系统主菜单中的"帮助"→"关于"命令，可以查看此时的 Altium Designer Summer 09 系统信息，如图1-14所示。画面右侧明确显示了"Licensed to xx"，表示软件已被激活。

此时，由于系统的默认设计环境为中文，读者就能够使用该软件开始自己的设计工作了。而对于习惯了英文的用户来说，通过设置，也可以进入熟悉的英文环境中进行各种设计。

图1-14 激活后的 Altium Designer summer 09 系统信息

1.4 Altium Designer 的操作环境

Altium Designer Summer 09 为用户提供了共同设计软、硬件的统一环境，以帮助用户更轻松地创建下一代电子设计。它充分利用了 Windows XP SP2 平台的优势，具有超强的图形加速功能和灵活美观的操作环境。

1.4.1 Altium Designer 的主页界面管理

单击系统主菜单中的 <u>察看(V)</u> 按钮，在弹出的菜单中选择"Home"项，或者单击导航工具条上的 <u>⬆</u> 按钮，或直接使用快捷键〈V〉→〈H〉，都可以进入 Altium Designer Summer 09 的主页，如图 1-15 所示。

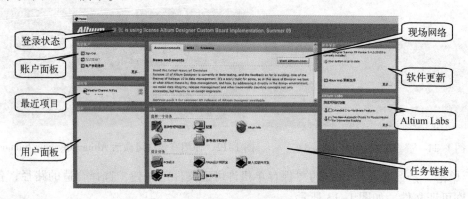

图 1-15 Altium Designer Summer 09 主页

主页面漂亮、简洁，清晰地为设计者展现了各种相关的信息，如"我的账户""最近的项目""现场网络查看"，等，提供了一个可以轻松进入各种任务管理页面，以及技术支持资源的中心平台。主页主要由以下几部分组成。

- 登录状态：位于页面的顶端，专门用来显示用户是否已经登录 Altium 账户。如果已经登录"我的账户"，并使用了有效 license，此时的登录状态显示如图 1-15 所示。如果用户没有登录，将显示"Not signed in"。
- 账户面板：用于控制 Altium 账户的登录或者退出。
- 单击"账户参数选择"选项，可快速进入"System – Account Management"选项卡，从而指定具体的登录详情，包括用户名、密码及所连接的 Altium Account Management 服务器，如图 1-16 所示。
- 如果用户忘记了密码，单击"忘记密码?"选项，系统会弹出一个"复位密码"对话框，如图 1-17 所示。输入用户名后，单击 <u>复位密码</u> 按钮，即可获得一个新的临时密码。
- 最近项目：该区域显示了用户最近打开过的文件、项目、工作区等，双击即可快速进入。
- 用户面板：将光标放至 License 模式，该面板会显示出所有使用这个 License 的用户名称，用户可由此登录自己的账户。
- 现场网络：该区域用于为登录后的用户动态显示各种基于网络的资源，包括相关的设计问题、相关的解决方案、最新的功能特性、最新的设计新闻、各种视频材料等，以帮助用户实时地获取各种网络支持。

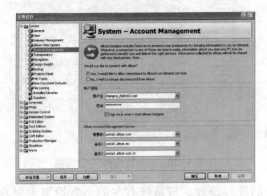

图 1-16　"Account Management"选项卡

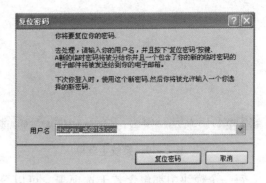

图 1-17　"复位密码"对话框

- 软件更新：该区域显示了用户当前使用的 Altium Designer 版本的状况，如是否属于最新等。在用户登录后，如果有软件的更新，该区域将会提供一个列表。

- 单击"Altium Web 更新"选项，可快速进入"System – Altium Web Update"选项卡，从而进行具体的更新设置，包括选择更新源、设置检测更新的频率等，如图 1-18 所示。

- Altium Labs：该面板上列出了当前寄居在软件中的、尚未正式发布的部分功能特性：扩展的 C – to-Hardware 功能和两种新的自动交互式布线功能。用户只需选择前面的复选框，即可选择相应的功能，进行试用。

图 1-18　"Altium Web Update"选项卡

　无论用户是否登录，Altium Labs 面板上的功能列表都会显示。但是，选择或者禁止某一功能，则只有在用户登录后方可进行操作。

- 任务链接：该区域为用户提供了大量的基于任务的链接，通过链接，用户可以直接快速地执行各种任务，或者快速地进入各种资源进行查看，极大地提高了设计效率。

1.4.2　系统基本参数设置

在安装并启动了 Altium Designer Summer 09 之后，对于一个专业的电路设计者来说，首先应根据具体的条件和自己的习惯，对该软件系统进行参数的优先设置，以便在进行电子产品开发时，能更好地发挥系统的功能，提高设计效率。

启动 Altium Designer Summer 09 系统，进入集成开发环境，可以看到，在页面顶端有一个系统主菜单，如图 1-19 所示，系统的主要设置都可以通过该主菜单完成。

选择" DXP (X)"→"优先选项"命令，打开"参数选择"对话框。在该对话框中列出了可以进行参数优先设置的 12 个模块，如图 1-20 所示。

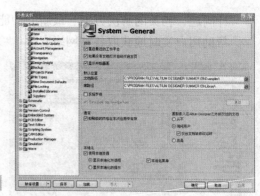

图 1-20 "参数选择"对话框

图 1-22 "Design Insight"选项卡

DXP(X) 文件(F) 察看(V) 工程(C) 窗口(W) 帮助(H)

图 1-19 系统主菜单

每一个模块中都包含若干选项卡，可以分别进行设置。与系统有关的参数设置主要在"System"模块中完成。

随着 Altium Designer Summer 09 系统功能的极大增强和扩展，与先前的 Altium Designer 版本（如 Altium Designer 6.0 等）相比，"System"模块中增加了 4 个选项卡："Release Management""Account Management""Design Insight"和"Suppliers"。

由于其他选项卡的内容变化不大，而且大多数都是采用中文显示，在此不再一一进行详细讲述，后面用到时，再进行相关的介绍。下面，主要来看一下新增 4 个选项卡的功能和有关设置。

1. "Release Management"（发布管理）选项卡

主要完成对发布文件的一些管理，包括是否设置为只读及发布位置的选择等，如图 1-21 所示。

2. "Account Management"（账户管理）选项卡

该选项卡的功能和内容在前面已经有所介绍，在此不再赘述。

3. "Design Insight"（设计洞察）选项卡

设计洞察所提供的自动预览和上下关系导航让用户在无须打开多个页面的情况下即可方便地进行文件、元件、网络连接等众多网络对象的预览和查看，迅速直观。

"Design Insight"选项卡主要完成设计洞察选择特性的设置，包括"文件洞察""工程洞察"和"连接性洞察"等，如图 1-22 所示。

图 1-21 "Release Management"选项卡

用户在设计或者浏览时，面对众多的可用文件，一时之间，可能很难确定需要查找的文件是哪一个。"文件洞察"提供了一种可以先预览后打开的灵活方式，选择该方式后，当鼠标悬停在文件图标上时，无论是"Projects"面板上显示的文件还是文件栏中显示的文件，均可显示相应的预览图和相关路径，如图1-23所示。

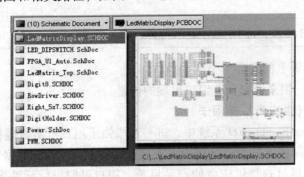

图1-23　文件洞察

根据预览，用户可以准确、迅速地找到自己所需要的文件，在预览图中单击即可打开。

📖"文件洞察"适用于原理图文件、PCB文件、OpenBus文件，以及所有的文本文件，包括注释文件、Harness Definition文件等。

选择"工程洞察"后，在"Projects"面板上，当鼠标悬停在工程图标上时，可以看到其内部所有文件的预览图，单击某一预览图即可进入相应文件。

"连接性洞察"用于为工程中与所选网络对象相连的所有文件提供列表和预览。将鼠标悬停在某一网络对象上（或者〈Alt〉键+双击），如电源端口、总线、元件、图纸符号等，即可进行连接性洞察，如图1-24所示。

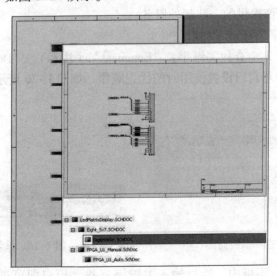

图1-24　连接性洞察

此时，出现了一个与所选网络对象相连的所有文件的列表，当前文件高亮并附有预览窗口。当鼠标在列表上移动时，可以交替预览其他文件，而所选的网络对象则始终保持高亮，以方便导航。

是否进行预览及采用何种方式预览在"连接性洞察选项"区域中，可以分别进行设置。

📖 应该先对工程进行编译，才能使用设计洞察的有关功能。

系统默认该标签页上的内容为全部选择。

"鼠标悬停延迟"用来设置预览窗口出现的快慢。

4. "Suppliers"（供应商）选项卡

在 Altium Designer Summer 09 系统中，进一步增强了用户可实时链接到供应商数据的功能。用户在 Altium Designer 的设计环境中可直接查找有关供应商的数据库，将实时数据随时集成到设计过程中。通过查找供应商的产品目录，用户可向目标元件库（如 ∗. SchLib、∗. DbLib、∗. SVNDbLib 等）或原理图内的元器件中导入元件参数、数据手册链接、元件价格及库存等实时信息，还可以借助目录信息，在目标库内直接创建一个新的元器件。上述功能的有关设置都是在"Suppliers"选项卡内完成的。

（1）"可用的供应者"区域

系统为用户提供了 3 个供应商，即 Digi – Key、Farnell 和 Newark，通过选择复选框，用户可以选择其中的一个或者全部，来创建与供应商数据的实时链接，如图 1-25 所示。

📖 选择多个供应商，用户可以通过产品价格、性能指标等方面的比较，获得符合设计要求的最理想元件。

如果用户是某一供应商的注册客户，可在右侧相应的"选项"区域中填写用户名及密码，登录后可获得供应商提供的一些额外服务。

（2）"推荐的关键字"区域

系统为用户推荐了 3 个查找关键字："Comment"（注释）、"Description"（描述）和"Name"（名称），用户可自行设置使用时的优先顺序，如图 1-26 所示。

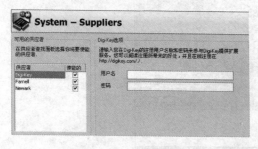

图 1-25　选择供应商

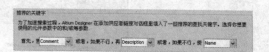

图 1-26　推荐的关键字

在"供应商搜索"面板内，通过输入关键字查找，用户即可进入供应商的实时数据库中，如图 1-27 所示。关于"供应商搜索"面板的具体使用，在后面用到时再详细介绍。

（3）"导入选项属性"区域

查找到的实时信息可作为参数导入元件中，对于这些参数的属性，如是否可见、是否被排除、是否添加后缀等，用户可在该区域内自行设置，如图 1-28 所示。单击 添加 按钮，还可以添加新的参数，并进行设置。

图 1-27　链接到供应商数据库

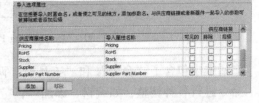

图 1-28　导入选项属性设置

由于在 Altium Designer Summer 09 中包含了很多网络资源的链接，如 Altium 网站主页的链接、Altium Wiki 主页的链接、技术支持中心的链接等，用户在使用 summer 09 进行设计的过程中，可以随时浏览网页中的内容，以了解新的设计信息，寻求新的解决方案，获得实时的技术支持。此外，用户还可以通过其他类型的 Web 浏览器进行查看，该项设置在"View"标签页内，如图 1-29 所示。

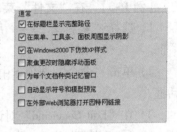

图 1-29　使用外部 Web
浏览器的设置

与先前版本中的"View"标签页相对比，可以看到 summer 09 在该标签页的左下角，增加了一个新的复选框："在外部 Web 浏览器打开因特网链接"，系统默认为禁止。用户可根据自己的需要来选择设置是否选择。

为了方便用户对优先设置的内容进行管理，"参数选择"对话框中还提供了保存设置的功能。当完成设置后，单击 保存 按钮，即可打开"保存优先选择文件"对话框，用户可将设置的内容保存到扩展名为"＊.DXPPrf"的文件中；当需要更改设置时，只需单击 加载 按钮加载相应的设置文件即可。另外，通过单击 缺省设置 按钮，用户可加载系统的默认设置。

1.4.3　设置个性化用户界面

即便是在同一个工作环境下，每个人的工作方式可能都会有所不同。Altium Designer Summer 09 为用户提供了可定制的个性化设计环境，以适应不同的工作方式，进一步提高设计效率。用户完全可以根据自己的操作习惯定制个人菜单、工具栏、快捷键等，甚至整个界面都可按照自己的喜好重新配置。

在主菜单中，选择" DXP (X)"→"用户定义"命令，可打开如图1-30所示的"Customizing PickATask Editor"对话框。在该对话框中即可进行用户界面的自定义。

图1-30 "Customizing PickATask Editor"对话框

对话框中包含了"命令"和"工具栏"两个选项卡，其中"命令"选项卡用于对菜单内的命令进行各种调整，如编辑、添加等；"工具栏"选项卡则用于在界面中添加完整的菜单或者工具栏，下面将以一个具体的实例来说明。

【例1-3】 在"文件"菜单内添加一个新的命令。

1）选择" DXP (X)"→"用户定义"命令，打开"Customizing PickATask Editor"对话框。

2）单击"命令"选项卡中的 新的 按钮，打开如图1-31所示的"Edit Command"对话框。

3）在"Edit Command"对话框中单击"作用"选项区域中的 浏览 按钮，打开如图1-32所示的"处理浏览"窗口，窗口中列出了一系列可用命令。

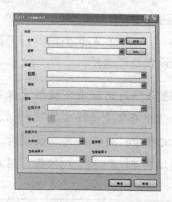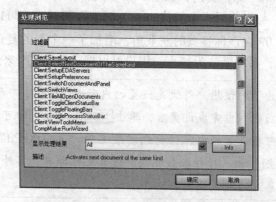

图1-31 "Edit Command"对话框　　　　　图1-32 "处理浏览"窗口

4）在列表框中选择"Client：Select Next Document Of The Same Kind"命令，单击 确定 按钮后，返回"Edit Command"对话框，该命令已经添加在了"作用"选项区域的"处理"编辑栏中。

5）在"Edit Command"对话框的"标题"文本框中输入新建的命令名称"选择下一个"，在"描述"文本框中输入对该命令的描述"Activates next document of the same kind"。

14

在"快捷方式"选项区域内"主要的"下拉列表框中选择
"Ctrl + S"选项作为新建命令的快捷键，完成对新建命令的设
置，如图1-33所示。

6）单击 确定 按钮，返回"Customizing PickATask Edi-
tor"对话框。左侧"命令"选项卡的"种类"列表框中增加
了一项"Custom"，而新建的命令则出现在右侧相应的"命
令"列表框中，如图1-34所示。

7）将鼠标放在新建命令"选择下一个"上，按下鼠标左
键，将其拖到主菜单"文件"的菜单栏中，选择合适位置放
下，如图1-35所示。

图1-33 新建命令的设置

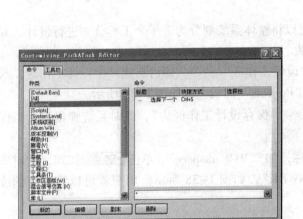

图1-34 新建命令完成

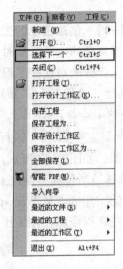

图1-35 添加新命令到
"文件"菜单

至此，在"文件"菜单内就添加了一个新的命令"选择下一个"，当执行该命令时，系
统将选择打开下一个同类型的文件。

📖 将添加的命令删除时，同样需要通过"Customizing PickATask Editor"对话框完成。在
"种类"列表框中选择"Custom"选项，之后在右侧相应的"命令"列表框中选中要删
除的命令，单击 删除 按钮即可。

1.5 Altium Designer 的设计工作区

为了对工程和各类设计文档进行更有效、更协调的一体化管理，Altium Designer 系统采
用了设计工作区（Design Workspace）的概念。所谓工作区，就是系统为用户提供的一个开
发运行平台，在该平台上，可以同时管理多个不同的工程、多个不同的文件。前面对工程
和设计文件进行的各种操作，包括打开、创建、导入等，实际上都是在某一工作区内进
行的。

工作区的管理文件是设计工作区文件，扩展名为"＊.DsnWrk"或"＊.PrjGrp"，是将若干个相关的设计工程组织到了一个工程组中进行管理。工作区文件实际上也是一种文本文件，在该文本文件中，建立了有关设计工程的连接关系，组织到该工作区的各种设计文件和自由文件，其内容并没有真正包含进来，只是通过连接关系组织起来。

工作区文件可以说是 Altium Designer 文档管理的最高形式。在实际设计过程中，用户可以随时将在某些方面有着密切联系的多个工程作为一个整体，通过相应的命令，保存为一个设计工作区文件，可同时打开、同时编辑、同时管理。例如，在 PCB 的设计过程中可能会包含若干个 FPGA 器件，在 FPGA 器件中又会用到嵌入式软件的运行，这就涉及 PCB、FPGA 和嵌入式几种工程，用户可将它们一起保存为一个工作区。这样，当打开该文件时，涉及的多个工程将同时被打开，用户可直接进入先前的工作环境中，极大地提高了设计效率。

【例1-4】 创建自己的工作区。

在研发复杂的电子产品时，用户可以将整体系统划分为若干个工程分别进行设计，并创建自己的工作区来对这些工程统一管理。

1）选择"文件"→"新建"→"设计工作区"命令，即可新建一个设计工作区，默认名为"Workspace1.DsnWrk"，显示在"Projects"面板上，如图1-36所示。

2）单击 工作台 按钮，执行菜单命令："保存设计工作区为"，此时系统弹出设计工作区保存对话框，如图1-37所示。

3）选择适当位置，键入工作区名称，如"MyWorkspace"，单击 保存(S) 按钮，此时即建立了自己的工作区"MyWorkspace.DSNWRK"，如图1-38所示。用户就可以将现有的或者新建的一些工程添加在该工作区内。

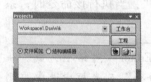

图1-36　新建工作区

图1-37　工作区保存对话框

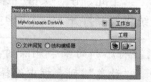

图1-38　新建工作区
"MyWorkspace"

> 在创建一个新的工程或一个新的设计文件时，系统会自动将该工程或文件放在当前正在使用的工作区内。若当前所有的设计工作区都处于关闭状态，则系统会创建一个默认名为"Workspace1.DsnWrk"的设计工作区供用户使用，作为新项目或新设计文件的运行平台，如图1-38所示。对于该工作区，用户可以保存为自己的工作区，也可以不保存。

1.6　Altium Designer 的工程及文件管理

Altium Designer Summer 09 支持多种文件类型，对每种类型的文件都提供了相应的编辑环境，如原理图文件有原理图编辑器，PCB 库文件有 PCB 库编辑器，而对于 VHDL、脚本描述、嵌入式软件的源代码等文本文件则有文本编辑器。当用户新建一个文件或者打开一个现有文件时，将自动进入相应的编辑器中。

在 Altium Designer 中，这些设计文件通常会被封装成工程，一方面便于管理，另一方面是为了易于实现某些功能需求，如设计验证、比较及同步等。工程内部对于文件的内容及存放位置等没有任何限制，文件可以放置在不同的目录下，必要时使用 Windows Explorer 来查找，直接添加在工程中即可。这样，同一个设计文件可以被不同的工程所共用，而当一个工程被打开时，所有与其相关的设计信息也将同时被加载。

1.6.1　工程及工程文件的创建

Altium Designer 中，任何一项开发设计都被看做是一项工程。在该工程中，建立了与该设计有关的各种文档的连接关系并保存了与该设计有关的设置，而各个文档的实际内容并没有真正包含到工程中。

在电子产品开发的整体流程中，Altium Designer 系统提供了创建和管理所有不同工程类型的一体化环境，包括 PCB 工程、FPGA 工程、核心工程、集成元件库、嵌入式工程、脚本工程等，其中的 FPGA 工程、核心工程、嵌入式工程均是为用户提供不同的 FPGA 设计方法的。不同的工程类型可以独立运作，但最终会被系统逻辑地链接在一起，从而构成完整的电子产品。

1. 工程文件类型

工程文件是工程的管理者，是一个 ASCII 文本文件，含有该工程中所有设计文件的链接信息，用于列出在该工程中的设计文档及有关输出的配置等。

Altium Designer 允许用户把文件放在自己喜欢的文件夹中，甚至同一个工程的设计文件可分别放在不同的文件夹中，只要通过一个链接关联到工程中即可。但是为了设计工作的可延续性和管理的系统性，便于日后能够更清晰地阅读、更改，建议用户在设计一个工程时，新建一个设计文件夹，尽量将它们放在一起。

工程文件有多种类型，在 Altium Designer 系统中主要有以下几种工程。

- PCB 工程（ ∗ . PrjPcb）。
- FPGA 工程（ ∗ . PrjFpg）。
- 核心工程（ ∗ . PrjCor）。
- 嵌入式工程（ ∗ . PrjEmb）。
- 集成元件库（ ∗ . LibPkg）。
- 脚本工程（ ∗ . PrjScr）。

2. 创建新工程

创建新工程有 3 种方法：

（1）单击链接创建

在主页的任务链接区域，单击相应链接，即可创建一个新的工程。

（2）菜单创建

选择"文件"→"新建"→"工程"命令，在弹出的菜单中列出了可以创建的各种工程类型，如图1-39所示，单击选择即可。

（3）"Files"面板创建

打开"Files"面板，在"新的"栏中列出了各种空白工程"Blank Project"，如图1-40所示，单击选择即可。

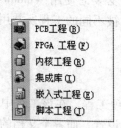

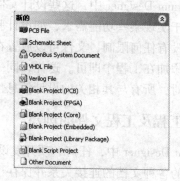

图1-39　选择创建工程　　　　　　　　　　图1-40　新的工程选择

对于各种类型的工程来说，创建一个新工程的步骤都是基本相同的，这里以创建一个新的FPGA工程为例来说明。

【例1-5】　创建FPGA工程。

1）选择"文件"→"新建"→"工程"→"FPGA工程"命令，弹出"Projects"面板，系统自动在当前的工作区下面添加了一个新的FPGA工程，默认名为"FPGA_Project1. PrjFpg"，并在该项目下列出"No Documents Added"文件夹，如图1-41所示。

2）在工程文件"FPGA_Project1. PrjFpg"上右击，在弹出的快捷菜单中选择"保存工程为"命令，打开如图1-42所示的工程保存对话框。

3）选择保存路径并键入工程名，如"MyProject"。单击 保存(S) 按钮后，即建立了自己的FPGA工程"MyProject. PrjFpg"，如图1-43所示。

图1-41　新建一个　　　　　　图1-42　工程保存对话框　　　　　图1-43　新建
　　　FPGA工程　　　　　　　　　　　　　　　　　　　　　　　"MyProject. PrjFpg"

1.6.2 常用文件及导入

1. 常用文件

在 Altium Designer 的每种工程中，都可以包含多种类型的设计文件，具体的文件类型及相应的扩展名在"File Types"标签页中被一一列举，用户可以参看并进行设置。在使用 Altium Designer Summer 09 进行电子产品开发的过程中，几种常用文件见表1-1。

表1-1 常用文件

文件扩展名	设 计 文 件	文件扩展名	设 计 文 件
*.Schdoc	原理图文件	*.cpp	C++源文件
*.Schlib	原理图库文件	*.h	C语言头文件
*.Pcbdoc	PCB 文件	*.asm	ASM 源文件
*.Pcblib	PCB 库文件	*.Txt	文本文件
*.Vhd	VHDL 文件	*.Cam	CAM 文件
*.V	Verilog 文件	*.OutJob	输出工作文件
*.c	C 语言源文件	*.DBLink	数据库链接文件

📖 C++源文件（*.cpp）是 summer 09 中新增的一个文件类型，与先前的 Altium Designer 版本相比，summer 09 已经开始支持用更高水平的 C++来实现软件的开发。

此外，由于 Altium Designer Summer 09 系统具有超强的兼容功能，因而还支持许多第三方软件的文件格式。

2. 可导入的文件类型

除了 Altium Designer 先前版本中的各类文件以外，summer 09 系统中还可导入如下一些格式的设计文件：

- Protel 99 SE 数据库文件（*.DDB）。
- P – CAD V16 或 V17 ASCII 原理图文件（*.sch）。
- P – CAD V16 或 V17 ASCII 原理图库文件（*.lia，*.lib）。
- P – CAD V15、V16 or V17 ASCII PCB 文件（*.pcb）。
- P – CAD PDIF 格式文件（*.pdf）。
- CircuitMaker 2000 设计文件（*.ckt）。
- CircuitMaker 2000 二进制用户库文件（*.lib）。
- OrCAD PCB 版图 ASCII 格式文件（*.max）。
- OrCAD 封装库文件（*.llb）。
- OrCAD 原理图文件（*.dsn）。
- OrCAD 库文件（*.olb）。
- OrCAD CIS 格式文件（*.dbc）。
- PADS PCB ASCII 格式文件（*.asc）。
- SPECCTRA 格式设计文件（*.dsn）。

- CadenceAllegro 设计文件（∗.alg）。
- AutoCAD DWG/DXF 格式文件（∗.DWG，∗.DXF）。

3. 文件的导入

文件导入的具体实现可以采用两种方式：一种是选择"文件"→"打开"命令，在弹出的"Choose Document to Open"对话框中通过"文件类型"过滤器找到需要导入的文件，打开即可进行导入；另一种则是选择"文件"→"导入向导"命令，直接使用系统提供的导入向导功能。

对于上面所列出的各种外部文件，大多数都可采用两种命令进行导入，但也有一些文件，如 AutoCAD DWG/DXF 格式文件、Cadence Allegro 设计文件等，只能直接通过导入向导转换到 Altium Designer 环境中。下面以一个具体的实例来说明文件的导入过程。

【例 1-6】 **Protel 99 SE 数据库文件的导入。**

1）选择"文件"→"导入向导"命令，进入如图 1-44 所示的"导入向导"界面。

2）单击 Next 按钮，进入文件类型选择窗口。该窗口中列出了多种可导入的文件类型，用户可以对应选择。在此，选择了"99SE DDB Files"，如图 1-45 所示。

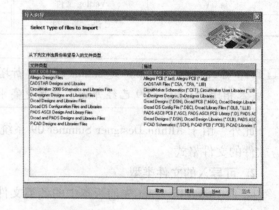

图 1-44 进入"导入向导"界面　　　　图 1-45 选择导入文件类型

3）单击 Next 按钮，进入相应的 99 SE 导入向导中的"Choose files or folders to import"对话框，如图 1-46 所示。

该对话框用于设置需要导入的文件，如果需要批量导入文件，可单击左侧的 添加 按钮，在打开的"浏览文件夹"窗口中选择需要批量导入的文件所在的目录，添加在"文件夹处理"窗口中，这样，可将该目录下所有的 DDB 文件一次全部导入；或者单击右侧的 添加 按钮，将多个 DDB 文件逐个添加在"文件处理"窗口中。

4）单击 Next 按钮，进入"Set file extraction options"对话框。该对话框用于设置导入后文件的保存位置，如图 1-47 所示。

5）单击 Next 按钮，进入"Set Schematic conversion options"对话框，如图 1-48 所示。该对话框用于设置原理图导入的一些选项，本例中没有涉及原理图，因此不需要进行设置。

20

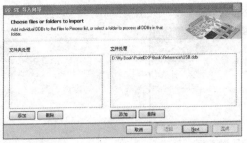

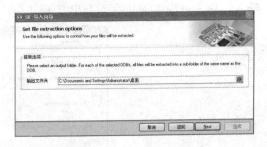

图 1-46 设置导入文件   图 1-47 输出文件夹设置

6）单击 Next 按钮，进入"Set import options"对话框，如图 1-49 所示。该对话框用于设置是为每个 DDB 创建一个 Altium Designer 工程，还可以为每个 DDB 文件夹创建一个 Altium Designer 工程，以及在所创建的工程中是否可包含一些非 Protel 文件，用户可按照自己的实际需要选择设置。

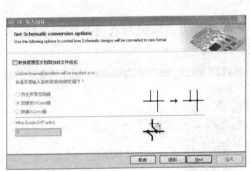

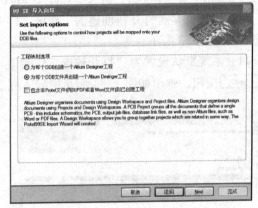

图 1-48 原理图导入设置   图 1-49 "Set import options"对话框

7）单击 Next 按钮，进入"Select design files to import"对话框，对需要导入的文件再次选择确认，如图 1-50 所示。

8）无误后，单击 Next 按钮，进入"Review project creation"对话框，如图 1-51 所示。该对话框显示了导入的 Protel 99 SE 文件将被映射为 Altium Designer 内的 PCB 工程。

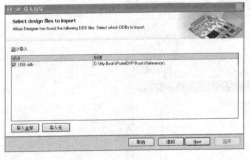

图 1-50 "Select design files to import"对话框   图 1-51 "Review project creation"对话框

9）单击 Next > 按钮，进入"Import summary"对话框，该对话框显示有一个 DDB 文件导入，导入过程将创建一个 PCB 工程、一个工作区，如图 1-52 所示。

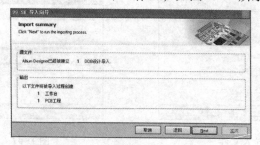

图 1-52 "Import summary" 对话框

> 📖 在这里，用户可再次进行检查确认，如有错误，可单击 退回 按钮，退回相应步骤重新修改，检查无误后，可进入下一步。

10）单击 Next> 按钮，进入 "Choose workspace to open" 对话框。系统显示导入已经完成，用户可选择是否打开新创建的工作区，同时 "Messages" 面板弹出，显示了相应的一些信息，如图 1-53 所示。

11）系统默认设置为 "打开被选工作台"。在此状态下，选择列表内新建的工作区，单击 Next 按钮，弹出如图 1-54 所示的导入完成对话框。

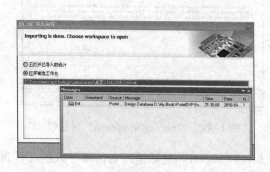

图 1-53 "Choose workspace to open" 对话框

图 1-54 导入完成对话框

12）单击 完成 按钮，系统自动打开导入过程所创建的 PCB 工程及工作区，显示在 "Projects" 面板上，如图 1-55 所示。

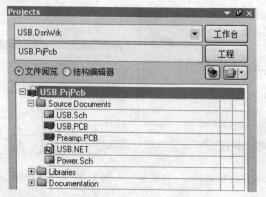

图 1-55 导入的 Protel 99 SE 文件映射为 PCB 工程

1.6.3 文件的隐藏与显示

1. 文件的隐藏

有些工程在编译时可能会涉及大量的源文件，这些源文件将会被全部打开，并以选项卡的形式显现在设计窗口中，致使整个工作空间变得繁杂、混乱。为此，Altium Designer 系统提供了一种将打开的设计文件进行隐藏的功能，隐藏的文件依然能满足各种功能要求，如编译、交叉探测、注释等，只是不再显示在设计窗口中。

任何一个打开的设计文件都可以通过两种方式隐藏：在文件标签上右击，在弹出的快捷菜单中选择"Hide"命令；或者在"Projects"面板上选中要隐藏的文件，执行右键菜单中的"隐藏"命令。

隐藏的文件标签排列在一个下拉菜单中，单击文件栏最右端的 ▼ 按钮即可看到，如图 1-56 所示。

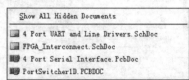

单击菜单中的某一文件标签，即可解除相应文件的隐藏状态，并激活为当前文件，显示在设计窗口中。

图 1-56 隐藏的文件

2. 文件的显示

除了可隐藏设计文件之外，Altium Designer 系统还提供了其他一些管理命令，以帮助用户对打开的设计文件进行有效管理，并可根据自己的工作习惯，随时调整文件的显示方式。

例如，在文件标签上右击，在弹出的快捷菜单中选择"垂直分离"或者"水平分离"命令，主设计窗口将被分离成两个相互独立的区域，两个打开的设计文件可以同时进行显示，如图 1-57 所示。

📖 在对原理图和 PCB 文件进行交叉探测时，这种显示方式可为设计者提供极大的方便。

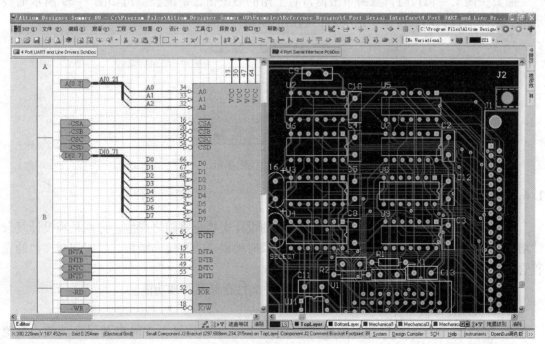

图 1-57 垂直分离显示

此外，每一个打开的设计文件还可以拥有自己独立的设计环境和窗口。在文件标签上右击，在弹出的快捷菜单中选择"在新窗口打开"命令；或者单击文件标签，将其拖到主应用窗口以外的桌面区域上，都可以打开一个新的设计窗口。为了使多个设计窗口排列有序，可通过系统主菜单中的"窗口"命令，让所有打开的窗口在桌面上水平或者垂直排列，如图1-58所示。

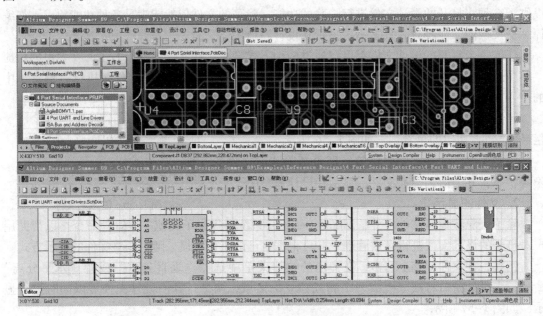

图1-58　水平排列所有的窗口

需要关闭某一窗口时，只需单击窗口右上角的图按钮，系统会弹出如图1-59所示的提示框。选择"仅关闭该窗口"选项后，则当前窗口被关闭。

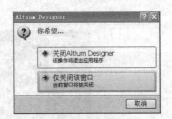

图1-59　窗口关闭提示

1.6.4　文件的管理

随着电子产品开发整体流程的运行，大量的设计文档也将随之产生，特别是当设计复杂性增加时。对于这些设计文档，需要系统能够及时地跟踪、存储和维护，以实现对文档的完善管理。

Altium Designer系统为用户提供了以下几种文件存储及管理功能。

1. 自动保存备份

在"参数选择"对话框中，选择"System - Backup"标签页中的自动保存功能，系统会按照设定的时间间隔，为当前打开的所有文件进行多个版本的自动保存。自动保存的文件

24

会在文件名后面加上某一数字来加以标识，如文件"MyPcb. PcbDoc"会被自动保存为"MyPcb. ~（1）. PcbDoc"、"MyPcb. ~（2）. PcbDoc"等。

2. 本地历史（Local History）

本地历史管理是在用户每次保存文件时，系统自动对保存之前的文件进行一次复制，所有的备份将放在与工程文件相同目录下的 Histroy 目录中，为 Zip 格式的压缩文件。具体保存天数可以在"参数选择"对话框的"Version Control-Local History"标签页中进行设置，如图 1-60 所示。

图 1-60　本地历史设置

一个文件的历史在指定的天数内会得到持续的维护，之后旧的版本被删除，新的版本被保存。

用户借助于系统提供的"存储管理器"面板，就可以查看并管理工程及与工程有关的所有设计文档的信息，包括尺寸、种类、修改日期、状态等，如图 1-61 所示。

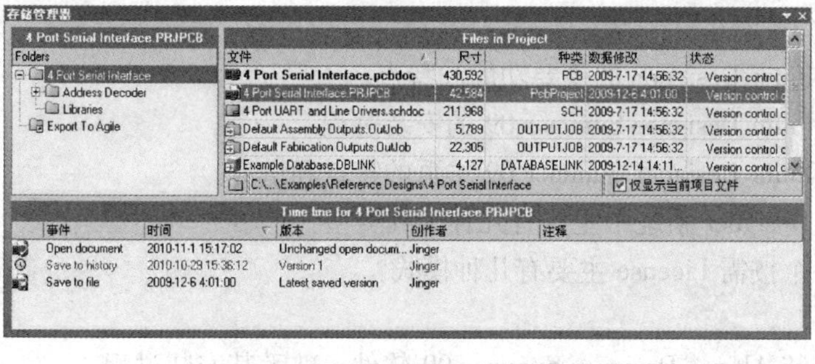

图 1-61　"存储管理器"面板

在面板下方的窗口中即列出了当前被选中文件的本地历史。每个历史文件都有相应的版本标记：Version 1、Version 2 等，每次保存时数字随之递增。在该文件上右击，打开如图 1-62 所示的快捷菜单，选择"申请标签"命令，可以将该版本指定为参考；选择"回复到"命令，可追溯到该版本，或者，按住〈Ctrl〉键，单击选中一个文件的两个版本，选择"比较"命令，则可以对这两个版本的差异进行比较。

图 1-62　快捷菜单

3. 外部版本控制

Altium Designer 系统还提供了采用外部版本控制来管理各类电子设计文档的功能，既可以选择一个与 SCCI（源代码控制接口）兼容的 VCS（并发版本系统），也可以直接与 CVS 或者 SVN 这样的版本控制系统接口。有关设置可在"参数选择"对话框的"Version Control – General"标签页中完成，如图 1-63 所示。

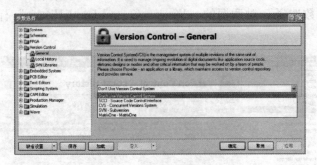

图 1-63　外部版本控制设置

📖 对于单个的设计者来说，无须外部的版本控制系统，使用备份和本地历史（Local History）就可以对设计文档进行完善的维护和跟踪管理，因此，在"Version Control-General"标签页中，系统的默认设置为"Don't Use Version Control System"。当需要对整个团队的文档进行管理时，可采用外部版本控制。

1.7　思考与练习

1. 概念题

（1）简述 Altium Designer 的主要功能和特点。

（2）简述 Altium Designer Summer 09 的安装过程。

（3）简述 Altium Designer Summer 09 主页的特点和组成。

（4）Altium Designer 系统中主要有几种工程类型？

（5）使用一个按需 License 主要有几种模式？

2. 操作题

（1）动手安装 Altium Designer Summer 09 软件，熟悉其安装过程。

（2）启动 Altium Designer Summer 09，了解其 License 管理系统。

（3）了解系统主菜单中的各项命令，尝试进行参数优先设置、界面自定义、文件显示等各项操作。

第2章 电路原理图设计

电路图是人们为了研究及工程的需要，用约定的符号绘制的一种表示电路结构的图形。电路图分为电路原理图、方框图、装配图和印制电路板等形式。在整个电子电路设计过程中，电路原理图的设计是最重要的基础性工作。同样，在 Altium Designer Summer 09 中，只有在设计好原理图的基础上才可以进行印制电路板的设计和电路仿真等工作。本章详细介绍了如何设计电路原理图、编辑修改原理图。通过本章的学习，掌握原理图设计的过程和技巧。

2.1 电路原理图的设计步骤

电路原理图设计是印制电路板设计的基础。一般情况下，只有先设计好电路原理图，才能通过网络表文件来确定元器件的电器特性和电路连接信息，从而设计出印制电路板。

绘制电路原理图有两大原则：首先应该保证整个电路原理图的连线正确，信号流向清晰，便于阅读分析和修改；其次应该做到元件的整体布局合理、美观、实用。

在 Altium Designer Summer 09 系统中，绘制电路原理图的步骤如下所示。

1）创建原理图文件：在当前项目中创建原理图文件。

2）配置工作环境：设置图纸的大小、方向和标题栏，也可以根据需要配置个性化的设计界面。

3）放置电路元器件：在原理图图纸空间中添加电路所需的元件、其他电气对象和非电气对象。其中的元件可以从原理图库文件中获取，对于库中没有的元件，可以自行创建。要使原理图能够生成正确的用于制作印制电路板的网络表文件，需要对元件的电气特征进行相关设置。

4）布局原理图：要使电路原理图规范、美观、便于布线、减少错误，需要对原理图中各个元件的位置进行合理的布局。

5）原理图布线：在各个元件引脚之间添加具有电气连接特性的连接线。

6）电气检测和调整：检测原理图有无错误，并对出错的内容进行修改和调整。

7）输出报表：使用各种报表工具生成包含原理图文件信息的报表文件。其中，最重要的是网络表文件。

8）保存原理图文件：将设计完成的原理图文件保存到磁盘中。

9）打印图纸：根据需要打印规范化的原理图纸。

下面对于绘制过程中所涉及的内容及操作逐一进行详细讲述。

2.2 原理图编辑环境

众所周知，电路设计过程并不是一个简单的线性流程，在整个设计周期中，设计者会根据实际需要，不断地进行修改与更新，最终的 PCB 版图与原来的电路原理图在很多细节方面会不一致，这可能会导致各种严重的错误。

Altium Designer 系统为用户提供了一个直观而灵活的原理图编辑环境，采用了以工程为中心的设计模式，可有效地管理 PCB 设计与原理图之间的同步变化。由于同步是双向的，设计者在开发的任何阶段都能自由地进行设计更新，系统会自动将该更新同步到工程中相应的设计文档中，充分保证了整个设计工程从输入到制造的完整性。

2.2.1 创建原理图文件

Altium Designer 允许用户在计算机的任何存储空间建立和保存文件。但是，为了保证设计工作的顺利进行和便于管理，建议用户在进行电路设计之前，先选择合适的路径建立一个属于该工程的文件夹，用于专门存放和管理该工程所有的相关设计文件，养成良好的设计习惯。如果要进行一个包括 PCB 的整体设计，那么，在进行电路原理图设计时，还应该在一个 PCB 工程下面进行。

【例 2-1】 新建 PCB 工程及原理图文件。

创建一个新的 PCB 工程，然后再创建一个新的原理图文件添加到该项目中。

1）选择"文件"→"新建"→"工程"→"PCB 工程"命令，在"Projects"面板上，系统自动创建了一个默认名为"PCB_ Project1. PrjPCB"的工程，如图 2-1 所示。

2）在"PCB_Project1. PrjPCB"上右击，在弹出的快捷菜单中选择"保存工程为"命令，将其存为自己喜欢或者与设计有关的名字，如"NewPCB"。

3）继续选择"给工程添加新的"→"Schematic"命令，系统在该 PCB 工程中添加了一个新的空白原理图文件，默认名为"Sheet1. SchDoc"。同时打开了原理图的编辑环境。

4）在"Sheet1. SchDoc"上右击，在弹出的快捷菜单中选择"保存为"命令，将其另存为自己喜欢或者与设计相关的名字，如"NewSheet. SchDoc"。

以上操作完成后，结果如图 2-2 所示。对于该工程所在的设计工作区，用户可以保存为自己的工作区，也可以不保存。

图 2-1　新建 PCB 工程

图 2-2　添加了原理图文件

2.2.2 原理图编辑界面及画面管理

在打开或者新建了一个原理图文件的同时，Altium Designer 的原理图编辑器"Schematic Editor"将启动，系统自动进入电路原理图的编辑界面中，如图 2-3 所示。

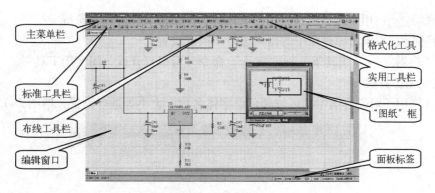

图 2-3 原理图编辑界面

下面简单介绍一下该编辑界面中的主要组成部分。

1. 主菜单栏

Altium Designer 系统为不同类型的文件提供了不同的编辑环境，相应地，系统主菜单的内容也有所不同。在原理图编辑环境中的主菜单如图 2-4 所示，在设计过程中，对原理图的各种编辑操作都可以通过菜单中相应的命令来完成。

图 2-4 主菜单栏

2. 标准工具栏

该工具栏为用户提供了一些常用的文件操作快捷方式，如打印、缩放、复制、粘贴等等，以按钮的形式表示出来，如图 2-5 所示。如果将鼠标放置并停留在某个按钮上，则相应的功能就会在按钮下方显示出来，便于用户操作使用。

图 2-5 标准工具栏

选择"察看"→"工具条"→"原理图标准"命令，可以对该工具栏进行开关操作，便于用户为自己创建个性的工作窗口。

3. 布线工具栏

该工具栏提供了一些常用的布线工具，用于放置原理图中的总线、线束、电源、地、端口、图纸符号、未用引脚标志等，同时完成连线操作，如图 2-6 所示。

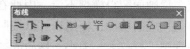

图 2-6 布线工具栏

选择"察看"→"工具条"→"布线"命令，同样可以打开或关闭该工具栏。

4. 实用工具栏

- 实用工具 ：用于在原理图中绘制所需要的标注信息图形，不代表电气联系。
- 排列工具 ：用于对原理图中的元件位置进行调整、排列。
- 电源 ：用于放置各种电源端口。
- 数字器件 ：用于放置一些常用的数字器件，如与门、非门、反相器等。

- 仿真源：用于放置仿真所用的电压源、正弦波、脉冲信号源等。
- 栅格：用于对原理图中的栅格进行切换或设置。

选择"察看"→"工具条"→"实用"命令，可以打开或关闭实用工具栏。

5. 格式化工具栏

该工具栏用于对原理图中的区域颜色、字体名称、大小等进行设置，如图 2-7 所示。

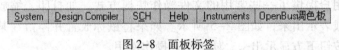

图 2-7　格式化工具栏

6. 编辑窗口

编辑窗口就是进行电路原理图设计的工作平台。在此窗口内，用户可以新画一个原理图，也可以对现有的原理图进行编辑和修改。

7. "图纸"框

用于显示目前编辑窗口中的内容在整张原理图中的相对位置，为用户提供明确的定位，以便能方便地找到所需要的对象。随着原理图的移动，图纸框中的红色方框也随之移动，始终跟踪指示着当前编辑窗口中的内容，并且可对原理图进行放大、缩小和交互式导航。

8. 面板标签

用来开启或关闭原理图编辑环境中的各种常用工作面板，如"元件库"面板、"Filter"（过滤器）面板、"Inspector"（检查器）面板、"List"（列表）面板及"图纸"框等，如图 2-8 所示。

| System | Design Compiler | SCH | Help | Instruments | OpenBus调色板 |

图 2-8　面板标签

2.2.3　原理图编辑画面管理

在电路原理图的绘制过程中，有时需要缩小整个画面以便查看整张原理图的全貌，有时则需要放大以便清晰地观察某一个局部模块，有时还需要移动图纸进行多角度的观察等。此外，由于很多操作不断重复进行，有可能残留一些图案或斑点，使画面变得模糊不清。因此在 Altium Designer 系统中提供了相应的功能，使用户可以按照自己的设计需要，随时对原理图进行放大、缩小、移动或刷新。

1. 使用菜单或快捷键

在原理图编辑环境的"察看"菜单中列出了对原理图画面进行缩放、移动的多项命令及相应的快捷键，如图 2-9 所示。

- 适合文件：用来观察并调整整张原理图的布局。执行该命令后，编辑窗口内将显示整张原理图的内容，包括图纸边框、标题栏等。
- 适合所有对象：选择该命令后，编辑窗口内以最大比

图 2-9　"察看"菜单中的部分命令

例显示出原理图上的所有对象，便于用户清晰地查看。

- 区域：用来放大选中的区域。选择该命令后，光标变成十字形，单击确定一个顶点，拉开一个矩形区域后再次单击确定对角顶点，该区域将在整个编辑窗口内放大显示。
- 点周围：用来放大选中的区域。选择该命令后，在要放大的区域单击，以该点为中心拉开一个矩形区域，再次单击确定范围后，该区域将被放大显示。
- 被选中的对象：用来放大显示选中的对象。
- 按比例显示"50%、100%、200%、400%"：表示分别以实际尺寸的50%、实际尺寸的100%、实际尺寸的200%及实际尺寸的400%来显示画面。
- 放大：用来以光标为中心放大画面。
- 缩小：用来以光标为中心缩小画面。

📖 执行这两项命令时，最好将光标放在要观察的区域中，使要观察的区域位于视图中心。

- 上一次缩放：返回显示上一次缩小或放大的效果。
- 摇镜头：选择该命令后，当前原理图的左上角显示在编辑窗口的中心位置处。
- 全屏：选择该命令后，标题栏、状态栏及面板等全部隐藏，将全屏显示编辑窗口。

2. 使用标准工具栏按钮

在原理图标准工具栏中提供了3个按钮，专门用于原理图的快速缩放。

- 适合所有对象 🔍：该按钮与菜单中的"适合所有对象"命令功能相同。
- 缩放区域 🔍：该按钮与菜单中的"区域"命令功能相同。
- 缩放选择对象 🔍：该按钮与菜单中的"被选中的对象"命令功能相同。

3. 使用鼠标滚轮

按照前面在"Mouse Wheel Configuration"标签页中的设置，按住〈Ctrl〉键的同时，滚动鼠标滚轮，即可以放大或缩小原理图，或者在窗口中按住鼠标滚轮并拖动，也可以进行放大或缩小。此外，按住鼠标右键并拖动，在编辑窗口内可以随意移动原理图。

2.2.4 原理图纸的设置

在进行原理图绘制之前，根据所设计工程的复杂程度，首先应对图纸进行设置。虽然在进入电路原理图编辑环境时，Altium Designer系统会自动给出默认的图纸相关参数，但是在大多数情况下，这些默认的参数不一定适合用户的要求，尤其是图纸尺寸的大小。设计者应根据自己的实际需求对图纸的大小及其他相关参数重新定义。

1. 设置图纸大小

选择"设计"→"文档选项"命令，或在编辑窗口内右击，在弹出的快捷菜单中选择"选项"→"文档选项"或"文件参数"命令，打开"文档选项"对话框，如图2-10所示。

该对话框中有3个选项卡："方块电路选项"、"参数"和"单位"，图纸的大小在"方块电路选项"标签页的右侧即可进行设置，有如下两种类型：

（1）标准类型

图 2-10 "文档选项"对话框

单击其右边的 按钮,在下拉列表框中可以选择已定义好的标准尺寸图纸,共有 18 种,具体尺寸如表 2-1 所示。选择后,单击对话框右下方的 从标准更新 按钮,可对当前的图纸尺寸进行更新。

表 2-1 标准类型的图纸尺寸

标 准 类 型	宽度×高度(毫米)	宽度×高度(英寸)
A4	297×210	11.69×8.27
A3	420×297	16.54×11.69
A2	594×420	23.39×16.54
A1	840×594	33.07×23.39
A0	1180×840	46.80×33.07
A	279.42×215.90	11.0×8.5
B	431.80×279.42	17.0×11.0
C	558.80×431.80	22.0×17.0
D	863.60×558.80	34.0×22.0
E	1078.00×863.60	44.0×34.0
Letter	279.4×215.9	11.0×8.5
Legal	355.6×215.9	14.0×8.5
Tabloid	431.8×279.4	17.0×11.0
OrCAD A	251.15×200.66	9.90×7.90
OrCAD B	391.16×251.15	15.40×9.90
OrCAD C	523.24×396.24	20.60×15.60
OrCAD D	828.04×523.24	32.60×20.60
OrCAD E	1087.12×833.12	42.80×32.80

(2)定制类型

选择"使用定制类型"后,自定义功能被激活,在 5 个文本框中可以分别输入自定义的图纸尺寸,包括:宽度、高度、X 区域计数(即 X 轴参考坐标分格数)、Y 区域计数(即 Y 轴参考坐标分格数)及边框宽度。

2. 设置图纸标题栏、颜色和方向

在"方块电路选项"选项卡中,还可以设置图纸的其他参数,如方向、标题栏、颜色等,这些可以在左侧的"选项"选项区域中完成,如图 2-11 所示。

（1）设置图纸标题栏

图纸的标题栏是对设计图纸的附加说明，可以在此栏目中对图纸做简单的描述，包括名称、尺寸、日期、版本等，也可以作为日后图纸标准化时的信息。

Altium Designer 系统中提供了两种预先定义好的标题栏格式：标准格式（Standard）和美国国家标准格式（ANSI）。选择"标题块"后，即可进行格式选择，若选择了标准格式，则下面的"方块电路数量空间"文本框会被激活，可以在其中输入数字，对图纸进行编号。

（2）设置图纸颜色

图纸颜色的设置包括"边界颜色"（即边框颜色）和"方块电路颜色"（即图纸底色）两项设置。单击欲设置颜色的颜色框，会弹出如图 2-12 所示的"选择颜色"对话框。

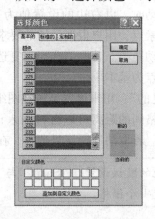

图 2-11　"选项"选项区域　　　　　图 2-12　"选择颜色"对话框

在对话框中可以选择 3 种设置颜色的方法：基本、标准和自定义。设置时，单击选定的颜色，会在"新的"栏中相应显示，确认后，单击 确定 按钮完成设置。

（3）设置图纸方向

图纸方向通过"方位"右侧的 ￬ 按钮设置：可以设置为水平方向（Landscape），即横向；也可以设置为垂直方向（Portrait），即纵向。一般在绘制及显示时设为横向，在打印输出时可根据需要设为横向或纵向。

（4）其他设置

在"选项"区域中还有 3 个复选框，用于对图纸的边框显示进行设置。

- 显示零参数：用来设置是否显示图纸边框中的参考坐标，选择后即显示。系统默认选中。显示方式有两种："Default：Alpha Top to Bottom，Numeric Left to Right"（按照字母从顶部到底部，数字从左到右的顺序显示）、"ASME Y14：Alpha Bottom to Top，Numeric Right to Left"（按照字母从底部到顶部，数字从右到左的顺序显示）。

- 显示边界：用来设置是否显示图纸边框，选择后即显示。当显示边框时，可用的绘图工作区会比较小，一般应考虑隐藏边框。

- 显示绘制模板：用来设置是否显示模板上的图形、文字及专用字符串等。一般，为了显示自定义图纸的标题区块时会选择该复选框。

另外，绘图过程中，在图纸上还常常需要插入一些汉字或英文的标注，对于这些标注字体的字形、大小等，通过单击"选项"区域右侧的 更改系统字体 按钮，在打开的"字体"

对话框中可以进行设置。

3. 栅格设置

在进入原理图编辑环境后，可以看到编辑窗口的背景是网格形的，这种网格被称为栅格。原理图的绘制过程中，栅格为元件的放置、排列及线路的连接带来了极大的方便，使用户可以轻松地排列元件和整齐的走线，极大地提高了设计速度和编辑效率。

（1）设置栅格数值

在"方块电路选项"选项卡中，"栅格"和"电栅格"选项区域专门用于对栅格进行具体数值的设置，如图2-13所示。

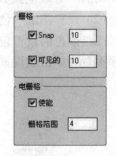

图2-13 栅格数值设置

- "Snap"：用于设置光标每次移动的距离大小。选择后，则光标移动时，以右边的设置值为基本单位。系统默认值为10个像素点，用户根据设计的要求可以输入新的数值改变光标的移动距离。若取消选择该复选框，则光标移动时，以1个像素点为基本单位。
- "可见的"：用来设置是否在图纸上显示栅格。选择后，图纸上栅格间的距离可以自行输入设置，系统默认值为10个像素点。若取消选择该复选框，在图纸上将不显示栅格。

📖 根据系统的默认设置，"Snap"与"可见的"两个选项数值相同，意味着光标的每次移动距离是1个栅格。

- "选择"：选择该复选框，表示启用电气栅格功能。在绘制连线时，系统会以光标所在位置为中心，以"栅格范围"中的设置值为半径，向四周搜索电气节点。如果在搜索半径内有电气节点，光标将自动移到该节点上，并在该节点上显示一个亮圆点，搜索半径的数值用户可以自行设定。如果不选择该复选框，就取消了系统自动寻找电气节点的功能。

📖 该项设置非常有用，在进行画线操作或对元件进行电气连接时，此功能可以让设计者非常轻松地捕捉到起始点或元器件的引脚。注意："栅格范围"中的数值应小于"Snap"中的数值，否则，系统将不能准确捕获到电气节点。

以上设定并非是一成不变的。设计过程中，选择"察看"→"栅格"命令，可以在弹出的菜单中随时设置栅格是否可见（"切换可视栅格"命令）、是否启用电气栅格功能（"切换电气栅格"命令），以及重新设定"Snap"的数值（"设置跳转栅格"命令）等，如图2-14所示。

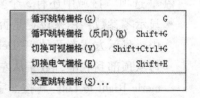

图2-14 "栅格"命令菜单

（2）设置栅格形状、颜色

栅格的形状和颜色可在"参数选择"对话框中"Schematic"模块下的"Grids"标签页中进行设置。在编辑窗口内右击，在弹出的快捷菜单中选择"选项"→"栅格"命令，可直接进入"Grids"标签页，如图2-15所示。

"栅格选项"区域中有如下两项设置。

● 可视化栅格：用于设置栅格形状，有两种选择，"Line Grid"（线状栅格）和"Dot Grid"（点状栅格）。

● 栅格颜色：单击颜色栏，可以设置栅格的显示颜色。一般应尽量设置较浅的颜色，以免影响原理图的绘制。

此外，栅格数值的单位有英制和公制之分。单击相应的 [调整] 按钮，在弹出的菜单中可以选择不同的预设值，如图 2-16 所示。

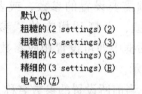

图 2-15 "Grids"标签页   图 2-16 栅格预设值菜单

4. 文档参数设置

Altium Designer 系统为原理图文档提供了多个默认的文档参数，以便记录电路原理图的有关设计信息，使用户更系统、更有效地对自己设计的图纸进行管理。

在"文档选项"对话框中选择"参数"选项卡，即可看到所有文档参数的名称、值及类型，如图 2-17 所示。

系统提供的默认文档参数有 20 多项，具体含义如下。

图 2-17 图纸设计信息

● Address1、Address2、Address3、Address4：公司或单位地址。

● ApprovedBy：设计负责人。

● Author：图纸设计者。

● CheckedBy：图纸校对者。

● CompanyName：公司名称。

● CurrentDate：当前日期。

● CurrentTime：当前时间。

● Date：设置日期。

● DocumentFullPathAndName：文档完整保存路径及名称。

● DocumentName：文档名称。

● DocumentNumber：文档编号。

● DrawnBy：图纸绘制者。

● Engineer：设计工程师。

● ImagePath：影像路径。

● ModifiedDate：修改日期。

- Orgnization：设计机构名称。
- ProjectName：工程名称。
- Revision：设计图纸版本号。
- Rule：规则信息。
- SheetNumber：原理图图纸编号。
- SheetTotal：工程中的原理图总数。
- Time：设置时间。
- Title：原理图标题。

（1）文档参数设置

双击某项需要设置的参数，或者在选中后，单击 [编辑] 按钮，会打开相应的"参数属性"对话框。在该对话框中即可设置相应参数的值及属性等，如图 2-18 所示。

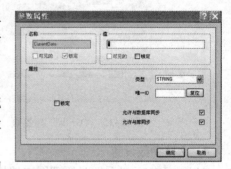

图 2-18 "参数属性"对话框

- 名称：当前所设置的参数名称，当参数是系统提供的默认文档参数时，文本编辑栏呈灰色状态，不可更改。
- 值：用于设置当前参数的数值。选择下面的"锁定"复选框后，该数值将不可更改。
- 属性：用于设置参数值的类型及唯一标识 ID。类型有 4 种，"STRING"（字符串）、"BOOLEAN"（布尔）、"INTEGER"（整数）和"FLOAT"（浮点）。单击 [复位] 按钮，可随机生成指定参数的唯一标识 ID，是一个 8 位的纯字母字符串。

（2）自定义文档参数

除了默认提供的参数以外，Altium Designer 系统还允许用户根据需要添加自定义的文档参数，并为参数指定规则和属性等。

【例 2-2】 添加一个自定义文档参数。

1）在"参数"选项卡中单击 [添加] 按钮，则可打开用于设置自定义参数的"参数属性"对话框，如图 2-19 所示。

图 2-19 设置自定义参数

2）在"名称"文本框中可输入自定义参数的名称，如"College"，在"值"文本框中可输入参数的数值，同时可设置名称和数值的可见状态及锁定状态。

3）在"属性"选项区域中设置参数值的类型为"STRING"，还可为参数设置以下几项规则。

- 位置 X：设置参数值所在位置的 X 坐标。
- 位置 Y：设置参数值所在位置的 Y 坐标。
- 方位：设置参数值的放置方向，有 4 个选项，"0 Degrees"、"90 Degrees"、"180 Degrees"、"270 Degrees"。
- 依据：设置参数值的位置。左边的列表框中提供了"Bottom"（底部）、"Center"（中心）和"Top"（顶部）3 个选项；右边的列表框中提供了"Left"（左侧）、"Center"（中心）和"Right"（右侧）3 个选项。
- 颜色、字体：设置参数值的显示颜色和字体。

4）设置完毕，单击 确定 按钮，返回"参数"标签页。此时，自定义的参数"College"已出现在参数列表中，如图 2-20 所示。

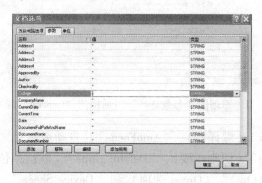

图 2-20　添加了自定义参数

5）对于该自定义参数，选中后，单击 移除 按钮即可进行删除；单击 编辑 按钮，会打开图 2-18 所示的"参数属性"对话框，与系统默认提供的参数一样，进行有关设置；单击 添加规则 按钮，则可以对参数进行修改或编辑规则值。

2.2.5　原理图工作区参数设置

在原理图的设计过程中，其效率和正确性往往与环境参数的设置有着密切的关系。参数设置的合理与否，将直接影响到设计过程中软件的功能是否能充分发挥。

对于初次接触 Altium Designer 的用户来说，一般采用系统的默认设置即可，随着熟悉程度的逐步加深，也可以根据自己的设计需要，尝试进行深入的设置，以获得更好的设计效果。

在 Altium Designer Summer 09 系统中，可应用于所有原理图文件的工作区参数是通过"参数选择"对话框中的"Schematic"模块来进行设置的。

选择 DXP (X)→"优先选项"命令，在打开的"参数选择"对话框中选择"Schematic"模块；或者在编辑窗口内右击，在弹出的快捷菜单中选择"选项"→"设置原理图参数"命令，可直接进入"Schematic"模块，如图 2-21 所示。

"Schematic"模块中共有 12 个标签页，除了前面介绍过的"Grids"标签页，还有"General"（常规设置）、"Graphical Editing"（图形编辑）、"Mouse Wheel Configuration"（鼠

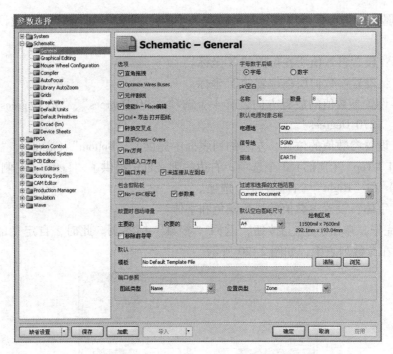

图 2-21　原理图"参数选择"对话框的"General"标签页

标滚轮配置)、"Compiler"(编译器)、"AutoFocus"(自动聚焦)、"Library AutoZoom"(库自动缩放)、"Break Wire"(切割连线)、"Default Units"(默认单位)、"Default Primitives"(默认初始值)、"Orcad(tm)"(Orcad 选项)和"Device Sheets"(设备片)。由于大多数是采用中文显示,因此比较容易理解,下面简单介绍一下常用的一些功能设置。

1. 常规参数设置

常规参数设置是由"General"标签页来完成,如图 2-21 所示,共有 10 个设置区域。

(1)选项

1)直角拖拽:选择该功能后,在原理图上拖动元器件时,与元器件相连接的导线只能保持 90°的直角;若取消,则与元器件相连接的导线可以呈现任意角度。

2)Optimize Wires Buses(优化导线及总线):选择该功能后,在进行导线和总线的连接时,系统将自动选择最优路径,并且可以避免各种电气连线和非电气连线的相互重叠。此时,下面的"元件割线"复选框也呈现可选状态。若取消选择,用户可以自己进行连线路径的选择。

3)元件割线:选择该功能后,当放置一个元器件时,若元器件的两个引脚同时落在一根导线上,该导线将被切割成两段,两个端点自动分别与元器件的两个引脚相连。

● 选择 In-Place 编辑:选择该功能后,对于原理图中已放置的文本对象,如元器件的标识、参数等,选中后,单击或使用快捷键〈F2〉,即可直接在原理图编辑窗口内进行编辑、修改,而不必打开相应的参数属性对话框。

● Ctrl + 双击打开图纸:选择该功能后,在绘制层次电路原理图时,按〈Ctrl〉键,同时双击原理图中的图纸符号即可打开相应的模块原理图。

● 转换交叉点:选择该功能后,在两条导线的 T 形节点处再连接一条导线形成十字交叉时，系统将自动生成两个相邻的节点，以保证电气上的连通。若取消，则形成两条不相交的导线，如图 2-22 ~ 图 2-24 所示。此时可通过手动放置节点将其连通。

 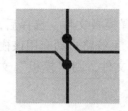 

图 2-22　T 形节点　　　　图 2-23　选择"转换交叉点"　　图 2-24　取消"转换交叉点"

- 显示 Cross – Overs：选择该功能后，非电气连线的交叉处会以半圆弧显示出横跨状态。
- Pin 方向：选择该功能后，系统会在元器件的引脚处，用三角箭头明确指示引脚的输入输出方向，否则不显示，如图 2-25 和图 2-26 所示。

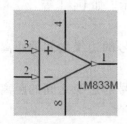 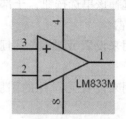

图 2-25　选择"Pin 方向"　　　　图 2-26　取消"Pin 方向"

- 图纸入口方向：在层次化电路图设计时，选择该功能后，原理图中的图纸连接端口将以箭头的方式显示该端口的信号流向，避免了原理图中电路模块间信号流向矛盾的错误出现。
- 端口方向：选择该功能后，端口的样式会根据用户设置的端口属性显示是输出端口、输入端口或其他性质的端口。
- 未连接从左到右：选择该功能后，对于未连接的端口，一律显示为从左到右的方向（即 Right 显示风格）。

（2）包含剪贴板

- No-ERC 标记：选择该功能后，在复制、剪切到剪贴板或打印时，均包含图纸的忽略 ERC 检查符号。
- 参数集：选择该功能后，则使用剪贴板进行复制操作或打印时，包含元器件的参数信息。

（3）放置时自动增量

用来设置元器件标识序号及引脚号的自动增量数。

- 主要的：在原理图上连续放置同一种支持自动增量的对象时，该选项用来设置对象标识序号的自动增量数，系统默认值为 1。支持自动增量的对象有元器件、网络、端口等。
- 次要的：放置对象时，该选项用来设定对象第二个参数的自动增量数，系统默认值为 1。例如，创建原理图符号时，引脚标号的自动增量数。

- 移除前导零：选择后，放置一个数字字符时，前面的 0 会自动去掉。

（4）默认

用来设置默认的模板文件。

单击右边的 浏览 按钮可以选择模板文件。选择后，模板文件名称将出现在"模板"文本框中，每次创建一个新文件时，系统将自动套用该模板。也可以单击 清除 按钮清除已选择的模板文件。如果不需要模板文件，则"模板"文本框中显示"No Default Template File"。

（5）字母数字后缀

用来设置某些元件中包含多个相同子部件的标识后缀。每个子部件都具有独立的物理功能。在放置这种复合元件时，其内部的多个子部件通常采用"元件标识：后缀"的形式来加以区别。

- 字母：选择该单选按钮，子部件的后缀以字母表示。如 U：A 等。
- 数字：选择该单选按钮，子部件的后缀以数字表示。如 U：1 等。

（6）pin 空白

- 名称：用来设置元器件的引脚名称与元器件符号的边缘之间的距离，系统默认值为 5mil。
- 数量：用来设置元器件的引脚编号与元器件符号的边缘之间的距离，系统默认值为 8mil。

（7）默认电源对象名称

- 电源地：用来设置电源地的网络标签名称，系统默认为"GND"。
- 信号地：用来设置信号地的网络标签名称，系统默认为"SGND"。
- 接地：用来设置大地的网络标签名称，系统默认为"EARTH"。

（8）过滤和选择的文档范围

用来设置过滤器和执行选择功能时默认的文件范围，有如下两个选项。

- Current Document：仅在当前文档中使用。
- Open Document：在所有打开的文档中都可以使用。

（9）默认空白图纸尺寸

用来设置默认的空白原理图的尺寸大小，可以单击 按钮选择设置，并在旁边给出了相应尺寸的具体绘图区域范围，帮助用户选择。

2. 图形编辑参数设置

图形编辑的参数设置通过"Graphical Editing"标签页来完成，如图 2-27 所示，有 5 个设置区域。

（1）选项

- 剪贴板参数：选择该功能后，在复制或剪贴选中的对象时，系统将提示用户确定一个参考点，建议选中。
- 添加模板到剪切板：选择该功能后，用户在执行复制或剪切操作时，系统会把当前文档所使用的模板一起添加到剪贴板中，所复制的原理图将包含整个图纸。因此，当用户需要复制原理图作为 Word 文档的插图时，建议先取消该功能。
- 转化特殊字符：选择该功能后，用户可以在原理图上使用一些特殊字符串，显示时，

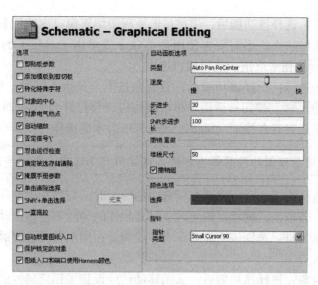

图 2-27 "Graphical Editing" 标签页

系统会自动转换成实际内容。如"CurrentTime",会显示为系统当前的时间,否则,将保持原样。

- 对象的中心:选择该功能后,移动元件时,光标将自动跳到元件的基准点处。
- 对象电气热点:选择该功能后,当用户移动或拖动某一对象时,光标自动滑动到离对象最近的电气节点(如元件的引脚末端)处。

📖 "对象的中心"功能优先权低于"对象电气热点"功能,因此,如果用户想使用"对象的中心"功能,应取消"对象电气热点"功能,否则,移动元件时,光标仍然会自动滑到元件的电气节点处。若两项功能均取消,则光标落在对象的任何位置处都可以进行移动或拖动。

- 自动缩放:选择该功能后,在对原理图中的某一对象进行操作时,电路原理图可以自动地实现缩放,调整出最佳的视图比例来显示所操作的对象,建议选中。
- 否定信号' \ ':单字符' \ '表示否定。选择后,字符" \ "后的名称显示时带有"非"符号。例如,在某一引脚名称前加一个符号" \ ",则名称上方就显示短横线,表示该引脚低电平有效。
- 双击运行检查:选择该功能后,在原理图上双击某个对象时,可以打开"SCH Inspector"面板,面板上列出了该对象的一切参数信息,用户可以查询,也可以修改。否则,双击后打开的是相应的属性设置对话框。
- 确定被选存储清除:选择该功能后,在清除选择存储器的内容时,将出现一个确认对话框。否则,不会出现确认对话框,直接清除。通过这项功能的设定可以防止由于疏忽而清除选择存储器的内容,建议选中。
- 掩膜手册参数:用来设置是否显示参数自动定位被取消的标记点。选择该功能后,如果对象的某个参数已取消了自动定位属性,那么在该参数的旁边会出现一个点状标记,提示用户该参数不能自动定位,需手动定位,即应该与该参数所属的对象一起移动或旋转。

- 单击清除选择：选择该功能后，通过单击原理图编辑窗口内的任意位置就可以解除对某一对象的选中状态，不需要再使用菜单命令或单击工具栏上的取消所有选择按钮 ⚏️，或单击 ⚏️ 按钮来取消。建议用户选中。
- 'Shift'+单击选择：选择该功能后，只有在按下〈Shift〉键时，单击才能选中图元。此时，右边的 元素 按钮被激活。单击该按钮，会打开如图 2-28 所示的对话框，可以设置哪些图元只有在按下〈Shift〉键时，单击才能选择。

📖 使用这项功能会使原理图的编辑很不方便，建议用户不选中，直接单击选取图元即可。

- 一直拖拉：选择该功能后，移动某一选中的图元时，与其相连的导线随之被拖动，保持连接关系；若取消，则移动图元时，与其相连的导线不会被拖动。
- 自动放置图纸入口：选择该功能后，当导线放置在图纸符号边缘时，图纸符号上将自动放置图纸入口。
- 保护锁定的对象：选择该功能后，试图移动已经设置了锁定属性的对象时，系统不会弹出如图 2-29 所示的移动确认提示框，用户将无法移动该对象。此时，若选择一组操作对象进行图形编辑，锁定的对象也不会被选中，不会被编辑。

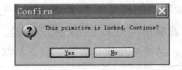

图 2-28　图元设置　　　　　　　　图 2-29　移动锁定对象时的提示框

- 图纸入口和端口使用 Harness 颜色：选择该功能后，图纸入口和端口将使用系统默认的信号线束（Signal Harness）的颜色。

（2）自动面板选项

该选项主要用来设置系统的自动摇景功能，即当光标在原理图上移动时，系统会自动移动原理图以保证光标指向的位置进入可视区域。

- 类型：用来设置系统自动摇景的类型，有 3 种选择，"Atuo Pan Off"（关闭自动摇景）、"Auto Pan Fixed Jump"（按照固定步长自动移动原理图）、"Auto Pan Recenter"（移动原理图时，以光标位置作为显示中心）。系统默认为 "Auto Pan Fixed Jump"。
- 速度：通过拖动滑块设定原理图移动的速度。滑块越向右，速度越快。
- 步进步长：设置原理图每次移动时的步长。系统默认值为 30，即每次移动 30 个像素点。数值越大，图纸移动越快。
- Shift 步进步长：用来设置在按住〈Shift〉键的情况下，原理图自动移动时的步长。一般该栏的值要大于"步长"的值，这样在按住〈Shift〉键时可以加快图纸的移动速度，系统默认值为 100。

（3）取消重做

- 堆栈尺寸：用来设置可以取消或重复操作的最深堆栈数，即次数的多少。理论上，取消或重复操作的次数可以无限多，但次数越多，所占用的系统内存就越大，会影响编辑操作的速度。一般设定为 30 即可。
- 撤销组：选择后，可以以组为单位进行撤销操作。

（4）颜色选项

选择：用来设置所选中的对象的颜色。单击相应的颜色栏，会弹出如图 2-11 所示的"选择颜色"对话框，用户可以自行设置。

（5）光标

用来设置光标的显示类型。

指针类型：光标的显示类型有 4 种，"Large Cursor 90"（长十字形光标）、"Small Cursor 90"（短十字形光标）、"Small Cursor 45"（短 45°交错光标）、"Tiny Cursor 45"（小 45°交错光标）。系统默认为"Small Cursor 90"。

3. 鼠标滚轮配置

鼠标滚轮配置通过"Mouse Wheel Configuration"标签页完成，如图 2-30 所示，用于对鼠标滚轮的功能进行设置，以便实现对编辑窗口的移动或者切换。

通过鼠标滚轮和不同按键的配置，可以实现 4 项行为。

- Zoom Main Window：编辑窗口变焦。系统默认设置为〈Ctrl〉+ 鼠标滚轮。
- Vertical Scroll：编辑窗口垂直滚动。系统默认设置为直接使用滚轮。
- Horizontal Scroll：编辑窗口水平滚动。系统默认设置为〈Shift〉+ 鼠标滚轮。
- Change Channel：通道切换，用于多通道设计。系统默认设置为：〈Ctrl〉+〈Shift〉+ 鼠标滚轮。

4. 编译器参数设置

编译器参数设置通过"Compiler"标签页来完成，如图 2-31 所示。

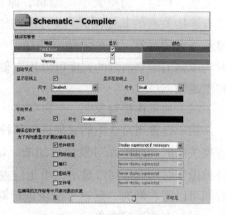

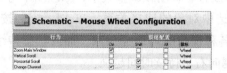

图 2-30 "Mouse Wheel Configuration"标签页　　　图 2-31 "Compiler"标签页

（1）错误和警告

用来设置对于编译过程中可能发现的错误，是否在原理图中用不同的颜色加以标示。错误有 3 种级别，由高到低为："Fatal Error"（致命错误）、"Error"（错误）、"Warning"（警告），对这 3 种错误，用户可以在相应的复选框中选择是否显示及显示时的颜色。一般，错误的级别越高，相应的颜色应越深。采用系统默认的颜色即可。

（2）自动节点

- 显示在线上：选择该功能后，将显示导线上的 "T" 形连接处自动生成的电气节点。电气节点的大小用 "尺寸" 设置，有 4 种选择，"Smallest"（最小）、"Small"（小）、"Medium"（中等）、"Large"（大）；电气节点的颜色，则通过单击 "颜色" 右侧的颜色框可以设置。

- 显示在总线上：选择该功能后，将显示总线上的 "T" 形连接处自动生成的电气节点。电气节点的大小和颜色设置同上。

（3）手动节点

用来设置手动放置节点的尺寸和颜色及是否显示。

（4）编译名称扩展

用来设置显示编译扩展名称的对象及显示方式。显示方式有 3 种："Never display super-script"（从不显示扩展名称）、"Always display superscript"（一直显示扩展名称）、"Display superscript if necessary"（仅在与源数据不同时显示）。系统默认为 "Display superscript if necessary"。

5. 自动聚焦设置

自动聚焦为原理图中不同状态对象（连接或未连接）的显示提供了不同的方式，或加浓，或淡化等，便于用户直观快捷地查询或修改，有关设置通过 "AutoFocus" 标签页来完成，如图 2-32 所示。

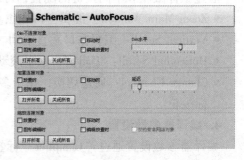

图 2-32 "AutoFocus" 标签页

（1）Dim 不连接对象

用于设置当对选中的对象进行某种操作时，如放置、移动、调整大小或编辑，原理图中与其没有连接关系的其他图元对象会被消隐，以突出

显示选中的对象。单击 打开所有 按钮，各种操作时均选择消隐；单击 关闭所有 按钮，各种操作时均取消消隐。消隐的程度可以用右侧的 "Dim 水平" 滑块进行调节，滑块越向右，消隐程度越强。

（2）加重连接对象

用于设置当对选中的对象进行某种操作时，如放置、移动或调整大小，原理图中与其有连接关系的其他图元对象会被加浓，以突出显示选中对象的连接关系。单击 打开所有 按钮，各种操作时均选择加浓显示；单击 关闭所有 按钮，各种操作时均取消加浓。加浓状态持续的时间可以用右侧的 "延迟" 滑块进行调节，滑块越向右，持续时间越强。

（3）缩放连接对象

用于设置当对选中的对象进行某种操作时，如放置、移动、调整大小或编辑，原理图中与其有连接关系的其他图元对象会被系统自动缩放，以突显选中对象的连接关系。

单击 打开所有 按钮，各种操作时均选择自动缩放；单击 关闭所有 按钮，各种操作时均取消自动缩放。

6. 打破线设置

在绘制原理图时，有时需要去掉某些多余的线段。特别是在连线较长或连接在该线段上的元器件数目较多时，不希望删除整条连线，此时可使用系统提供的"打破线"命令，对各种连线进行灵活的切割或修改。与该命令有关的设置是在"Break Wire"标签页中完成，如图 2-33 所示。

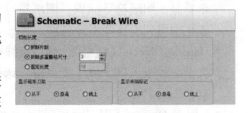

图 2-33　"Break Wire"标签页

（1）切削长度

用来设置每次执行"打破线"命令时，在导线上切割的线段长度。有如下 3 种选择：

- 折断片段：选择该项后，则执行"打破线"命令时，光标所在的导线被整段切除。
- 折断多重栅格尺寸：选择该项后，则执行"打破线"命令时，导线上每次被切除的线段长度是栅格大小的整数倍。倍数的多少，可以在右边的数字栏中选择，最大为 10 倍，最小为 2 倍。
- 固定长度：选择该项后，则每次执行"打破线"命令时，导线上被切除的线段长度是固定的，用户可以在右边的数字栏中自行输入设置固定长度值，系统默认为 10 个像素点。

（2）显示箱形刀架

用来设置执行"打破线"命令时，是否显示虚线切除框。切除框是一个小方框，可以把要切除的线段包围在内，明确标示出要切除的导线范围，以便提醒用户，防止误切。有 3 种选择："从不"、"总是"、"线上"，系统默认为"总是"。

（3）显示末端标记

用来设置执行"打破线"命令时，是否显示虚线切除框的末端标记，如图 2-34 和图 2-35 所示。有 3 种选择："从不"、"总是"、"线上"，系统默认为"总是"。

图 2-34　显示末端标记　　　　　　　　　　图 2-35　不显示末端标记

7. 图元默认值设置

"Default Primitives"标签页（图 2-36）用来设定原理图编辑时常用图元的原始默认值。这样，在执行各种操作时，如图形绘制、元器件放置等，就会以所设置的原始默认值为基准进行操作，简化了编辑过程。

（1）元素列表

用来选择进行原始默认值设置的图元类别。

- All：所有类别。选择该选项后，在下面"原始的"列表框中将列出所有的图元。
- Wiring Objects（布线图元）：使用原理图编辑器中的布线工具栏所放置的各种图元，

包括总线、导线、节点、网络标签、线束、图纸符号等。选择该选项后，在下面"原始的"列表框中将列出这些图元名称。

- Drawing Objects（实用图元）：使用原理图编辑器中的实用工具所绘制的各种非电气对象，包括圆弧、贝塞尔曲线、椭圆、矩形、文本框等。选择该选项后，在下面"原始的"列表框中将列出这些图元名称。
- Sheet Symbol Objects（图纸符号图元）：在层次电路图中与子图有关的图元，包括图纸符号、图纸符号标识、图纸符号文件名等。选择该选项后，在下面"原始的"列表框中将列出这些图元名称。
- Harness Objects（线束图元）：与线束有关的一些图元，包括线束连接器、线束连接器类型、线束入口、信号线束等。选择该选项后，在下面"原始的"列表框中将列出这些图元名称。
- Library Objects（库图元）：与库元件有关的图元，包括 IEEE 符号、标识符、元件引脚等。选择该选项后，在下面"原始的"列表框中将列出这些图元名称。
- Other（其他图元）：上述类别未能包含的图元的一些参数等。

（2）"原始的"列表框

在上面的"元素列表"中选择了图元类别后，在该列表框中将对应列出该类别中的所有具体图元，供用户选择。对其中的任一图元都可以进行属性参数设置或复位到安装时的原始状态。

在列表框的下方有两个长度单位选择标签："Mils"（1/1000 英寸）和"MMs"（mm），可选择设置。

选中某一图元，单击 编辑值 按钮，或直接双击该图元，会弹出相应的图元属性设置对话框。不同的图元，其属性设置对话框会有较大的差别，如图 2-37 所示是"Sheet Symbol Objects"类别中的图元"Sheet Symbol Filename"属性设置对话框。

图 2-36 "Default Primitives"标签页

图 2-37 "Sheet Symbol Filename"属性设置对话框

在该对话框内，可以修改或设定有关参数，如文件名、X 轴位置、Y 轴位置、方位、颜色等，设定完毕单击 确定 按钮返回。

46

在列表框中选中一个图元，单击 复位 按钮，可以将图元的属性参数复位到安装时的初始状态。

（3） 另存为 按钮

单击该按钮，会打开文件目录浏览对话框，可以将用户当前设定的图元属性参数以文件的形式保存到合适的位置，文件保存的格式为"＊.dft"，以后可以重新进行加载。

（4） 装载 按钮

单击该按钮，同样会打开文件目录浏览对话框，用户可以选择一个以前保存过的默认设置文件（＊·dft）进行加载，把图元的当前属性参数恢复为保存该文件时的状态。

（5） 复位所有 按钮

单击该按钮，将复位所有图元的属性参数。

（6）"永久的"复选框

选择该复选框后，将永久锁定图元的属性参数。这样，原理图编辑环境下，放置一个图元时，在按下〈Tab〉键打开的图元属性对话框中，改变的属性参数将仅影响当前的放置，当再次放置该图元时，其属性仍是锁定的参数值，与前次放置时的改变无关。若不选择该复选框，改变的属性参数则会影响到以后的所有放置。

📖 使用 Altium Designer 时，每个人可能会根据自己使用习惯的不同，来设置不同的图元属性参数。在完成设置后，可另存为一个"＊.dft"文件，再次使用时直接加载即可。

2.2.6 元件库的操作

电路原理图就是各种元件的连接图，绘制一张电路原理图首先要完成的工作就是把所需要的各种元件放置在设置好的图纸上。Altium Designer 系统中，元件数量庞大、种类繁多，一般是按照生产商及其类别功能的不同，将其分别存放在不同的文件内，这些专用于存放元件的文件就称为库文件。

为了使用方便，一般应将包含所需元件的库文件载入内存中，这个过程就是元件库的加载。但是，内存中若载入过多的元件库，又会占用较多的系统资源，降低应用程序的执行效率。所以，如果暂时用不到某一元件库中的元件，应及时将该元件库从内存中移走，这个过程就是元件库的卸载。

1. "库"面板

对于元件和库文件的各种操作，Altium Designer Summer 09 系统中专门提供了一个直观灵活的"库"面板，如图 2-38 所示。

"库"面板可以说是 Altium Designer 系统中最重要的工作面板之一，不仅是为原理图编辑器服务，而且在 PCB 编辑器中也同样离不开它，用户应熟练掌握，并加以灵活运用。

"库"面板主要由下面几部分组成。

● 当前元件库：该文本栏中列出了当前已加载的所有库文件。

图 2-38 "库"面板

单击右边的  按钮，可打开下拉列表，进行选择；单击 按钮，在打开的窗口中（图 2-39 所示）有 3 个可选项："元件"、"封装"和"3D 模式"，根据是否选中来控制"库"面板是否显示相关信息。

- 搜索输入栏：用于搜索当前库中的元件，并在下面的元件列表中显示出来。其中，"＊"表示显示库中的所有元件。
- 元件列表：用于列出满足搜索条件的所有元件。
- 原理图符号：该窗口用来显示当前选择的元件在原理图中的外形符号。
- 模型：该窗口用来显示当前元件的各种模型，如 3D 模型、PCB 封装及仿真模型等。显示封装形式时，单击左下角的按钮 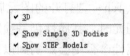，在打开的小窗口中，可选择设置是否显示 3D 模型、是否显示 3D 实体模型、是否显示 STEP 模型，如图 2-40 所示。

图 2-39　选择库中元件样式　　　　　图 2-40　模型显示设置

- 供应商链接和供应商信息：用于显示与所选元件有关的一些供应信息。

"库"面板提供了所选元件的各种信息，包括原理图符号、PCB 封装、3D 模型及供应商等，使用户对所选用的元件有一个大致的了解。另外，利用该面板还可以完成元件的快速查找、元件库的加载、元件的放置等多种便捷而又全面的功能，在后面的原理图绘制过程中可以逐步体会。

2. 直接加载元件库

Altium Designer 中有两个系统已默认加载的集成元件库："Miscellaneous Devices. IntLib"（常用分立元件库）和"Miscellaneous Connectors. IntLib"（常用接插件库），包含了常用的各种元器件和接插件，如电阻、电容、单排接头、双排接头等。设计过程中，如果还需要其他的元件库，用户可随时进行选择加载，同时卸载不需要的元件库，以减少 PC 的内存开销。如果用户已经知道选用元件所在的元件库名称，就可以直接对元件库进行加载。

【例 2-3】　直接加载元件库。

1）选择"设计"→"添加/移除库"命令或在"库"面板上单击左上角的 按钮，系统弹出如图 2-41 所示的"可用库"对话框。

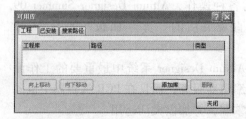

图 2-41　"可用库"对话框

2）在"工程"选项卡中单击 添加库 按钮，或者在"已安装"选项卡中单击 安装 按钮，系统弹出如图2-42所示的元件库浏览窗口。

图2-42　元件库浏览窗口

3）在窗口中选择确定的库文件夹，打开后选择相应的元件库。例如，选择"Analog Devices"库文件夹中的元件库"AD Amplifier Buffer. INTLIB"，单击 打开(O) 按钮后，该元件库就出现在了"可用库"对话框中，完成了加载，如图2-43所示。

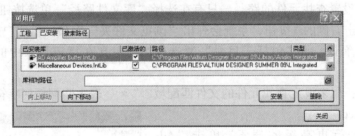

图2-43　元件库已加载

4）重复操作可以把所需要的元件库一一进行加载，使之成为系统中当前可用的元件库。加载完毕，单击 关闭 按钮关闭对话框。这时所有加载的元件库都将出现在"库"面板中，用户可以选择使用。

5）在"可用库"对话框中选中某一不需要的元件库，单击 删除 按钮，即可将该元件库卸载。

3. 查找元件并加载元件库

如果用户只知道所需元件的名称，并不知道该元件在什么样的元件库中，此时可以利用系统所提供的快速查询功能来查找元件并加载相应的元件库。

选择"工具"→"发现器件"命令或者在"库"面板上单击 搜索 按钮，系统将弹出如图 2-44 所示的"搜索库"对话框。

在"搜索库"对话框中，通过设置查找的条件、范围及路径，可以快速找到所需的元件。该对话框主要包括如下几部分内容。

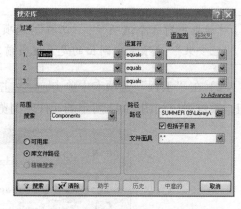

图 2-44 "搜索库"对话框

（1）过滤

该区域用于设置需要查找的元件应满足的条件，最多可以设置 10 个，单击"添加列"按钮，可以增加；单击"移除列"按钮，可以删除。

- 域：该下拉列表框中列出了查找的范围。
- 运算符：该下拉列表框中列出了"equals"、"contains"、"starts with"和"ends with"4 种运算符，可选择设置。
- 值：该下拉列表框用于输入需要查找元件的型号名称。

（2）范围

该区域用于设置查找的范围。

- 搜索：单击▾按钮，有 4 种类型，"Components"（元件）、"Footprints"（PCB 封装）、"3D Models"（3D 模型）、"Database Components"（数据库元件）。
- 可用库：选择该单选按钮，系统会在已经加载的元件库中查找。
- 库文件路径：选择该单选按钮，系统将在指定的路径中进行查找。
- 精确搜索：该单选按钮仅在有查找结果时才被激活。选中后，只在查找结果中进一步搜索，相当于网页搜索中的"在结果中查找"。

（3）路径

该区域用来设置查找元件的路径，只有在选择"库文件路径"单选按钮时才有效。

- 路径：单击右侧的◙按钮，系统会弹出"浏览文件夹"窗口，供用户选择设置搜索路径。若选择下面的"包括子目录"复选框，则包含在指定目录中的子目录也会被搜索。
- 文件面具：用来设定查找元件的文件匹配域，"＊"表示匹配任何字符串。

（4）Advanced

如果需要进行更高级的搜索，单击"Advanced"按钮，"搜索库"对话框将变为如图 2-45 所示的形式。在空白的文本框中可以输入表示查找条件的过滤语句表达式，有助于系统更快捷、更准确的查找。该对话框中还增加了如下几个功能按钮。

- 助手：单击该按钮，即进入系统提供的"Query Helper"（帮助器）对话框，该对话框可以帮助用户建立起相关的过滤语句表达式。关于"Query Helper"对话框的使用，在后面将详细介绍。

图 2-45 "搜索库"对话框

- 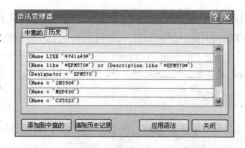 历史 ：单击该按钮，即打开"语法管理器"的"历史"选项卡，如图 2-46 所示。其中存放了所有的搜索记录，供用户查询、参考。

- 中意的 ：单击该按钮，即打开"语法管理器"的"中意的"选项卡，用户可以将中意的过滤语句表达式保存在这里，便于下次查找时直接使用。

图 2-46 "语法管理器"对话框

【例 2-4】 查找元件并加载相应的元件库。

1）打开"库"面板，单击 搜索 按钮，系统弹出"搜索库"对话框。

2）在"域"下拉列表框的第一行选择"Name"选项，在"运算符"下拉列表框中选择"contains"选项，在"值"下拉列表框中输入元件的全部名称或部分名称，如"AD9850"。设置"搜索"类型为"Components"，选择"库文件路径"单选按钮，此时，"路径"文本编辑栏内显示系统所提供的默认路径："C:\PROGRAM FILES\ALTIUM DESIGNER SUMMER 09\Library\"，如图 2-47 所示。

图 2-47 元件查找设置

3）单击 搜索 按钮后，系统开始查找。

📖 在查找过程中，"库"面板上的 库... 按钮处于不可使用状态，如果需要停止查找，单击 Stop 按钮即可。

4）查找结束后的"库"面板如图 2-48 所示。可以看到，符合搜索条件的元件只有一个，其原理图符号、封装形式等显示在面板上，用户可以详细查看。

5）单击"库"面板右上方的 Place AD9850BRS 按钮，系统会弹出如图 2-49 所示的提示框，以提示

图 2-48 查找结果显示

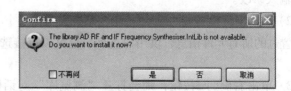

图 2-49 加载元件库提示框

用户：要放置的元件所在的元件库为"AD RF and IF Frequency Synthesiser. IntLib"，并不在系统当前可用的元件库中，询问是否将该元件库进行加载。

📖 单击 是 按钮，则元件库被加载；单击 否 按钮，则只使用该元件而不加载其所在的元件库。

6）单击 是 按钮，则元件库"AD RF and IF Frequency Synthesiser. IntLib"被加载。此时，单击"库"面板上的 库... 按钮，可以看到，在"可用库"对话框中，"AD RF and IF Frequency Synthesiser. IntLib"已成为可用元件库，如图2-50所示。

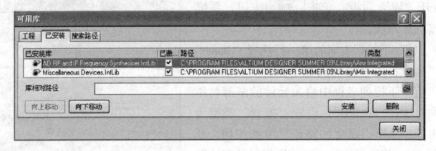

图2-50　元件库已加载

2.3　元件的放置

原理图的绘制中，需要完成的关键操作是如何将各种元件的原理图符号进行合理放置。在Altium Designer系统中提供了两种放置元件的方法，一种是利用菜单命令或工具栏，另一种是使用"库"面板。

2.3.1　使用实用工具栏或菜单命令放置元件

如果用户已经确切知道元件的名称，则可以直接使用菜单命令或工具按钮进行放置，或者先浏览选择后再进行放置。

【例2-5】　浏览选择元件并放置。

1）选择"放置"→"器件"命令，或者单击"布线"工具栏中的"放置器件"按钮 ，还可以在原理图中右击，在弹出的快捷菜单中选择"放置器件"命令，系统都会打开"放置端口"对话框，用户可以事先查看、修改需要放置元件的名称、标识、注释等有关信息，如图2-51所示。在"物理元件"文本框中显示了需要放置的元件名称，用户可以直接进行输入修改。

2）单击对话框右侧的 历史纪录 按钮，系统会弹出一个"放置零件历史记录"窗口，记录了曾经放置过的所有元件信息，供用户查询，也可以直接选中某一元件进行再次放置，如图2-52所示。

3）单击右侧的 按钮，则会打开"浏览库"对话框，如图2-53所示。用户可以浏览系统当前可用的元件库中所有元件的名称、原理图符号、封装形式、3D模型等，从而选择需要的元件。例如，我们在元件库"Miscellaneous Devices. IntLib"中选择了电阻元件"Res2"。

图 2-51 "放置端口"对话框   图 2-52 "放置零件历史记录"窗口

对于当前可用元件库中没有的元件，在"浏览库"窗口中单击 发现 按钮，即可打开"搜索库"对话框，进行查找。

4）单击 确定 按钮，返回"放置端口"对话框，此时，元件的名称已经自动显示在"物理元件"文本框中，如图 2-54 所示。

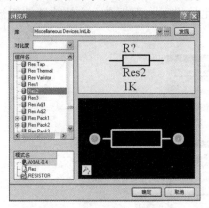

图 2-53 "浏览库"对话框   图 2-54 选择元件

5）进行适当设置后，单击 确定 按钮，相应元件即出现在原理图编辑窗口内，并随光标移动，如图 2-55 所示。

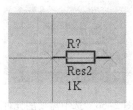

图 2-55 放置元件

📖 除了一些需要特别标识的元件以外，一般的元件在放置时，标识可不必设置，直接使用系统的默认值即可，如图2-54中的"R?"。在完成全图绘制后，使用系统提供的自动标识功能即可轻松进行全局标识，省时省力且不易出错。

6）在指定位置处，单击即可完成该元件的一次放置，同时自动保持下一个相同元件的放置状态。连续操作，可以放置多个相同的元件，右击后可退出。

📖 在单击完成放置操作之前，按空格键，可对元件进行旋转；按住鼠标左键不放，按一下〈X〉键，可将元件左右对调，按一下〈Y〉键，可将元件上下对调，便于用户选择合适的角度进行放置，按〈Tab〉键，则会打开元件的属性对话框，可进行相应的属性设置。

2.3.2　使用元件库管理器放置元件

通过前面的操作，我们已经看到，"库"面板的功能非常全面、灵活，它可以完成对元件库的加载、卸载，以及对元件的查找、浏览等。除此之外，使用"库"面板还可以快捷地进行元件的放置。

【例2-6】　使用"库"面板进行元件放置。

1）打开"库"面板，先在元件库下拉列表框中选择需要的元件所在的元件库，之后在下面的元件列表中选择需要的元件。比如，我们选择了元件库"Miscellaneous Devices.IntLib"，在该库中选择了元件"Res2"，此时"库"面板右上方的放置按钮被激活，如图2-56所示。

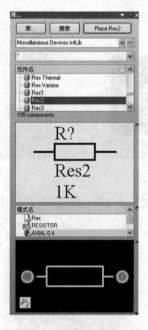

图2-56　选中需要的元件

2）单击 `Place Res2` 按钮，或者双击选中的元件"Res2"，就可以在编辑窗口内进行该元件的放置了。

> 📖 巧妙利用"库"面板上的"搜索输入栏",输入所需元件的部分标识名称,可以缩小查询范围,在元件列表中将只显示一些含有部分标识名称的元件,便于用户的快速查找与选择。

此外,在布线工具栏和实用工具栏中,系统还提供了一些常用规格的电阻、电容、电源端口、数字器件等,用户只需单击相应的按钮,即可进行快捷放置。

2.4　编辑及调整元件的属性

在原理图上放置的所有元件都具有自身的特定属性。在放置好每一个元件后,应该对其属性进行正确的编辑和设置,以免给后续的设计带来错误的影响。

2.4.1　元件属性的编辑

【例2-7】　编辑已放置元件的属性。

1)双击已放置的元件如电阻"Res2",或者选择"编辑"→"改变"命令,此时,在编辑窗口内,光标变为十字形,将光标移到需要编辑属性的元件上单击,系统会弹出相应的"元件属性"对话框,如图2-57所示。

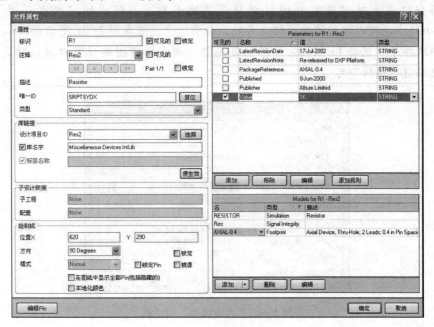

图2-57　"元件属性"对话框

2)在"标识"文本框中输入"R1",并选择"可见的"复选框;取消选择"注释"右边的"可见的"复选框。在"Parameters"区域中,列出了与元件特性相关的一些常用参数,用户可以设置、移除或者添加,若选择与某一参数对应的复选框,则该参数会在图纸上显示,在这里,只选择了"Value"前面的复选框。

3）"库链接"区域用于设置元件在元件库中的物理名称，以及所属的库名称。单击 选择 按钮，可打开"浏览库"窗口，进行更改设置。

📖 在"库链接"区域进行更改设置，有可能会引起整个电路图上元件属性的混乱，建议用户不要随意修改。

4）设置元件"方向"为"90 Degrees"，并禁止镜像，禁止锁定引脚，使所有引脚处于在线可编辑状态。单击对话框左下角的 编辑Pin 按钮，可打开如图2-58所示的"元件引脚编辑器"对话框，对元件引脚进行编辑设置。

5）完成属性设置后，单击 确定 按钮关闭"元件属性"对话框，设置后的元件如图2-59所示。

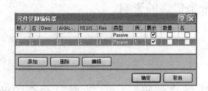

图2-58 "元件引脚编辑器"

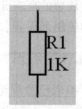

图2-59 设置后的元件

📖 在编辑窗口中直接双击元件的标识符或其他参数，在弹出的"参数属性"对话框（图2-60）中也可以进行属性编辑。另外，如前所述，若在图2-21所示的"General"标签页中选择了"选择 In-Place 编辑"复选框，则在原理图编辑窗口内，对需要修改的参数直接进行编辑即可。

图2-60 "参数属性"对话框

2.4.2　元件自动标号

在电路原理图比较复杂，有很多元件的情况下，如果用手工方式逐个编辑元件的标识，不仅效率低，而且容易出现标识遗漏、跳号等现象。此时，可以使用系统所提供的自动标识功能来轻松完成对元件的标识编辑。

选择"工具"→"注解"命令，系统弹出如图2-61所示的"注释"对话框。

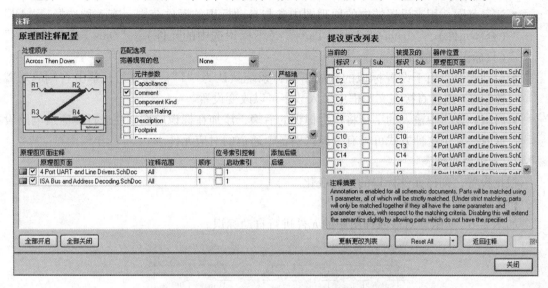

图2-61 "注释"对话框

对话框主要由如下两部分组成。

1. 原理图注释配置

（1）处理顺序

用来设置元件标识的处理顺序。单击列表框右侧的▼按钮，有如下4种方案。

- Up Then Across：按照元件在原理图上的排列位置，先按自下而上，再按自左到右的顺序自动标识。
- Down Then Across：按照元件在原理图上的排列位置，先按自上而下，再按自左到右的顺序自动标识。
- Across Then Up：按照元件在原理图上的排列位置，先按自左到右，再按自下而上的顺序自动标识。
- Across Then Down：按照元件在原理图上的排列位置，先按自左到右，再按自上而下的顺序自动标识。

（2）匹配选项

用来设置查找需要自动标识的元件的范围和匹配条件，其中，"完善现有的包"用于设置需要自动标识的作用范围，单击右侧的▼按钮，有如下3种方案。

- None：无设定范围。
- Per Sheet：单张原理图。
- Whole Project：整个项目。

在下面的"元件参数"列表框中列出了多个自动标识元件的匹配参数，供用户选择。

"原理图页面注释"用来选择要标识的原理图并确定注释范围、起始索引值及后缀字符等。

- 原理图页面：用来选择要标识的原理图文件。单击 全部开启 按钮，可以选中所列出的所有文件，也可以单击所需文件前面的复选框进行单项选择；单击 全部关闭 按钮，则不选择所有的文件。

- 注释范围：用来设置选中的原理图中参与自动标识的元件范围，有 3 种选择，"All"（全部元件）、"Ignore Selected Parts"（不标识选中的元件）、"Only Selected Parts"（只标识选中的元件）。

- 启动索引：用于设置标识的起始下标，系统默认为"1"。选择后，单击右侧的增减按钮，或者直接在文本框中输入数字可以改变设置。

- 后缀：该栏中输入的字符将作为标识的后缀，添加在标识后面。在进行多通道电路设计时，采用这种方式可以有效地区别各个通道的对应元件。

2. 提议更改列表

根据设置，列出元件标识的前后变化。

【例 2-8】 原理图的自动标号。

如图 2-62 所示，对该原理图中的元件进行自动标识。

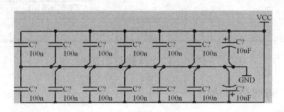

图 2-62　自动标号前的原理图

1）选择"工具"→"注解"命令，打开"注释"对话框。

2）设置"处理顺序"为"Down Then Across"，匹配参数采用系统的默认设置，"注释范围"为"All"，如图 2-63 所示。

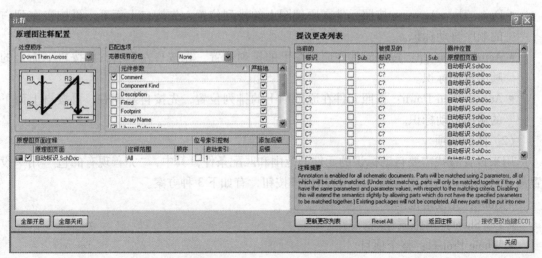

图 2-63　自动标识设置

3）设置完毕，单击 更新更改列表 按钮，系统弹出如图 2-64 所示的提示框，提醒用户要发生的元件标识变化。

4）单击 OK 按钮，系统将会按设置的方式更新标识，并且显示在"提议更改列表"

中，同时"注释"对话框的右下角出现 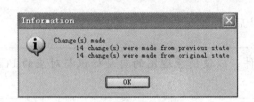 按钮，如图 2-65 所示。

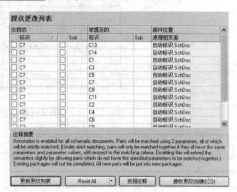

图 2-64 变化提示框　　　　　　　　　　图 2-65 更新标识显示

5）单击 接收更改(创建ECO) 按钮，系统弹出"工程更改顺序"窗口，显示出标识的变化情况，如图 2-66 所示。在该窗口中可以使标识的变化有效。

图 2-66 "工程更改顺序"窗口

6）单击 生效更改 按钮，检测修改是否正确，"检测"栏中显示"√"标记，表示正确。单击 执行更改 按钮后，此时的"工程更改顺序"（ECO）窗口如图 2-67 所示，"检测"栏和"Done"栏中均显示"√"标记。

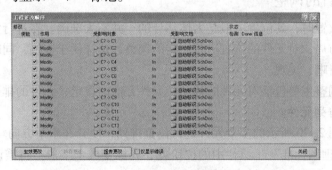

图 2-67 执行更改后的"工程更改顺序"窗口

7）单击 报告更改 按钮，则生成自动标识元件报告，同时弹出"报告预览"对话框，用户可以打印或保存自动标识元件报告。

8）单击 关闭 按钮，依次关闭"工程更改顺序"窗口和"注释"对话框，此时原理图中的元件标识已完成，如图 2-68 所示。

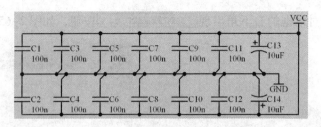

图 2-68　自动标识后的原理图

📖 返回注释 按钮用于导入 PCB 中已有的编号文件，以便使原理图的自动标识与对应的 PCB 图同步。

2.4.3 快速自动标号与恢复

选择"工具"→"静态注释"，系统会按照"注释"对话框中的最近一次设置，对当前的原理图进行快速自动标号。上述中间过程将被省略，仅提示用户有多少个元件被标识，如图 2-69 所示。

单击 Yes 按钮后，即完成自动标识。

图 2-69　快速自动标号确认

选择"工具"→"复位标号"，则将当前原理图中所有元件的标识复位到标识前的初始状态。

2.5 调整元件

为了使绘制电路图时布线方便简洁、清晰明了，需要对图纸上的元器件位置进行适当的调整。元件位置的调整就是利用各种命令将元件移动到工作平面上所需要的位置，并将其旋转成所需要的方向。

2.5.1 元件位置的调整

元件在开始放置时，其位置一般是大体估计的，并不太准确。在进行连线之前，需要根据原理图的整体布局，对元件的位置进行一定的调整，这样便于连线，同时也会使所绘制的电路原理图更为清晰、美观。

元件位置的调整主要包括对元件的移动、元件方向的设定、元件的排列等操作。

【例 2-9】 排列元件。

本例中，对图 2-70 所示的多个元件进行位置排列，使其在水平方向均匀分布。

1）单击"原理图标准"工具栏中的按钮 ▣，光标变成十字形，将需调整的元件包围在一个矩形框中，单击后选取，如图 2-71 所示。

📖 按住〈Shift〉键，光标指向要选取的元件，逐一单击，也可同时选取多个元件，或者，在原理图的适当位置处按住鼠标不放，光标变成十字形，拖动鼠标拖出一个矩形框，框内的对象会被全部选中。

2）选择"编辑"→"对齐"→"顶对齐"命令，或者在编辑窗口中按〈A〉键，在弹出的菜单中选择"顶对齐"命令，则所有元件以最上边的元件为基准顶部对齐，如图2-72所示。

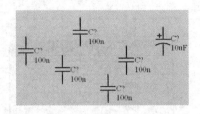

图2-70　需调整的元件

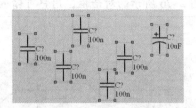

图2-71　选取多个元件

3）按〈A〉键，在弹出的菜单中继续选择"水平分布"命令，使选中的元件在水平方向上均匀分布，如图2-73所示。

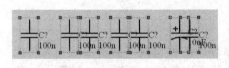

图2-72　顶部对齐

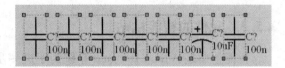

图2-73　水平方向均匀分布

4）单击取消元件选取状态。

2.5.2　元件的简单复制与粘贴

Altium Designer系统中使用了Windows操作系统的共用剪贴板，便于用户在不同的应用程序之间进行各种对象的复制、剪切与粘贴等操作，极大地提高了设计效率。

【例2-10】　**不同原理图间的对象复制与粘贴。**

1）打开某一原理图文件，选取需要复制的某一组对象，如图2-74所示。

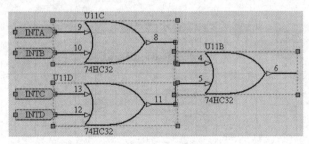

图2-74　选取需复制的对象

2）单击"原理图标准"工具栏上的"复制"按钮 ，或右击，在弹出的快捷菜单中选择"拷贝"命令，将选取对象复制到剪贴板上。

3）打开目标原理图文件，单击"原理图标准"工具栏上的"粘贴"按钮 ，或选择快捷菜单中的"粘贴"命令，此时光标变为十字形，并带有一个矩形框，框内有欲粘贴的对象的虚影，如图2-75所示。

4）移动光标到确定位置上，单击即完成粘贴操作。

📖 在同一原理图文件上，选取需要复制的对象后，单击"原理图标准"工具栏上的"粘贴"按钮🗐，可以进行多次重复粘贴。此外，在将复制对象放置之前，按〈Tab〉键，会打开如图2-76所示的对话框，用户可精确设置粘贴位置。

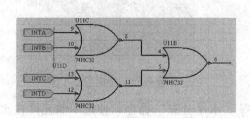

图2-75　进行粘贴

图2-76　设置粘贴位置

2.5.3　元件的智能粘贴

　　智能粘贴是Altium Designer系统为了进一步提高原理图的编辑效率而新增的一大功能。该功能允许用户在Altium Designer系统中，或者在其他的应用程序中选择一组对象，如Excel数据、VHDL文本文件中的实体说明等，将其粘贴在Windows剪贴板上，根据设置，再将其转换为不同类型的其他对象，并最终粘贴在目标原理图中，有效地实现了不同文档之间的信号连接，以及不同应用中的工程信息转换。

　　具体操作如下。

　　1）首先在源应用程序中选取需要粘贴的对象。

　　2）选择"编辑"→"拷贝"命令，将其粘贴在Windows剪贴板上。

　　3）打开目标原理图，选择"编辑"→"灵巧粘贴"命令，系统弹出如图2-77所示的"智能粘贴"对话框。

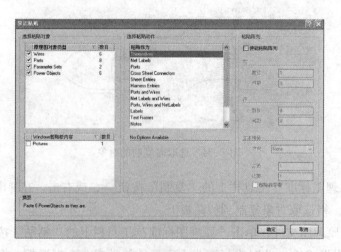

图2-77　"智能粘贴"对话框

　　在该对话框中，可以完成将复制对象进行类型转换的相关设置。

（1）选择粘贴对象

用于选择需要粘贴的复制对象。

- 原理图对象类型：显示原理图中本次选取的各种类型复制对象，如端口、连线、网络标号、元件、总线等。
- 数目：各种类型复制对象的数量。
- Windows 剪贴板内容：显示 Windows 剪贴板上保存的以往内容信息，如图片、文本等。

📖 设置时，"原理图对象类型"和"Windows 剪贴板内容"中的选项最好不要同时选中。

（2）选择粘贴动作

用于选择、设置通过粘贴转换成的对象类型。在"粘贴作为"列表框中列出了 15 种类型。

- Themselves：本身类型，粘贴时不需要类型转换。
- Net Labels：粘贴时转换为网络标号。
- Ports：粘贴时转换为端口。
- Cross Sheet Connectors：粘贴时转换为 T 型图纸连接器。
- Sheet Entries：粘贴时转换为图纸入口。
- Harness Entries：粘贴时转换为线束入口。
- Ports and Wires：粘贴时转换为带线（总线或导线）端口。
- Net Labels and Wires：粘贴时转换为带网络标号的导线。
- Ports、Wires and Net Labels：粘贴时转换为端口、导线和网络标号。
- Labels：粘贴时转换为标签文字，不具有电气属性，只起标注作用。
- Text Frames：粘贴时转换为文本框。
- Notes：粘贴时转换为注释。
- Harness Connector：粘贴时转换为线束连接器。
- Harness Connector and Port：粘贴时转换为线束连接器和端口。
- Code Entries：粘贴时转换为代码项。

对于选定的每一种类型，在下面的区域中都提供了相应的文本编辑栏，供用户按照需要进行详细的设置，主要有如下几种。

1）排序次序：单击右侧的按钮，有两种选择。

- By Location：按照空间位置。
- Alpha – numeric：按照字母顺序。

2）信号名称：单击右侧的按钮，有 5 种选择。

- Keep：保持原来的名称。
- Expand Buses：扩展总线名称，即单线网络标号。
- Group Nets – Lower first：低位优先的总线组名称。
- Group Nets – Higher first：高位优先的总线组名称。
- Inverse Bus Indices：总线组名称反向。

3）端口宽度：单击右侧的按钮，有 3 种选择。

- Use Default Size：使用系统默认尺寸。
- Set Width To Widest：设置为最大宽度。

- Set Width To Fit：设置为适当的宽度。

4）线长度：连线长度设置，用户可以输入具体数值。

【例 2-11】 **使用智能粘贴完成对象类型转换。**

将如图 2-78 所示的一组端口替换为信号线束。

图 2-78　一组端口

1）首先使端口处于选中状态。

2）单击"原理图标准"工具栏上的"复制"按钮 ，或右击，在弹出的快捷菜单中选择"拷贝"命令，将其复制到剪贴板上。

3）在其中的任意一个端口上按下鼠标并拖动，将这组端口拖离当前位置。

4）选择"编辑"→"灵巧粘贴"命令，系统弹出"智能粘贴"对话框。

5）在"粘贴作为"列表框中选择"Harness Connector and Port"选项，此时，在下面区域中出现了若干个需用户设置的编辑栏。在"排序次序"下拉列表框中选择"By Location"选项；在"信号名称"下拉列表框中选择"Keep"选项；在"线束类型"下拉列表框中输入线束名称"OUTPUT"选项；在"Harness 线长度"文本框中输入"0"；在"端口名"文本框中输入"OUTPUT"，如图 2-79 所示。

6）单击 确定 按钮后，关闭"智能粘贴"对话框，此时在窗口中出现了所定义信号线束的虚影，随着光标而移动，如图 2-80 所示。

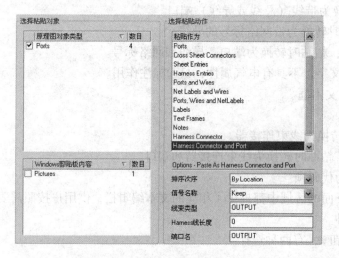

图 2-79　智能粘贴设置

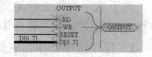

图 2-80　粘贴为信号线束

7）将其移到原端口的位置处，单击完成放置。

> 由于智能粘贴功能强大，实际操作中，在对需要粘贴的对象进行复制之后，在智能粘贴之前，应尽量避免其他的复制操作，以免将不需要的内容粘贴到原理图中，造成不必要的麻烦。

2.5.4　元件的阵列粘贴

在系统提供的智能粘贴中，也包含了阵列粘贴的功能。阵列粘贴能够一次性按照设定参数，将某一个对象或对象组重复地粘贴到图纸上，在原理图中需要放置多个相同对象时很有用。

在"智能粘贴"对话框的右侧有一个"粘贴阵列"区域，选择"选择粘贴阵列"复选框，则阵列粘贴功能被激活，如图2-81所示，需要设置的参数如下。

（1）列

- 数目：需要阵列粘贴的列数设置。
- 间距：相邻两列之间的间距设置。

（2）行

- 数目：需要阵列粘贴的行数设置。
- 间距：相邻两行之间的间距设置。

（3）文本增量

- 方向：增量方向设置。有3种选择，"None"（不设置）、"Horizontal First"（先从水平方向开始增量）、"Vertical First"（先从垂直方向开始增量）。选中后两项时，下面的文本编辑栏被激活，需要输入具体增量数值。

图2-81　阵列粘贴参数

- 主要：用来指定相邻两次粘贴之间有关标识的数字递增量。
- 次要：用来指定相邻两次粘贴之间元件引脚号的数字递增量。

【例2-12】 对象组的阵列粘贴。

对由排阻、网络标号和导线组成的一组对象进行阵列粘贴，如图2-82所示。

1）首先使该组对象处于选中状态。

2）单击"原理图标准"工具栏上的"复制"按钮，将其复制到剪贴板上。

3）打开目标原理图文件，选择"编辑"→"灵巧粘贴"命令，系统弹出"智能粘贴"对话框。

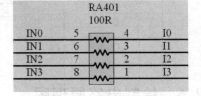

图2-82　一组对象

4）选中"原理图对象类型"中显示的全部3个选项："Wires"、"Net Labels"和"Parts"，在"粘贴作为"列表框中选择"Themselves"选项。在"粘贴阵列"区域选择"选择粘贴阵列"复选框，各项参数设置如图2-83所示。

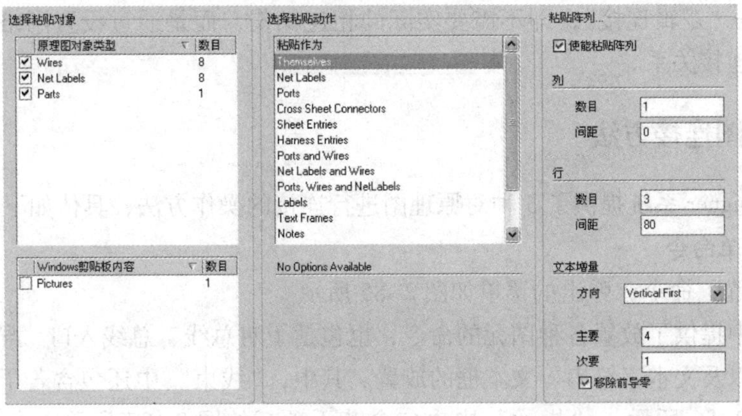

图2-83　"智能粘贴"对话框设置

5）单击 确定 按钮，关闭"智能粘贴"对话框。此时光标变为十字形，并带有一个矩形框，框内有粘贴阵列的虚影，随着光标而移动。

6）选择适当位置，单击完成放置，如图 2-84 所示。

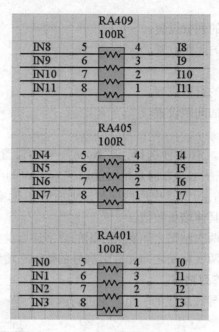

图 2-84　阵列粘贴

2.6　绘制电路原理图

在图纸上放置好所需要的各种元件并且对它们的属性进行了相应的编辑之后，根据电路设计的具体要求，就可以着手将各个元件连接起来，以建立电路的实际连通性。这里所说的连接，指的是具有电气意义的连接，即电气连接。

电气连接有两种实现方式，一种是直接使用导线将各个元件连接起来，称为"物理连接"；另一种是"逻辑连接"，即不需要实际的相连操作，而是通过设置网络标号使得元件之间具有电气连接关系。

2.6.1　原理图连接方法

Altium Designer 系统提供了 3 种对原理图进行连接的操作方法，具体如下。

1. 使用菜单命令

选择"放置"命令，弹出的菜单如图 2-85 所示。

在该菜单中提供了放置各种图元的命令，也包括了对总线、总线入口、导线、网络标号等连接工具，以及文本字符串、文本框的放置。其中，"线束"中还包含若干项与线束有关的图元，如图 2-86 所示。"指示"中也包含若干项，如图 2-87 所示，常用的有"没有ERC"（放置忽略 ERC 检查符号）和"PCB 布局"（放置 PCB 布局标志）等。

图 2-85 "放置"菜单　　　图 2-86 "线束"菜单　　　图 2-87 "指示"菜单

2. 使用"布线"工具栏

"放置"菜单中的各项常用命令分别与"布线"工具栏中的按钮一一对应，单击该工具栏中的相应按钮，即可完成相同的功能操作。

3. 使用快捷键

上述各项命令都有相应的快捷键操作，由字符〈P〉加上每一命令后面的字符即可，如设置网络标号是"〈P〉+〈N〉"，绘制总线进口是"〈P〉+〈U〉"等，按快捷键可以大大加快操作速度。

此外，在 Altium Designer Summer 09 系统中，提供了一个专用的"快捷方式"面板，如图 2-88 所示，用于显示所有可用的快捷操作，用户可随时查阅。

图 2-88 "快捷方式"面板

2.6.2 绘制导线

元件之间的电气连接主要是通过导线来完成的。导线是电路原理图中最重要也是用得最多的图元，它具有电气连接的意义，不同于一般的绘图连线，后者没有电气连接的意义。

1. 导线的一般绘制

绘制导线一般可以采用如下 3 种方式：

● 选择"放置"→"线"命令。

● 单击"布线"工具栏中的"放置线"按钮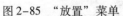。

● 使用快捷键〈P〉+〈W〉。

【例 2-13】　绘制导线连接两个元件。

1）执行绘制导线命令后，光标变为十字形。移动光标到欲放置导线的起点位置（一般是元件的引脚），会出现一个红色米字标志，表示找到了元件的一个电气节点，可从该点绘制导线，如图 2-89 所示。

2）单击确定导线的起点，拖动鼠标，随之形成一条导线，拖动到要连接的另外一个元件的引脚（电气节点）处，同样会出现一个红色米字标志，如图 2-90 所示。

3）再次单击确定导线的终点，完成两个元件的连接。右击或按〈Esc〉键退出导线绘制状态。

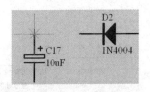
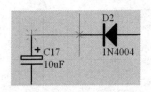

图 2-89　开始绘制导线　　　　　　　　图 2-90　连接元件

📖 绘制导线的过程中，根据实际需要，可随时单击确定导线的拐点位置和角度，或者按照原理图编辑窗口下面状态栏中的提示，用〈Shift〉+空格键来切换选择导线的拐弯模式，共有3种：直角、45°角、任意角度，如图2-91所示。

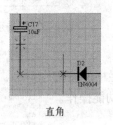
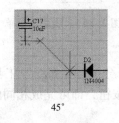
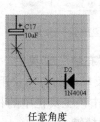

直角　　　　　　　　　　45°　　　　　　　　　　任意角度

图 2-91　导线拐弯模式

　　4）双击所绘制的导线（或在绘制状态下按〈Tab〉键），将弹出如图2-92所示的"线"对话框。该对话框中有两个选项卡："绘制成"与"顶点"，在"绘制成"选项卡中可以设置导线的颜色与宽度及锁定属性。

📖 导线的宽度有4项选择，即"Smallest"（最细）、"Small"（细）、"Medium"（中等）和"Large"（粗），实际绘制中，用户应参照与其相连的元件引脚线宽度进行设置。

　　5）打开"顶点"选项卡，如图2-93所示，显示了该导线的两个端点，以及所有拐点的X、Y坐标值。用户可以直接输入具体的坐标值，也可以单击 添加 和 删除 按钮，进行设置更改。

　　6）单击 菜单 按钮，在弹出的菜单中（如图2-94所示）选择"Move Wire By XY"命令，可将导线进行整体偏移。

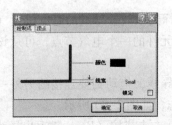
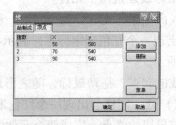

图 2-92　"线"对话框（"绘制成"选项卡）　　图 2-93　"顶点"选项卡　　图 2-94　菜单

68

2. 导线的点对点自动绘制

绘制导线时，使用〈Shift〉+空格键进行模式切换，当在原理图编辑窗口下面的状态栏中显示"Shift + Space to change mode：Auto Wire（Tab for Options）"时，可进行导线的点对点自动绘制。

【例 2-14】 点对点自动绘制导线。

1）执行绘制导线命令后，使用〈Shift〉+空格键进行模式切换，进入导线的点对点自动绘制状态。

2）在元件 U1B 的 6 引脚上单击确定导线的起点，之后将光标指向元件 C4 的上侧引脚上，作为导线的终点，如图 2-95 所示。

3）单击，系统将自动绕开中间的对象，在两个引脚之间放置了一条合适的导线，如图 2-96 所示。

4）在自动绘制导线状态下按〈Tab〉键，会打开如图 2-97 所示的"点到点布线选项"对话框，可设置绘制导线的定时时间及避免切割导线的要求。

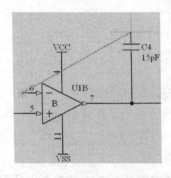 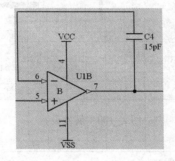 

图 2-95　开始点对点自动绘制导线　　图 2-96　绘制完成　　图 2-97　"点到点布线选项"对话框

📖 在自动绘制导线过程中，系统将只识别起点和终点的电气点，而忽略中间的所有电气点。如果光标指向的终点不是电气点，则自动绘制导线不会执行。

2.6.3 放置电源和地端口

电源端口和地端口是电路原理图中必不可少的组成部分。系统为用户提供了多种电源和地端口的形式，每种形式都有一个相应的网络标号作为标识。

【例 2-15】 放置电源和地端口。

1）选择"放置"→"电源端口"命令，或者单击"布线"工具栏中的"VCC 电源端口"按钮或"GND 端口"按钮，光标变为十字形，并带有一个电源或地的端口符号，如图 2-98 所示。

2）移动光标到适当位置处，当出现红色米字标志时，表示光标已捕捉到电气连接点，单击即可完成放置，并可以进行连续放置，如图 2-99 所示。右击或按〈Esc〉键退出放置状态。

3）双击所放置的电源端口（或在放置状态下，按〈Tab〉键），打开"电源端口"对话框，可设置颜色、网络名称、类型及位置等属性。单击"类型"右侧的▼按钮，有 7 种不同的电源端口和地端口供用户选择，如图 2-100 所示。

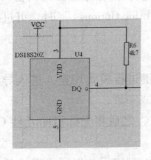

图 2-98　开始放置

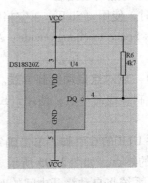

图 2-99　连续放置

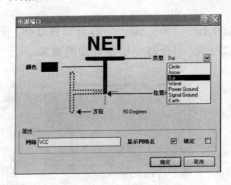

图 2-100　属性设置

📖 在同一张电路原理图中可能有多个电源和多个地，用户应选用不同的外形符号加以区别，并通过相应的属性设置来真正区分它们的电气特性，以免产生混淆，引起严重的电路错误。

4）设置好的电源端口和地端口如图 2-101 所示。

📖 单击"实用"工具栏中的"电源"按钮 🔽，在打开的下拉列表中（图 2-102 所示）可直接选择设置好的电源端口和接地端口进行快速放置。

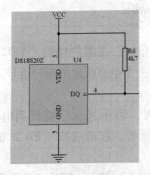

图 2-101　设置好的电源端口和地端口

图 2-102　各种电源和地端口

2.6.4 绘制总线

总线是若干条具有相同性质信号线的组合，如数据总线、地址总线、控制总线等。在原理图的绘制中，为了清晰方便，可以用一根较粗的线条来表示，这就是总线。

原理图编辑环境下的总线没有任何实质的电气连接的意义，仅仅是为了绘图和读图的方便而采取的一种简化连线的表现形式。

【例2-16】 绘制总线。

1）选择"放置"→"总线"命令，或者单击"布线"工具栏中的"绘制总线"按钮 ，光标变为十字形，移动光标到欲放置总线的起点位置，单击确定总线的起点，然后拖动鼠标绘制总线，如图2-103所示。

2）在每一个拐点都单击确认，用〈Shift〉+空格键可切换选择拐弯模式。到达适当位置后，再次单击确定总线的终点，完成总线绘制，如图2-104所示。右击或按〈Esc〉键退出总线绘制状态。

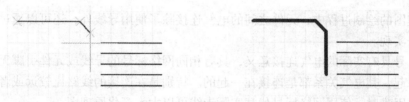

图2-103 开始总线绘制   图2-104 完成总线绘制

3）双击所绘制的总线（或在绘制状态下按〈Tab〉键），将打开"总线"对话框，可进行相应的属性设置。

📖 总线的拐弯模式控制与导线相同，甚至连它们的属性设置对话框都几乎完全一样，在此不再赘述。需要注意的是：为了与普通导线相区别，总线的宽度比一般导线要大。

2.6.5 放置总线入口

总线入口是单一导线与总线的连接线。使用总线入口把总线和具有电气特性的导线连接起来，可以使电路原理图更为美观、清晰且具有专业水准。与总线一样，总线入口也不具有任何电气连接的意义，而且它的存在并不是必需的，即便不通过总线入口，直接把导线与总线连接起来也是正确的。

【例2-17】 放置总线入口。

1）选择"放置"→"总线入口"命令，或者单击"布线"工具栏中的"放置总线入口"按钮 ，光标变为十字形，并带有总线入口"/"或"\"，如图2-105所示。

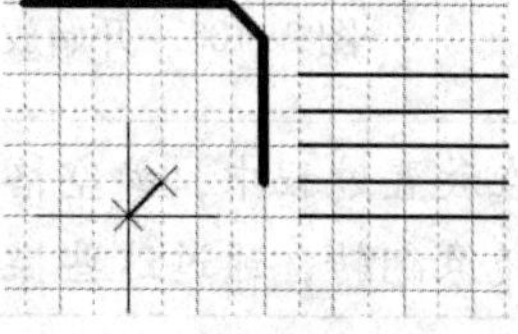

图2-105 开始放置总线入口

2）按空格键调整总线入口的方向（有45°、135°、225°、315°四种选择），移动光标到需要的位置处（总线与导线之间），连续单击即可完成总线入口的放置，如图2-106所示。右击或按〈Esc〉键退出放置状态。

3）双击所放置的导线入口（或在绘制状态下按〈Tab〉键），弹出如图2-107所示的"总线入口"对话框，在该对话框内可以设置相关的参数。

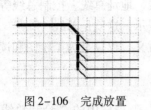

图 2-106　完成放置

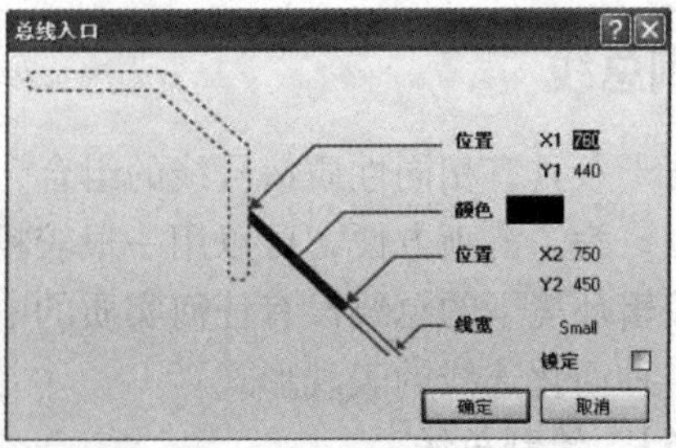

图 2-107　"总线入口"对话框

📖 总线入口的方向除了上面介绍的 4 种选择以外，还可以通过在对话框内改变两个端点的位置坐标来加以改变。

2.6.6　放置网络标号

在原理图的绘制过程中，元件之间的电气连接除了使用导线外，还可以通过设置网络标号的方法来实现。

网络标号具有实际的电气连接意义，具有相同网络标号的导线或元件引脚无论在图上是否连接在一起，其电气关系都是连接在一起的。特别是在连接的线路比较远或者线路过于复杂而使走线困难时，使用网络标号代替实际走线可以大大简化原理图。

【例 2-18】　放置网络标号。

1）选择"放置"→"网络标号"命令，或者单击"布线"工具栏中的"放置网络标号"按钮，光标变为十字形，并附有一个初始标号"NetLabel1"，如图 2-108 所示。

2）将光标移动到需要放置网络标号的总线或导线上，当出现红色米字标志时，表示光标已捕捉到该导线，此时单击即可放置一个网络标签。移动光标到其他位置处，可以进行连续放置，如图 2-109 所示。右击或按〈Esc〉键即可退出放置状态。

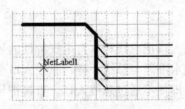

图 2-108　开始放置网络标号

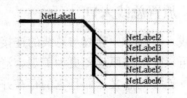

图 2-109　完成放置

📖 在放置过程中，按空格键可以使网络标号逆时针方向 90°旋转、按〈Y〉键可以使其上下镜像翻转，通过这些操作可以调整网络标号的位置。

3）双击所放置的网络标号（或在放置状态下按〈Tab 键〉），打开"网络标签"对话框。在"网络"文本框中输入网络标号的名称，如"RED[4..0]"，并可设置放置方向及字体等，如图 2-110 所示。

4）单击 确定 关闭对话框。对所放置的网络标号同样一一进行设置，完成后如图 2-111 所示。

72

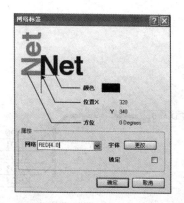

图 2-110 设置名称及其他属性

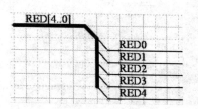

图 2-111 设置后的网络标号

📖 网络标号一般仅用于单个图纸内部的网络连接。打开某一 PCB 工程，选择"工程"→"工程参数"命令，在打开的设置对话框中选择"Option"选项卡，若将"网络标识符范围"设置为"Flat"或"Global"时（如图 2-112 所示），则会水平连接到全部的相匹配网络标号，而不再仅限于单个图纸。

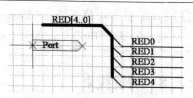

图 2-112 开始放置输入输出端口

2.6.7 放置输入/输出端口

在绘制原理图时，两点之间的电气连接，可以直接使用导线，也可以通过设置相同的网络标号来完成。此外，还有一种方法，即使用输入/输出端口，同样也能实现两点之间（一般是两个电路之间）的电气连接，相同名称的输入/输出端口在电气关系上是连接在一起的。一般情况下，在单个原理图中很少使用端口连接，只有在多图纸设计中才会用到这种电气连接方式。

【例 2-19】 放置输入/输出端口。

1）选择"放置"→"端口"命令，或单击"布线"工具栏中的"放置端口"按钮 ⊳，此时，光标变为十字形，并带有一个输入/输出端口符号，如图 2-112 所示。

2）移动光标到适当位置处，当出现红色米字标志时，表示光标已捕捉到电气连接点。单击确定端口的一端位置，然后拖动鼠标使端口的大小合适，再次单击确定端口的另一端位置，即完成了输入/输出端口的一次放置，如图 2-113 所示。

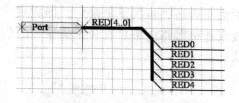

图 2-113 完成放置

3）将光标移动到其他位置处，可以连续放置，右击或按〈Esc〉键即可退出放置状态。

4）双击所放置的端口（或在放置状态下按〈Tab〉键），打开"端口属性"对话框。在"名"文本框中输入端口的名称，如"RED[4..0]"，"宽度"设为"60"，"I/O 类型"设置为"Input"，如图 2-114 所示。

5）单击 确定 按钮关闭对话框，设置好的端口如图 2-115 所示。

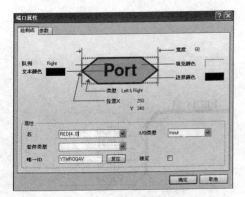

图 2-114　端口属性设置

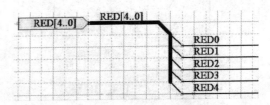

图 2-115　设置后的端口

📖 端口类型有 4 种选择："Unspecified"（不确定或未指明）、"Output"（输出）、"Input"（输入）和 "Bidirectional"（双向）。

2.6.8　放置线束

除了上述介绍的几种电气连接方式以外，Altium Designer Summer 09 中还继续采用了信号线束（Signal Harnesses）的概念对导线和总线的连接性进行了扩展，可以把单条走线和总线汇集在一起进行连接，大大简化了电路原理图的整体电气配线路径和设计的复杂性。

信号线束既可以在同一个原理图中使用，也可以通过输入输出端口，与另外的原理图之间建立连接。使用线束连接器将每条单线或总线配线到线束入口中，线束通过线束入口的名称来识别每一单线或总线，从而建立起设计中的连接。

1. 放置线束连接器

【例 2-20】　放置线束连接器。

1) 选择"放置"→"线束"→"线束连接器"命令，或者单击"布线"工具栏中的"放置线束连接器"按钮，光标变为十字形，带有一个线束连接器符号，并附有一个初始名称"Harness"，如图 2-116 所示。

2) 移动光标到适当位置处，单击确定连接器的初级位置，然后拖动鼠标使连接器的大小合适，再次单击确定，即完成了线束连接器的一次放置，如图 2-117 所示，该线束连接器将 2 条总线和 5 条导线的信号汇集在了一起。右击或按〈Esc〉键退出放置状态。

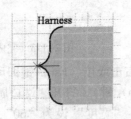

图 2-116　开始放置线束连接器

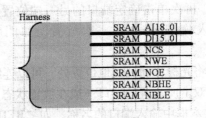

图 2-117　完成放置

74

📖 在放置过程中，按空格键可以使线束连接器逆时针方向90°旋转、按〈Y〉键可以使其上下镜像翻转，按〈X〉键可以使其左右镜像翻转，通过这些操作可以调整线束连接器的位置。

3）双击所放置的线束连接器（或在放置状态下按〈Tab〉键），打开"套件连接器"对话框。该对话框中有两个选项卡："属性"与"线束入口"，在"属性"选项卡中可以设置线束连接器的有关属性，如边界颜色、填充颜色、初级位置、X、Y方向尺寸，以及边框宽度等。在"线束类型"文本框中可输入线束连接器的名称，如"SRAM – 256Kx16"，并选择设置是否隐藏、是否锁定等，如图2–118所示。

4）"线束入口"选项卡用于显示线束连接器中已放置的所有线束入口，由于此时尚未放置，显示为空白，如图2–119所示。用户可以单击 删除 按钮直接添加，或者单击 添加 按钮，删除已有的线束入口。

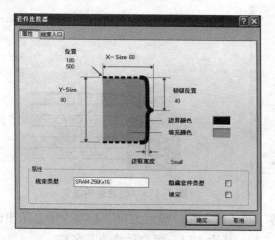

图2–118 "套件连接器"对话框（"属性"选项卡）

图2–119 "线束入口"选项卡

5）设置完毕，单击 确定 按钮关闭对话框，此时的线束连接器如图2–120所示。

📖 在层次原理图的设计中，线束连接器放置在不同的子原理图中，彼此的连通是通过线束类型来实现的。

2. 放置线束入口

线束入口是组合成一个整体信号线束的单个入口的图形代表，是特定的逻辑连接点。

【例2-21】 放置线束入口。

在上例所设置的线束连接器中放置线束入口。

1）选择"放置"→"线束"→"线束入口"命令，或者单击"布线"工具栏中的"放置线束入口"按钮⏩，光标变为十字形，带有一个线束入口，并附有一个初始顺序名。

2）移动光标到适当位置处，当出现红色米字标志时，表示光标已捕捉到电气连接点，此时，单击即可完成放置，如图2–121所示。

3）将光标移动到其他位置处，可连续放置，右击或按〈Esc〉键后退出放置状态。

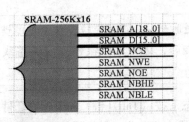

图 2-120　设置后的线束连接器

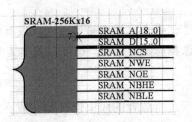

图 2-121　放置线束入口

4）双击所放置的线束入口（或在放置状态下按〈Tab〉键），打开"套件入口"对话框。在"名"文本框中输入入口的名称，如"A[18..0]"，"位置"（相对于线束连接器的位置）设为"10"，还可设置文本颜色、字体等属性，如图 2-122 所示。

5）单击 确定 关闭对话框。对所放置的线束入口同样一一进行设置，完成后如图 2-123 所示。

图 2-122　属性设置

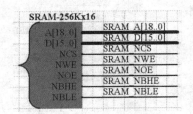

图 2-123　设置后的线束入口

6）双击线束连接器，打开"套件连接器"对话框。在"线束入口"选项卡中显示出已放置的所有线束入口，如图 2-124 所示。单击某一线束入口，可直接修改其名称。

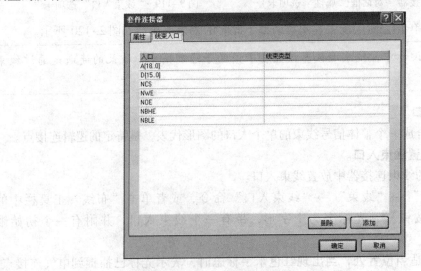

图 2-124　线束连接器中的线束入口

76

📖 在用户放置或编辑线束连接器时，Altium Designer 系统会在线束定义文件（＊.Harness）中自动创建或编辑相匹配的线束定义，如与上面所设置的线束连接器相对应的线束定义为"SRAM－256Kx16＝A[18..0]，D[15..0]，NCS，NWE，NOE，NBHE，NBLE"。当不需要放置线束连接器而使用信号线束时，用户则需要自行创建和管理有关的线束定义。

3. 放置信号线束

【例 2-22】 放置信号线束。

放置信号线束将以上所设置的线束连接器连接到已有的端口上，如图 2-125 所示。

1）选择"放置"→"线束"→"信号线束"命令，或者单击"布线"工具栏中的"放置信号线束"按钮，光标变为十字形。

2）移动光标到适当位置处，当出现红色米字标志时，表示光标已捕捉到电气连接点，单击确定线束的起点位置，如图 2-126 所示。

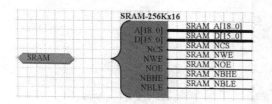

图 2-125 未放置信号线束

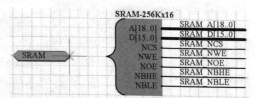

图 2-126 确定线束的起点位置

3）拖动鼠标到要连接的线束连接器初级位置处，同样会出现一个红色米字标志，再次单击确定线束的终点位置，即完成了信号线束的一次放置，如图 2-127 所示。

4）双击所绘制的信号线束（或在绘制状态下按〈Tab〉键），将打开"信号套件"对话框，如图 2-128 所示，可进行相应的属性设置。

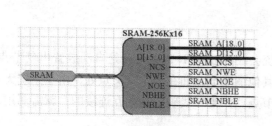

图 2-127 完成放置

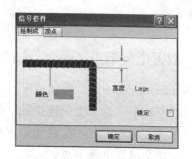

图 2-128 "信号套件"对话框

📖 信号线束的绘制模式控制与导线完全相同，甚至连它们的属性设置对话框都几乎一样，在此不再赘述。不过，为了与普通导线相区别，线束的宽度比一般导线要大。

4. 放置预定义的线束连接器

当线束的图形化定义已经存在时，可以通过放置预定义的线束连接器命令，来直接建立信号线束。

【例2-23】 放置预定义的线束连接器。

1）选择"放置"→"线束"→"预定义的线束连接器"命令，打开"Place Predefined Harness Connector"对话框。在"Harness Connector"列表框中列出了当前工程中的所有可用线束连接器，供用户选择，在"滤波器"文本框中可输入线束连接器的全部或部分名称以便快速查找，如图2-129所示。

2）例如，在"滤波器"文本框中输入"SD"，则符合条件的两个线束连接器"SD"和"SDRAM"被滤出，选中其中一个，如"SDRAM"。在对话框的右侧可设置是否添加端口、是否添加信号线束以及是否分类线束入口等。

3）设置完毕，单击 确定 按钮，关闭对话框。光标变为十字形，带有一个定义好的线束连接器，带有端口，且线束入口分类显示，如图2-130所示。

图2-129 "Place Predefined Harness Connector"对话框　　　图2-130 预定义的线束连接器

4）移动光标到适当位置处，调整后单击即可完成放置。

📖 按空格键可调整放置方向，按〈X〉键可左右镜像翻转，按〈Y〉键可调整线束入口的显示顺序。

2.6.9 放置电气节点

在Altium Designer中，默认情况下，系统会在导线的T型交叉点处自动放置电气节点，表示所画线路在电气意义上是连接的。但在其他情况下，如在十字交叉点处，由于系统无法判断导线是否连接，因此不会自动放置电气节点。如果导线确实是相互连接的，就需要用户自己通过手动来放置电气节点。

手动放置电气节点的过程如下。

（1）执行放置电气节点的命令

有如下两种方式：

● 选择"放置"→"手工节点"命令。

● 使用放置电气节点快捷键：〈P〉+〈J〉。

（2）放置电气节点

执行放置电气节点命令后，光标变为十字形，并带有一个电气节点符号。移动光标到需要放置的位置处，单击即可完成放置，如图2-131所示。

（3）设置节点属性

双击需要设置属性的电气节点（或在放置状态下按〈Tab〉键），系统将弹出相应的"连接"对话框，可设置节点的尺寸、颜色、位置等，如图2-132所示。

图2-131　手工放置电气节点

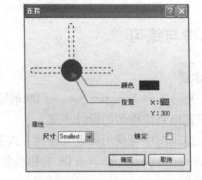

图2-132　设置节点属性

各项参数的设置与前面基本相同，在此不再重复。

2.6.10　放置"没有ERC"标志

在电路设计过程中，系统进行电气规则检查（ERC）时，有时会产生一些不希望的错误报告。如出于电路设计的需要，一些元件的个别输入引脚有可能被悬空，但在系统默认情况下，所有的输入引脚都必须进行连接，这样在ERC检查时，系统会认为悬空的输入引脚使用错误，并会在该引脚处放置一个错误标记（红色波浪线）。

为了避免用户为查找这种"错误"而浪费时间，可以使用"没有ERC标志"符号，让系统忽略对此处的ERC检查，不再产生不必要的警告或错误信息。

【例2-24】　放置"没有ERC"标志。

1）选择"放置"→"指示"→"没有ERC"命令，或者单击"布线"工具栏中的放置"没有ERC"按钮，光标变为十字形，并附有一个红色的小叉（没有ERC标志），如图2-133所示。

2）移动光标到需要放置的位置处，单击即可完成放置，并可以进行连续放置，如图2-134所示。右击或按〈Esc〉键退出放置状态。

3）双击所放置的没有ERC标志（或在放置状态下按〈Tab〉键），打开相应的"不作ERC检查"对话框，可进行颜色、位置、是否锁定等属性设置，如图2-135所示。

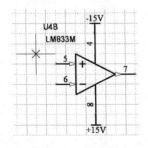

图2-133　开始放置

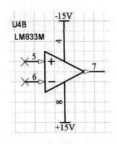

图2-134　完成放置

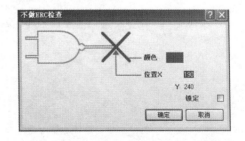

图2-135　属性设置

79

📖 "没有 ERC 标志"放置过程中，光标没有自动捕捉电气节点的功能，因而可以放置在任何位置。但是，只有准确地放置在需要忽略电气检查的电气节点处才有效，才能发挥其功能和作用。

2.7　思考与练习

1. 概念题

（1）了解 Altium Designer Summer 09 的原理图编辑环境，并简述其主要组成。

（2）简述电路原理图的设计步骤。

（3）在原理图中可使用的电气连接方式有哪几种？

（4）Altium Designer Summer 09 有哪些新特性？

2. 操作题

（1）在新建的原理图文件中，放置集成库"Miscellaneous Devices. IntLib"中的一些基本元件，如电容、电阻、二极管等，并对所放置的元件进行移动、排列、自动标识等编辑操作。

（2）绘制如图 2-136 所示的电路原理图，并对所有元件重新进行自动标识。

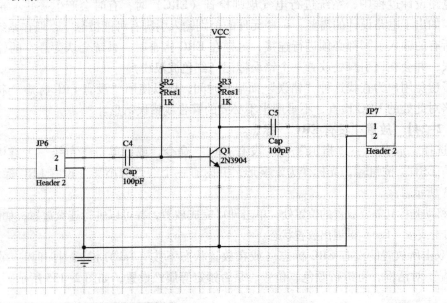

图 2-136　运算放大器应用电路原理图

第3章 原理图元件库的管理与创建

当绘制原理图时，常常需要在放置元件之前添加元件所在的库。因为元件一般保存在一些元件库中，这样方便用户设计使用。尽管 Altium Designer Summer 09 内置的元件库已经相当完整，但是在绘制原理图的时候还是会遇到一些在库中找不到的元件，如某种很特殊的元件或新出现的元件。因此，Altium Designer Summer 09 提供了一个完整的创建元件库的工具，即元件库编辑管理器，使用户能够随心所欲地编辑符合自己要求的库元件，并可建立相应的库文件，加入到工程中，使得工程自成一体，便于工程数据的统一管理，也增加了其安全性和可移植性。本章将详细介绍如何制作元件、元件的封装及新建一个库，以及输出相应的文件报表。

3.1 原理图库文件

元器件库就是将原理图组件与 PCB 封装和信号完整性分析联系在一起，关于某个组件的所有信息都集成在一个模块库中，所有的组件信息被保存在一起。Altium Designer 将元器件分类放置在不同的库中，在放置这些元器件之前需要打开元器件所在的库，并将该库添加到当前工程中。

使用 Altium Designer Summer 09 系统的库文件编辑器可以创建多种库文件类型，有原理图库（＊.SchLib）、PCB 元件库（＊.PcbLib）、VHDL 库（＊.VHDLIB）、PCB 3D 库（＊.PCB3DLib）、数据库（＊.DbLib）以及版本控制数据库器件库（＊.SVADbLib）。这里，主要看一下原理图库文件的创建和编辑。

元件的原理图符号本身并没有任何实际意义，只不过是一种代表了引脚电气分布关系的符号而已。因此，同一个元件的原理图符号可以具有多种形式（即可以使用多种显示模式），只要保证其所包含的引脚信息是正确的就行。但是，为了便于交流和统一管理，用户在设计原理图符号时，也应该尽量符合标准的要求，以便与系统库文件中所提供的库元件原理图符号做到形式上、结构上的一致。

3.1.1 原理图库文件编辑环境

启动原理图库文件编辑器有多种方法，通过新建一个原理图库文件，或者打开一个已有的原理图库文件，都可以进入原理图库文件的编辑环境中。

选择"文件"→"新建"→"库"→"原理图库"命令，一个默认名为"SchLib1.SchLib"原理图库文件被创建，同时原理图库文件编辑器被启动，如图 3-1 所示。

原理图库文件编辑环境与前面的电路原理图编辑环境界面非常相似，主要由主菜单栏、标准工具栏、实用工具、编辑窗口及面板标签等几大部分组成，操作方法也几乎一样，但是也有不同的地方，具体表现在以下几个方面。

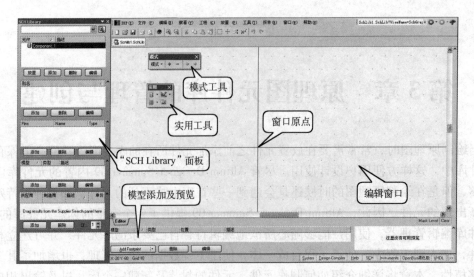

图 3-1 原理图库文件编辑器

- 编辑窗口：编辑窗口内不再有"图纸"框，而是被十字坐标轴划分为 4 个象限，坐标轴的交点即为该窗口的原点。一般在绘制元件时，其原点就放置在编辑窗口原点处，而具体元件的绘制、编辑则在第四象限内进行。
- 实用工具：在实用工具中提供了 3 个重要的工具：原理图符号绘制工具栏 ，IEEE 符号工具栏 和模式管理器 ，是原理图库文件编辑环境中所特有的，用于完成原理图符号的绘制，以及通过模型管理器为元件添加相关的模型。
- 模式工具栏：用于控制当前元件的显示模式。
- "SCH Library"面板：在面板标签的 中，增加了"SCH Library"面板，这也是原理图库文件编辑环境中特有的工作面板，用于对原理图库文件中的元件进行编辑、管理。
- 模型添加及预览：用于为元件添加相应模型，如 PCB 封装、仿真模型、信号完整性模型等，并可在右侧的窗口中进行预览。

3.1.2 原理图库实用工具栏

对于原理图库文件编辑环境中的主菜单栏及标准工具栏，由于功能和使用方法与原理图编辑环境中基本一致，在此不再赘述。我们主要对实用工具中的原理图符号绘制工具栏、IEEE 符号工具栏，以及模式工具栏进行简要介绍，具体的使用操作在后面的实例中可以逐步了解。

1. 原理图符号绘制工具栏

单击实用工具中的 ，则会弹出相应的原理图符号绘制工具栏，如图 3-2 所示。其中各按钮的功能与"放置"级联菜单中的各项命令具有对应的关系，如图 3-3 所示。

2. IEEE 符号工具栏

单击实用工具中的 ，则会弹出相应的 IEEE 符号工具栏，如图 3-4 所示，是符合 IEEE 标准的一些图形符号。同样，由于该工具栏中各个符号的功能与选择"放置"→"IEEE 符号"命令后弹出的菜单（如图 3-5 所示）中的各项操作具有对应的关系，所以不再逐项说明。

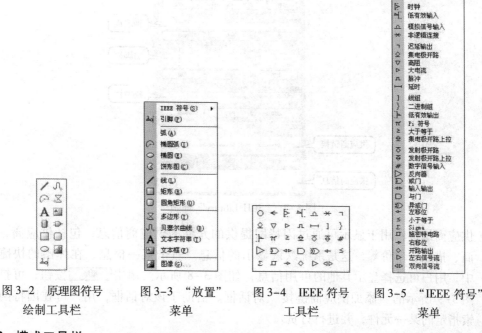

图 3-2 原理图符号　　图 3-3 "放置"　　图 3-4 IEEE 符号　　图 3-5 "IEEE 符号"
　绘制工具栏　　　　　菜单　　　　　　工具栏　　　　　　菜单

3. 模式工具栏

模式工具栏用来控制当前元件的显示模式，如图 3-6 所示。

- 模式▼：单击该按钮可以为当前元件选择一种显示模式，系统默认为"Normal"。
- ＋：单击该按钮可以为当前元件添加一种显示模式。
- －：单击该按钮可以删除元件的当前显示模式。

图 3-6 模式工具栏

- ◆：单击该按钮可以切换到前一个显示模式。
- ◆：单击该按钮可以切换到后一个显示模式。

3.1.3 "SCH Library" 面板介绍

"SCH Library" 面板是原理图库文件编辑环境中的专用面板，用来对当前原理图库中的所有元件进行编辑和管理，如图 3-7 所示。

- 元件栏：在该栏中列出了当前原理图库中的所有库元件，包括元件名称及相应的描述等。选中某一库元件后，单击 放置 按钮即可在当前打开的原理图文件中进行放置。
- 别名栏：该栏主要用于对指定元件的别名进行操作，如添加、删除或编辑。有些库元件的功能、封装和引脚形式完全相同，但由于产自不同的厂家，其元件型号并不完全一致。对于这样的库元件，没有必要再单独创建一个原理图符号，只需要为已存在的原理图符号添加一个或多个别名就可以了。
- 引脚栏：在该栏中列出了当前库元件的所有引脚及其属性，如名称、类型等。通过 添加 、 删除 、 确定 等按钮，可以对引脚进行相应的操作。
- 模型栏：该栏用于列出库元件的模型信息，如 PCB 封装、信号完整性分析模型、仿真模型等。单击相应的按钮，可为库元件添加模型或者编辑模型信息。

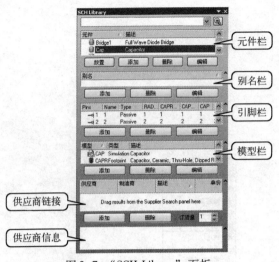

图 3-7 "SCH Library" 面板

- 供应商链接: 用于显示可通过因特网提供的元件的供应商信息, 包括供应商、制造商、描述、单价等, 这是系统默认显示的信息。右击某一信息, 在弹出的快捷菜单中, 用户可选择显示其他的可用信息, 如图 3-8 所示。单击 添加 按钮, 可打开如图 3-9 所示的 "添加供应商链接" 对话框。借助于该对话框, 用户可在因特网上搜索指定的某一元件, 并进行订货。

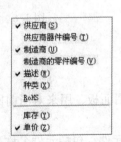

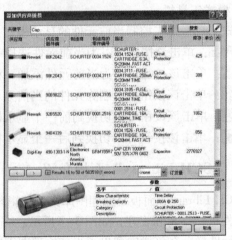

图 3-8　元件供应商信息　　　　图 3-9　"添加供应商链接" 对话框

- 供应商信息: 用于显示已在因特网上订货的某一元件的有关信息, 如图 3-9 中下方窗口所示。
- ⊞: 单击该按钮, 在弹出的菜单中可以选择设置库元件的缩放显示模式, 与原理图工作区参数设置中的 "Library AutoZoom" 选项卡完全相同。

3.2　库元件的编辑

在建立了原理图库并创建了所需要的库元件以后, 可以给用户的电路设计带来极大的方便。然而，随着电子技术的发展，各种新元件不断涌现，旧元件不断被淘汰，因此，用户对自己的原理图库也需要不断地随时更新，如添加新的库元件、删除不再使用的库元件或者编辑修改已有的库元件等，以满足电路设计的更高要求。与电路原理图的绘制类似，在创建库元件之前也应该对相关的工作区参数进行合理的设置，以便提高效率和正确性，达到事半功倍的目的。

3.2.1　库元件菜单命令

在原理图库文件的编辑环境中，系统提供了一系列对库元件进行管理编辑的命令，如图 3-10 所示的"工具"菜单，常用的主要有如下几项。

- 新器件：用于创建一个新的库元件。
- 移除器件：用于删除当前正在编辑的库元件。
- 移除重复：用于删除当前库中重复的库元件。
- 重新命名器件：重新命名当前的库元件。
- 拷贝器件：将当前库元件复制到目标库文件中。
- 移动器件：将当前库元件移送到目标库文件中。
- 新部件：用于为当前库元件添加一个子部件，与原理图符号绘制工具栏 中的"添加器件部件"按钮 功能相同。
- 移除部件：用于删除当前库元件的一个子部件。
- 模式：用于对库元件的显示模式进行管理，包括添加、删除、切换等，功能与模式工具栏相同。
- 转到：用于对库元件及库元件中的子部件快速切换定位。
- 发现器件：用于打开"搜索库"对话框，进行库元件查找，与"库"面板上的 搜索 按钮功能相同。

图 3-10　"工具"菜单

- 器件属性：用于打开"Library Component Properties"对话框，对库元件的属性进行编辑修改。
- 参数管理器：用于打开"参数编辑选项"窗口，对当前的原理图库及其中库元件的相关参数进行查看、管理。
- 模式管理：用于打开"模型管理器"，以便为当前库元件添加各种模型。
- XSpice 模型向导：用于引导用户为当前库元件添加一个 SPICE 模型。
- 更新原理图：用于将编辑修改后的库元件更新到打开的电路原理图中。

3.2.2　设置库编辑器参数

在原理图库文件的编辑环境中，选择"工具"→"文档选项"命令，则弹出如图 3-11 所示的"库编辑器工作台"对话框，用户可以根据需要设置相应的参数。

该对话框与原理图编辑环境中的"文档选项"对话框内容相似，所以只介绍其中个别选项的含义，其他选项用户可以参考"文档选项"对话框进行设置。

- 显示隐藏 Pin：用来设置是否显示库元件的隐藏引脚。选择该复选框后，元件的隐藏引脚将被显示出来。

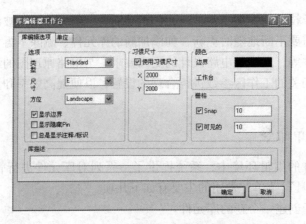

图 3-11 "库编辑器工作台"对话框

📖 隐藏引脚被显示出来，并没有改变引脚的隐藏属性。要改变其隐藏属性，只能通过"Pin特性"对话框才能完成。

- 总是显示注释/标识：选择该复选框后，库元件的默认标识及注释将被显示出来。
- 库描述：用来输入对原理图库的说明。用户应根据自己创建的库文件在该文本框中输入必要的说明，以便为系统进行元件库查找提供相应的帮助。

另外，选择"工具"→"设置原理图参数"命令后，还可以对其他的一些有关选项进行设置，设置方法与原理图编辑环境中完全相同，这里不再重复。

3.3 原理图库元件的制作

在对原理图库文件的编辑环境有所了解之后，本节将通过一个具体元件的创建，使用户了解并熟练掌握建立原理图符号的方法和步骤，以便灵活地按照自己的需要，创建出美观大方、符合标准的原理图符号。

3.3.1 新建库元件

在对库元件进行具体创建之前，用户应参考相应元件的数据手册，充分了解其相关的参数，如引脚功能、封装形式等。

【例 3-1】 新建单片机芯片 STC11F02。

下面以第 2 章综合实例中用到的单片机芯片 STC11F02 为例，详细讲述库元件原理图符号的绘制过程。

1) 选择"文件"→"新建"→"库"→"原理图库"命令，启动原理图库文件编辑器，新建一个原理图库文件，命名为"R Radar.SchLib"。在新建原理图库的同时，系统已自动为该库添加了一个默认名为"Component_1"的库元件，打开"SCH Library"面板即可以看到，如图 3-12 所示。

2) 选择"工具"→"文档选项"命令，在"库编辑器工作台"对话框中进行工作区参数设置。

集成元件的原理图符号外形，一般采用矩形或正方形表示，大小应根据引脚的多少来决定。由于使用的 STC11F02 是 20 引脚的 SOP/DIP 封装，所以应画成矩形。具体绘制时一般应画得大一些，便于引脚的放置，在引脚放置完毕后，可再调整为合适的尺寸。

3）单击原理图符号绘制工具栏 中的"放置矩形"按钮，则光标变为十字形，并附有一个矩形符号。以原点为基准，两次单击，在编辑窗口的第四象限内放置一个实心矩形。

4）单击"引脚"按钮，则光标变为十字形，并黏附一个引脚符号，移动该引脚到矩形边框处，单击完成放置，如图 3-13 所示。

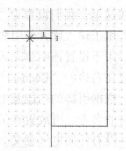

图 3-12　新建库元件 　　　　　　　　　　　图 3-13　放置引脚

引脚放置时，一定要保证具有电气特性的一端，即带有"×"号的一端朝外，这可以通过在放置时按空格键旋转来实现。

5）在放置引脚时按下〈Tab〉键，或者双击已放置的引脚，则系统弹出如图 3-14 所示的"Pin 特性"对话框，在该对话框中可以完成引脚的各项属性设置。

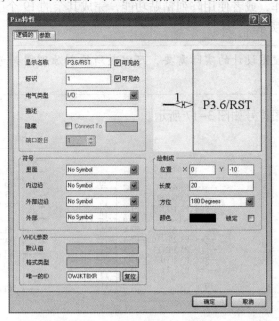

图 3-14　"Pin 特性"对话框

对话框中各项属性含义如下。

- 显示名称：用于输入库元件引脚的功能名称。
- 标识：用于设置引脚的编号，应该与实际的引脚编号相对应。

选择这两项后面的"可见的"复选框后，显示形式如右边的图形所示。

- 电气类型：用于设置库元件引脚的电气特性。单击右边的✓按钮可以选择设置，有"Input"（输入引脚）、"Output"（输出引脚）、"Power"（电源引脚）、"Open Emitter"（发射极开路）、"Open Collector"（集电极开路）、"HiZ"（高阻）等选项。如果用户对于各引脚的电气特性非常熟悉，也可以不必设置，以便简化原理图符号的形式。在这里，我们设置为"I/O"，是一个双向的输入/输出引脚。
- 描述：用于输入库元件引脚的特性描述。
- 隐藏：用于设置该引脚是否为隐藏引脚。选择该复选框，则引脚将不会显示出来，此时，应在右边的"Connect To"栏中输入与该引脚连接的网络名称。
- 符号：根据引脚的功能及电气特性，用户可以为该引脚设置不同的 IEEE 符号，作为读图时的参考。可放置在原理图符号的里面、内边沿、外部边沿或外部等不同位置处，并没有任何电气意义。
- VHDL 参数：用于设置库元件的 VHDL 参数。
- 绘制成：用于设置该引脚的位置、长度、方位、颜色等基本属性及是否锁定。

📖 一般来说，"显示名称"、"标识"及"绘制成"属性是必须设置的。其余各项，如"描述"、"符号"等，用户可以自行选择设置，也可以不设置。

6）设置完毕，单击 确定 按钮，关闭对话框。设置好属性的引脚如图 3-15 所示。

7）按照同样的操作，或者使用阵列粘贴功能，完成其余的 19 个引脚放置，并设置好相应的属性，如图 3-16 所示。

📖 为了更好地满足原理图设计的实际需要，可以对所绘制原理图符号的尺寸大小及各引脚位置进行适当的调整。

8）调整后的原理图符号如图 3-17 所示。

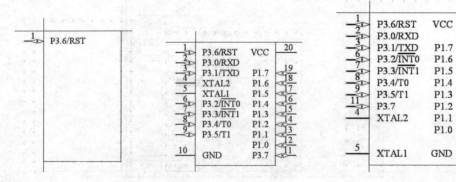

图 3-15　设置属性后的引脚　　图 3-16　放置所有引脚　　图 3-17　调整后的原理图符号

9）单击"SCH Library"面板上的 [确定] 按钮，或者在绘制好的原理图符号上右击，在弹出的快捷菜单中选择"工具"→"器件属性"命令，系统弹出如图 3-18 所示的"Library Component Properties"对话框。

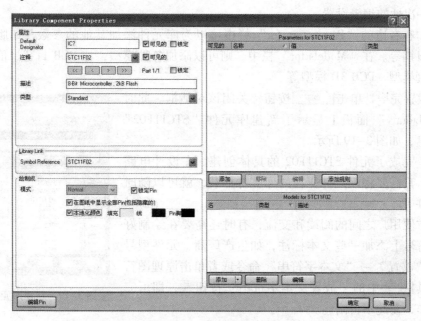

图 3-18 "Library Component Properties"对话框

在该对话框中可以对所绘制的库元件进行特性描述及其他属性参数的设置，主要设置有如下几项。

- Default Designator：默认的库元件标识符。即把该元件放置到原理图上时，系统最初默认显示的标识符。这里设置为"IC?"，并选择右边"可见的"复选框，则放置该元件时，"IC?"会显示在原理图上。
- 注释：库元件型号说明。这里设置为"STC11F02"，并选择右边"可见的"复选框，则放置该元件时，"STC11F02"会显示在原理图上。
- 描述：库元件的性能描述，将显示在"SCH Library"面板上。这里输入"8 - Bit Microcontroller，2kB Flash"。
- 类型：库元件的符号类型设置。这里采用系统默认值"Standard"即可。
- Symbol Reference：在该文本编辑栏中，用户可以为所绘制的库元件重新命名，这里输入"STC11F02"。
- 锁定 Pin：选择该复选框后，所有的引脚将和库元件成为一个整体，这样将不能在原理图上单独移动引脚。

📖 建议用户一定要选中该复选框，对原理图的绘制和编辑会有很大的好处，可以减少不必要的麻烦。

- 在图纸中显示全部 Pin（包括隐藏的）：选择该复选框后，则在原理图上会显示该元件的全部引脚。

- 本地化颜色：选择该复选框后，会显示 3 组颜色选项，可分别设置原理图符号的填充、边线及引脚的颜色。

- 编辑 Pin ：单击该按钮，则会打开"元件引脚编辑器"，可以对该元件的所有引脚进行一次性的编辑设置。

此外，在右边的"Parameters for"栏中可以为库元件添加其他的参数，如版本、制造商、发布日期等。在"Models for"栏中，则可以添加各种模型，如 PCB 封装、信号完整性模型、仿真模型、PCB 3D 模型等。

10）设置完毕，单击 确定 按钮，关闭该对话框。此时在"SCH Library"面板上显示了新建库元件"STC11F02"的有关信息，如图 3-19 所示。

至此，完成了元件 STC11F02 的具体创建。在设计电路原理图时，只需要将该元件所在的库文件加载，就可以随时取用该元件了。

为了方便用户之间的阅读和交流，有时还需要在绘制好的原理图符号上添加一些文本标注，如生产厂商、元件型号等。选择"放置"→"文本字符串"命令或者单击原理图符号绘制工具栏 中的"放置文本字符串"按钮 A，即可完成该项操作，在此不再阐述。

图 3-19　新建库元件信息

3.3.2　创建含有子部件的库元件

下面利用相应的库元件编辑命令，来创建一个含有子部件的库元件。

【例 3-2】　创建低噪声双运算放大器 NE5532。

NE5532 是美国 TI 公司所生产的低噪声双运算放大器，在高速积分、采样保持等电路设计中常常用到，采用了 8 引脚的 DIP 封装形式。

1）打开前面建立的原理图库文件"R Radar. SchLib"，使用所设置的默认工作区参数。

2）选择"工具"→"新器件"命令，则系统会弹出"New Component Name"对话框，输入新元件名称"NE5532"，如图 3-20 所示。

3）单击原理图符号绘制工具栏 中的"放置多边形"按钮 ，以编辑窗口的原点为基准，绘制一个三角形的运算放大器符号。

4）单击原理图符号绘制工具栏 中的"放置引脚"按钮 ，放置引脚 1、2、3、4、8 在三角形符号上，并设置好每一引脚的相应属性，如图 3-21 所示，即完成了一个运算放大器原理图符号的绘制。

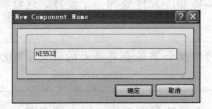

图 3-20　命名新元件

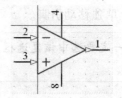

图 3-21　绘制一个子部件

📖 1 引脚为输出"OUT", 2、3 引脚为输入"IN−、IN+", 8、4 引脚则为公共的电源引脚
"V+、V−", 可将其设置为隐藏引脚。多部件元件中,隐藏引脚不属于某一特定部件而
是为所有子部件所共用的引脚。

5) 单击"原理图标准"工具栏中的按钮▣,将图 3-21 中的子部件原理图符号选中。

6) 单击"复制"按钮▣,将选中的子部件原理图符号进行复制。

7) 选择"工具"→"新部件"命令。此时,在"SCH Library"面板上库元件
"NE5532"的名称前面出现了一个⊞符号。单击⊞符号打开,可以看到该元件中有两个子部
件,系统将刚才所绘制的子部件原理图符号命名为"Part A",还有一个子部件"Part B"是
新创建的。

8) 单击"粘贴"按钮▣,将复制的子部件原理图符号粘贴在"Part B"中,并改变引
脚序号:6、5 引脚为输入"IN−、IN+", 7 引脚为输出"OUT", 8、4 仍为公共的电源引
脚"V+、V−"。

9) 在"SCH Library"面板上双击库元件名称"NE5532",打开"Library Component
Properties"对话框,编辑元件的属性。在"注释"文本框中输入"NE5532",在"描述"
文本框中输入"Dual Low−Noise Operational
Amplifier"。

10) 设置完毕,单击▢确定▢按钮,关闭
对话框。

这样,一个含有两个子部件的库元件
"NE5532"就建立好了,如图 3-22 所示。
使用同样的方法,还可以创建含有多个子部件的库元件。

图 3-22　创建含有子部件的库元件

📖 Altium Designer 系统中,选择"工具"→"模式"→"添加"命令,可为子部件建立多
种显示模式,只是每种显示模式的引脚设置必须与普通模式一致。

3.3.3　复制库元件

用户要建立自己的原理图库,一种方式是自己创建各种库元件,绘制其原理图符号并编
辑相应属性;还有一种方式是把现有库文件中的类似元件复制到自己的库文件中,直接使用
或者在此基础上再进行编辑修改,创建出符合自己需要的原理图符号,这样可以大大提高设
计效率,节省时间和精力。

下面以复制系统提供的集成库文件"TI Logic Decoder Demux. IntLib"中的元件
"SN74LS138N"为例,介绍库元件的复制过程。

【例 3-3】　复制库元件。

把集成库"TI Logic Decoder Demux. IntLib"中的元件"SN74LS138N"复制到前面所创
建的原理图库"R Radar. SchLib"中。

1) 打开原理图库"R Radar. SchLib"。

2) 选择"文件"→"打开"命令,找到"C:\Program Files\Altium Designer Summer 09\

Library\Texas Instruments" 目录下的库文件 "TI Logic Decoder Demux. IntLib", 如图 3-23 所示。

3）单击 [打开(0)] 按钮，系统弹出如图 3-24 所示的"摘录源文件或安装文件"提示框。

图 3-23 找到集成库

图 3-24 提示框

单击 [摘取源文件] 按钮，系统会建立一个集成库工程，将该集成库分解为源库文件（原理图库和 PCB 库），供用户选择使用；单击 [安装库] 按钮，则系统只将该集成库加载到"库"面板上，而不会打开其源库文件。

4）单击 [摘取源文件] 按钮，在 "Projects" 面板上显示出系统所建立的集成库工程 "TI Logic Decoder Demux. LIBPKG"，以及分解成的两个源库文件："TI Logic Decoder Demux. PcbLib" 和 "TI Logic Decoder Demux. SchLib"，如图 3-25 所示。

5）双击原理图库 "TI Logic Decoder Demux. SchLib"，则该库文件被打开，在 "SCH Library" 面板的元件栏中显示出库中的所有库元件，如图 3-26 所示。

图 3-25 摘取源文件

图 3-26 打开原理图库

6）选中库元件 "SN74LS138N"，选择"工具"→"拷贝器件"命令，则系统弹出 "Destination Library" 选择对话框，如图 3-27 所示。

对话框列出了当前处于打开状态的所有原理图库，供用户选择将选中的库元件复制到哪个目标库中。

图 3-27 "Destination Library" 选择对话框

7）选择原理图库"R Radar. SchLib"，单击 确定 按钮，关闭选择对话框。

8）打开原理图库"R Radar. SchLib"。通过"SCH Library"面板可以看到，库元件"SN74LS138N"已复制到该原理图库中，如图 3-28 所示。

图 3-28 完成库元件复制

按照同样的操作，可完成多个库元件的复制。对于复制过来的库元件，用户可以进一步编辑、修改，如重新设置引脚属性等，以满足自己的实际设计需要。

库元件复制完毕，应及时关闭集成库的源库文件。注意，不要保存，以免破坏系统的集成库文件。

3.4 为库文件添加模型

为满足不同的设计所需，一个元件中应包含多种模型。对于自行创建的库元件，其模型的来源主要有 3 种途径：一是由用户自己建立，二是使用 Altium Designer 系统库中现有的模型，三是去相应的芯片供应商网站下载模型文件。模型的添加可在"Library Component Properties"对话框中进行，或者通过"模型管理器"来完成。

【例 3-4】 使用"模型管理器"为库元件添加封装。

本例将为上面创建的库元件 STC11F02 添加 1 个 PCB 封装。

1）选择"工具"→"模式管理"命令，打开"模型管理器"对话框，在左侧的列表中选中元件"STC11F02"，如图 3-29 所示。

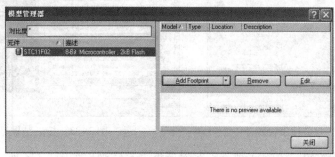

图 3-29 "模型管理器"对话框

2）单击 Add Footprint 按钮，打开"PCB 模型"对话框，如图 3-30 所示。

3）单击 浏览 按钮，打开"浏览库"对话框，如图 3-31 所示。

图 3-30 "PCB 模型" 对话框

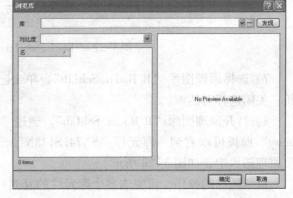

图 3-31 "浏览库" 对话框

📖 "浏览库"对话框中显示的是当前可用的封装库（即已加载的封装库）信息，若用户从未加载过封装库，则该对话框中所有信息窗口均为空白。

4）单击"浏览库"对话框中的 [发现] 按钮，进入"搜索库"对话框（Advanced）中。在"域"下拉列表框的第一行选择"Name"，在"运算符"下拉列表框中选择"contains"，在"值"下拉列表框中输入要查找的封装名称"SOP20"，并选择"库文件路径"单选按钮，如图 3-32 所示。

5）单击 [🔍搜索] 按钮，系统开始搜索。与此同时，搜索结果逐步显示在"浏览库"对话框中，如图 3-33 所示。可以看到，共有 47 个符合条件的封装，本例中选择 "C\PROGRAM FILES\ALTIUM DESIGNER SUMMER 09\Library\IPC–SM–782 Section 9.3 SOP.PcbLib" 中的 "SOP20" 封装。

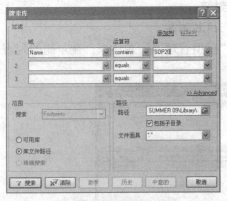

图 3-32 封装搜索设置

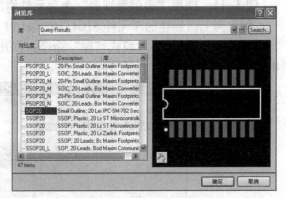

图 3-33 搜索结果显示

6）单击 [确定] 按钮，关闭"浏览库"对话框，系统弹出如图 3-34 所示的加载封装库提示框。

7）单击 [是] 按钮，加载相应的封装库。此时，"PCB 模型"对话框中已加载了选中的封装，如图 3-35 所示。

图 3-34　加载封装库提示框　　　　　　　　图 3-35　加载封装

8）单击 确定 按钮，关闭"PCB 模型"对话框。可以看到，封装模型显示在了"模型管理器"中。同时，原理图库文件编辑器的模型区域也显示出了相应信息，如图 3-36 所示。

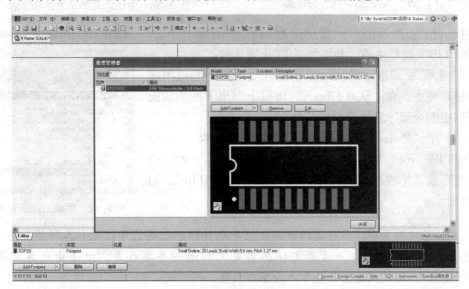

图 3-36　封装已添加

除了封装模型以外，还可以为元件添加仿真模型、3D 模型、信号完整性模型等，操作过程与上面基本相同，在此不再重复。

3.5　制作工程原理图库

在一个设计工程中，所用到的元件由于性能、类型等诸多方面的不同，大多数情况下都来自很多个不同的库文件。这些库文件中，有系统提供的若干个集成库，也有用户自己建立的原理图库，非常不便于管理，更不便于用户之间的交流。

基于这一点，在原理图编辑环境中，用户可为自己的工程生成一个特定的原理图库，把工程中所用到的元件原理图符号都汇总到该原理图库中，脱离其他的库文件而独立存在，极大地方便了工程的统一管理。

下面以工程"Audio AMP. PrjPCB"为例，为该工程生成自己的原理图库。

【例3-5】 生成工程原理图库。

1）打开工程"Audio AMP. PrjPCB"，进入电路原理图的编辑环境。

2）选择"设计"→"生成原理图库"命令，开始生成。生成过程中，对于有相同参考库的不同元件，系统会弹出如图3-37所示的对话框。这里选择"处理所有组件并给予唯一名称"单选按钮，并选择"记下答案并不再询问"复选框。

3）单击 确定 按钮，关闭对话框后，工程原理图库已自动生成，系统同时弹出如图3-38所示的提示信息。

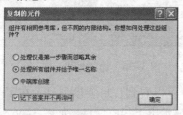

图3-37 "复制的元件"对话框

图3-38 生成原理图库的提示信息

该提示信息告诉用户，当前工程的原理图库"Audio AMP. SCHLIB"已经生成，共添加了17个库元件。

4）单击 OK 按钮确认，则系统自动切换到原理图库文件编辑环境中。在"SCH Library"面板上列出了所生成的原理图库中的全部库元件及相应信息。

5）打开"Projects"面板，可以看到，工程"Audio AMP. PrjPCB"下的"Schematic Library Documents"文件夹中，已经存放了生成的原理图库"Audio AMP. SCHLIB"，如图3-39所示。

图3-39 生成工程原理图库

> 在生成的原理图库中，所存放的并不仅仅是元件的原理图符号，还有各种模型形式及描述等。因此，准确地说，该库文件其实是工程的一个集成库，但是由于其扩展名为".SCHLIB"，所以在这里还是称之为原理图库。

建立了工程原理图库，用户可以根据需要，很方便地对工程中所有用到的元件进行整体的编辑、修改，包括元件属性、引脚信息及原理图符号形式等。更重要的是，如果在设计过程中多次用到同一个元件，在该元件需要重新修改编辑时，不必到原理图中去逐一修改，而只需要在原理图库中修改相应的库元件，然后更新原理图即可。

3.6 库文件报表输出及库报告

在原理图库文件编辑器中，还可以生成各种报表及库报告，作为对库文件进行管理的辅助工具。用户在创建了自己的库元件并建立好自己的元件库以后，通过各种相应的报表，可查看库元件的详细信息、进行元件规则的有关检查等，以进一步完善所创建的库及库元件。

下面以前面所建立的原理图库"R Radar. SchLib"为例，看一下各种报表的生成过程，并了解它们的不同作用。

3.6.1 生成器件报表

【例3-6】 生成器件报表。

1）打开原理图库"R Radar. SchLib"。

2）在"SCH Library"面板的元件栏中选择一个需要生成报表的库元件。例如，选择"STC11F02"。

3）选择"报告"→"器件"命令，则系统自动生成了该库元件的报表，如图3-40所示。

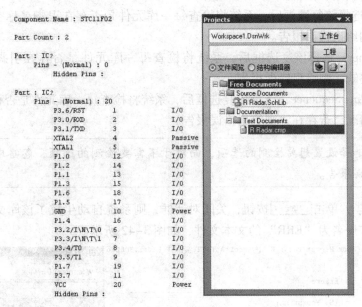

图3-40 器件报表

器件报表是一个扩展名为". cmp"的文本文件，列出了库元件的属性及其引脚的配置情况，便于用户查看浏览。

3.6.2 生成器件规则检查报表

【例3-7】 生成器件规则检查报表。

1）打开原理图库"R Radar. SchLib"。

2）选择"报告"→"器件规则检查"命令，则系统弹出"库元件规则检测"设置对话框，如图3-41所示。

对话框中有若干个复选框，供用户进行选择设置，各项的含义如下。

● 元件名称：用于设置是否检查重复的库元件名称。选择该复选框后，如果库中存在重复的库元件名称，则系统会把这种情况视为规则错误，显示在错误报表中；否则不进

97

行该项检查。

- Pin 脚：用于设置是否检查重复的引脚名称。选择该复选框后，系统会检查每一库元件的引脚是否存在同名错误，并给出相应报告；否则不进行该项检查。

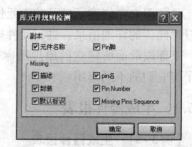

图 3-41 "库元件规则检测"对话框

- 描述：选择该复选框后，系统将检查每一库元件属性中的"描述"栏是否空缺，若空缺，则给出错误报告。

- 封装：选择该复选框后，系统将检查每一库元件的封装模型是否空缺，若空缺，则给出错误报告。

- 默认标识：选择该复选框后，系统将检查每一库元件的默认标识符是否空缺，若空缺，则给出错误报告。

- Pin 名：选择该复选框后，系统将检查每一库元件是否存在引脚名称空缺的情况，若空缺，则给出错误报告。

- Pin Number：选择该复选框后，系统将检查每一库元件是否存在引脚编号空缺的情况，若空缺，则给出错误报告。

- Missing Pins Sequence：选择该复选框后，系统将检查每一库元件是否存在引脚编号不连续的情况，若存在，则给出错误报告。

📖 用户可自行选择设置想要检测的选项，而对于不需要检测的选项，忽略即可，以免产生不必要的错误报告。

3）设置完毕，单击 [确定] 按钮，关闭对话框，则系统自动生成了该库文件的器件规则检查报表，是扩展名为"ERR"的文本文件，如图 3-42 所示。

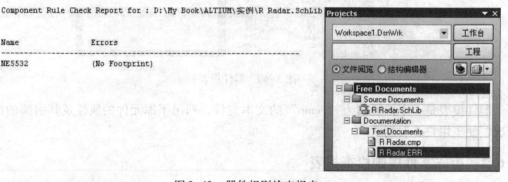

图 3-42 器件规则检查报表

根据所生成的器件规则检查报表，用户可以对相应的库元件进一步加以编辑、修改和完善。

3.6.3 生成库报表

【例 3-8】 生成库列表。

1）打开原理图库"R Radar. SchLib"。

2）选择"报告"→"库列表"命令，则系统自动生成了两个描述库中所有元件信息的文件，扩展名分别为"．csv"和"．rep"，如图 3-43 所示。

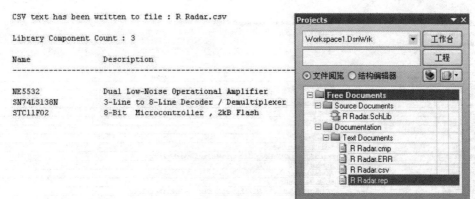

图 3-43 库列表

库列表是扩展名为"rep"的文本文件，列出了当前原理图库"R Radar. SchLib"中的元件数量、名称及相关的描述信息。

📖 库列表列出库元件的数量时，是把一个库元件的别名作为另外一个库元件来进行统计的，用户应注意区分。

3.6.4 生成库报告

除了生成各种报表，Altium Designer 系统还可以快速便捷地生成综合的元件库报告，用来描述特定库中所有器件的详细信息。

报告可选择生成为 Word 格式或者 HTML 格式，包含了综合的器件参数、引脚和模型信息、原理图符号预览，以及 PCB 封装和 3D 模型等，实现了对元件重要参数的完整多功能管理。HTML 格式的报告中还可以提供库中所有元件的超级链接列表，便于通过网络进行发布。

【例 3-9】 生成库报告。

1）打开工程"Audio AMP. PrjPCB"，以及前面已生成的原理图库"Audio AMP. SCHLIB"。

2）选择"报告"→"库报告"命令，则系统弹出如图 3-44 所示的"库报告设置"对话框。

该对话框用于对库报告的格式进行设置，是"文档类型"（Word 格式）还是"浏览器类型"（HTML 格式），并可选择设置报告里所包含的内容，有"元件参数"、"元件的引脚"、"元件的模型"等。

这里，选择了生成浏览器类型的库报告，并选择"打开产生的报告"、"添加已生成的报告到当前工程"复选框，如上图所示。

3）单击 确定 按钮，关闭对话框，即生成了HTML 格式的库报告，如图 3-45 所示。

图 3-44 "库报告设置"对话框

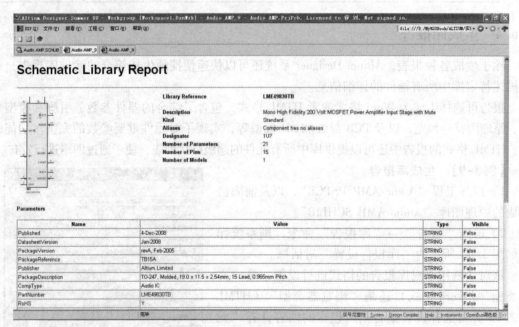

Schematic Library Report

Library File Name	D:\My Book\ALTIUM\实例\Audio\Audio AMP.SCHLIB
Library File Date/Time	2011年2月14日 1:42:44
Library File Size	91136
Number of Components	17

Library Reference	Description
BNC	BNC Elbow Connector
Cap	Capacitor
Cap Pol1	Polarized Capacitor (Radial)
Diode	Default Diode
Diode_1	Default Diode
Fuse 1	Fuse
Header 2	Header, 2-Pin
Header 2H	Header, 2-Pin, Right Angle
LME49830TB	Mono High Fidelity 200 Volt MOSFET Power Amplifier Input Stage with Mute
MOSFET-N	N-Channel MOSFET
MOSFET-P	P-Channel MOSFET
NPN	NPN Bipolar Transistor
Plug AC Female	IEC Mains Power Outlet, EN60 320-2-2 F Class I, PC Flange Rear Mount, Chassis Socket
Res1	Resistor
Res Adj1	Variable Resistor
SW-SPST	Single-Pole, Single-Throw Switch
Trans CT	Center-Tapped Transformer (Coupled Inductor Model)

图 3-45　HTML 格式的库报告

库报告提供了库文件"Audio AMP. SCHLIB"中所有元件的超链接列表。单击列表中的任意一项，即可链接到相应元件的详细信息处，供用户查看浏览。例如，单击"LME49830TB"，显示的信息如图 3-46 所示。

图 3-46　链接到元件的详细信息

3.7　思考与练习

1. 概念题

（1）简述 Altium Designer 原理图库文件编辑环境的主要组成。

（2）简述创建库元件的具体操作步骤。

（3）对于用户自行创建的库元件，其模型的来源主要有哪几种途径？

（4）简述库文件报表生成操作步骤。

2．操作题

（1）查阅相关资料，创建一个库元件——RC 滤波器芯片 LT1568。

（2）绘制如图 3-47 所示的电路原理图，并生成相应的原理图库及库报告。

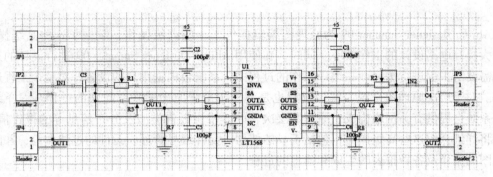

图 3-47　LT1568 电路

第4章 电路原理图高级设置

Altium Designer Summer 09 为原理图编辑提供了一些高级操作，掌握了这些高级操作，将大大提高电路设计的工作效率。同时，在使用 Altium Designer Summer 09 进行设计的过程中，需要对工程进行编译。在编译工作的过程中，系统会根据用户的设置，对整个工程进行检查。对于层次原理图来说，编译过程也是将若干个子原理图联系起来的过程。编译结束后，系统会提供有关网络构成、原理图层次、设计错误报告类型及分布信息等的报告信息。本章将详细介绍这些高级操作，包括工具的使用、元件编号管理、元件的过滤盒等，并阐述原理图的编译及各种报表的生成和输出的过程。

4.1 原理图的全局编辑

Altium Designer 的全局编辑功能可以实现对当前文件或所有打开文件（包括已打开项目）中具有相同属性的对象同时进行属性编辑的功能。

原理图中的任何对象都可以实现全局编辑功能。全局编辑功能在原理图编辑器和 PCB 编辑器中都可以使用，其使用方法也基本相同，因此在 PCB 编辑器中将不再介绍全局编辑功能。

4.1.1 设计数据的差异比较引擎

作为一个设计者，面临的最大挑战是管理在设计中所创建的大量设计数据。一个强大的数据编辑系统允许设计者用多种方法来管理、查找和编辑设计数据。在一般电路原理图的绘制过程中，一些基本的编辑操作，如元件的选取、移动、排列、复制、粘贴、标识，等等，用户一般都要用到，只是在每次执行这些操作时，所涉及的元件数量是不可能太多的。对于复杂的大型原理图来说，有时则会需要对大量的元件进行同步全局编辑，仅使用这些基本的编辑操作，效率会很低。

针对这种情况，Altium Designer 系统提供了高级的编辑操作，以帮助用户完成高效率的编辑。在高级的编辑操作中要用到一些特定的工作面板，如 "SCH Inspector"（检查器）面板、"SCH Filter"（过滤器）面板、"SCH List"（列表）面板和 "选择内存" 面板等。

4.1.2 检查器面板

"SCH Inspector"（检查器）面板主要用来实时显示在原理图中所选取的对象属性，如类型、位置、名称等，用户可以直接通过该面板对各种属性进行编辑修改。

打开 "SCH Inspector" 面板的方法很简单：选择 "查看" → "工作区面板" → "SCH" → "SCH Inspector" 命令；或者，单击右下角面板标签中的 SCH 按钮，在弹出的菜单中选择 "SCH Inspector" 选项，都可以打开该面板。

在没有选取任何对象的情况下，打开后的 "SCH Inspector" 面板如图 3-1 所示，是空白的。

1. 面板的设置

在使用该面板之前，应完成以下两项设置。

1）设定可以显示属性的对象范围。有 3 种选择，如图 4-1 所示。

- current document：当前的原理图文件。

- open documents：所有打开的原理图文件。

- open documents of the same project：同一工程中所有打开的原理图文件。

2）设定可以显示属性的对象类型。

单击"all types of objects"，系统会弹出一个 选择窗口，列出了所有可显示的对象类型，如总线、标识符、线束连接器等，如图 4-2 所示。有如下两个单选按钮。

- 显示所有对象：选择该单选按钮后，对于原理图中的任一选取对象，不管类型如何，其属性都可以实时在"SCH Inspector"面板上显示出来。

- 仅显示：选择该单选按钮后，用户可以设置只显示哪几种类型对象的属性。

2. 编辑单个元件属性

对于元件属性的编辑，在前面讲过有两种方式，可以是手动方式编辑，通过"元件属性"对话框来完成；也可以是自动标识，通过"注释"对话框来完成。现在，还可以使用"SCH Inspector"面板来进行属性编辑。

选中原理图中的某一元件，在"SCH Inspector"面板上将实时显示出该元件的所有属性，图 4-3 中就显示了当前选取的某一电阻的属性，具体内容有如下几项。

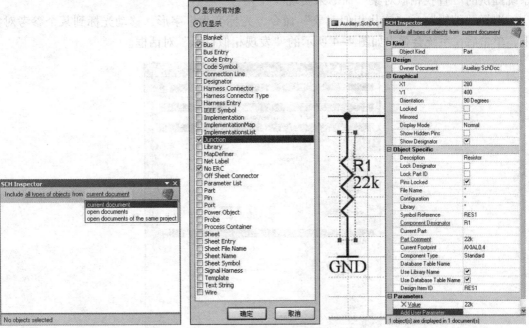

图 4-1 "SCH Inspector"面板　　图 4-2 选择显示对象类型　　图 4-3 显示选取对象属性

- Kind：该栏显示了当前选取对象的类型，如元件（Part）、总线（Bus）、网络标号（Net Label）等。这里选取的是电阻，属于元件类型，所以显示是"Part"。

- Design：该栏显示了当前选取对象所在的原理图文件。

- Graphical：该栏显示了当前选取对象的图形属性，包括位置、方向、是否锁定、是否镜像、是否显示隐藏引脚等。
- Object Specific：该栏显示了当前选取对象的一些非图形特征属性，如"Description"（对象的描述）、"Pins Locked"（是否锁定引脚）、"Library"（所在的库）、"Component Designator"（元件标识符）、"Current Footprint"（当前封装）等。
- Parameters：该栏显示了当前选取对象的一些普通参数。用户可单击该栏中的"Add User Parameter"选项，激活右侧的文本栏，添加自定义参数。

如果用户要修改某一项属性，只需单击相应的参数栏，即可进入编辑状态进行修改或设置。

📖 "SCH Inspector"面板上所显示的内容，与"元件属性"对话框中的内容几乎是一样的。因此，对于单个元件属性的编辑，用户可以根据自己的习惯来选择，而不必拘泥于固定模式。

---

3. 编辑多个对象属性

使用"SCH Inspector"面板不但可以编辑、修改单个对象的属性，更重要的是可以同时编辑多个被选对象的属性。同时编辑多个对象时，往往要修改这些对象的某一个或几个特定属性参数，如隐藏某一类元件的注释、改变同一类元件的 PCB 封装形式等。

编辑多个对象的属性时，首先要查找并选中多个具有某些相似属性的对象，这可以通过系统提供的"查找相似对象"命令来实现。

选择"编辑"→"查找相似对象"命令，光标变为十字形，移动光标到某个参考对象上，单击后，系统会弹出如图 4-4 所示的"发现相似目标"对话框。

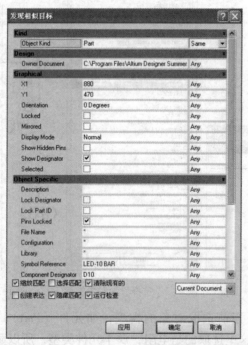

图 4-4 "发现相似目标"对话框

可以看到，该窗口中也有5栏内容，各项属性名称与"SCH Inspector"面板上的显示完全相同。不同的是，在每一属性列表栏的右边都增加了一项查找条件设置，用于设置需要查找的对象与当前选取的参考对象之间的关系。

1）单击每一栏右侧的按钮▼，有如下3种查找条件设置。

● Any：不限制查找对象与参考对象的关系。

● Same：查找对象应与参考对象类别相同。

● Different：查找对象与参考对象类别不同。

2）单击右下角的按钮▼，可以设置查找对象的范围，有如下两种选择。

● Current Document：当前文件。

● Open Documents：所有打开的文件。

3）6个复选框功能。

● 缩放匹配：用来设定系统是否将条件匹配的对象自动缩放以突出显示，系统默认选中。

● 选择匹配：用来设定是否将条件匹配的对象全部选中。在使用"SCH Inspector"面板来完成对象的全局编辑时，应选择该复选框。

● 清除现有的：用来设定是否清除现有的查找条件，系统默认自动清除。

● 创建表达：用来设定是否为当前设置的查找条件创建一个过滤器表达式。如果选择了该复选框，则单击 应用 按钮后，系统会在"SCH Filter"（过滤器）面板上建立一个查找条件的逻辑表达式，可以将该表达式收藏起来，供以后查找时使用。

● 隐藏匹配：用来设定是否将条件匹配的对象高亮显示，同时屏蔽其他条件不匹配的对象，系统默认选中。

● 运行检查：用来设定是否在执行"查找相似对象"命令的同时启动"SCH Inspector"面板，系统默认选中。

【例4-1】 隐藏全部元件的标称值。

使用"SCH Inspector"面板，在原理图文件"Input channel. SchDoc"中隐藏全部元件的标称值。

1）将光标指向原理图中任一元件的标称值，如元件"C18"的标称值"10μF"，右击，弹出的快捷菜单如图4-5所示。

📖 所选取的参考对象类型应该与要查找的对象类型一致，否则无法查找。例如，在这里所查找的对象为元件的标称值，因此，应选择某一元件的标称值作为参考对象。

2）选择"查找相似对象"命令，打开"发现相似目标"对话框。

3）在"Object Specific"栏中找到"Parameter Name"属性列表栏，显示为"Value"，相应的查找条件设置为"Any"。选择"缩放匹配"、"选择匹配"、"清除现有的"、"隐藏匹配"、"运行检查"5个复选框，并设定查找范围为"Current Document"，如图4-6所示。

4）单击 应用 按钮，系统开始查找。原理图中所有元件的标称值均被选中，其余对象则变为浅色，被屏蔽。

5）单击 确定 按钮，"SCH Inspector"面板被打开，显示出查找的结果，共有225个元件标称值。在"Graphical"栏中，选择"Hide"复选框，如图4-7所示。

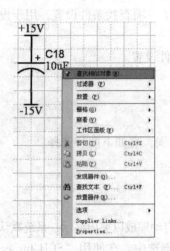

图 4-5 选取参考对象

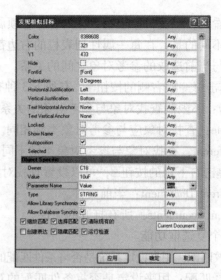

图 4-6 查找设置

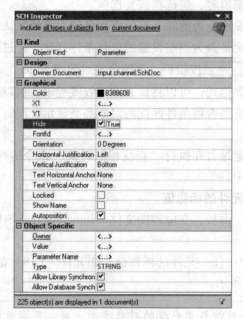

图 4-7 隐藏设置

6）关闭"SCH Inspector"面板，单击编辑窗口右下角的 清除 按钮，取消掩膜功能，可以看到，此时原理图中全部元件的标称值都被隐藏了。

📖 隐藏全部元件的注释或标称值，可以使原理图更加清晰、整洁，只是此项功能无法隐藏元件的标识符。

4.1.3 过滤器面板

"SCH Filter"（过滤器）面板主要用来实时进行快速过滤查找，用户可以直接通过该面板查找符合一定属性条件的对象。

1. "SCH Filter" 面板简介

选择"察看"→"工作区面板"→"SCH"→"SCH Filter"命令；或者单击面板标签中的 SCH ，在弹出的菜单中选择"SCH Filter"选项，都可以打开该面板。

打开后的"SCH Filter"面板如图4-8所示。

1）Limit search to：用于设置过滤的对象范围，有3个单选按钮，系统默认为"All Objects"。

- All Objects：全部对象。
- Selected Objects：仅限于选中对象。
- Non Selected Objects：仅限于未选中对象。

2）Consider Objects in：用于设置文件范围。单击右侧的 ▼ 按钮，有3种设置可以选择，系统默认为"Current Document"。

- Current Document：当前文件。
- Open Documents：所有打开的原理图文件。
- Open Documents of the Same Project：同一工程中的所有已打开的原理图文件。

3）Find items matching these criteria：过滤语句输入栏，用来输入表示过滤条件的语句表达式。

图4-8 "SCH Filter"面板

- Helper：单击该按钮，会打开"Query Helper"对话框，帮助用户完成过滤语句表达式的输入。
- Favorites：单击该按钮，会打开"语法管理器"的"中意的"选项卡，如图4-9所示，存放着常用的一些过滤语句表达式。
- History：单击该按钮，会打开"语法管理器"的"历史"选项卡，如图4-10所示，该选项卡中存放了曾经使用过的所有过滤语句表达式。选中某一表达式后，单击 应用语法 按钮，可直接加入到"SCH Filter"面板的过滤语句输入栏内，不必重新输入，大大提高了查找效率；而单击 添加到中意的 按钮，则可将该表达式存入"中意的"选项卡中。

图4-9 "语法管理器"（"中意的"选项卡）

图4-10 "语法管理器"（"历史"选项卡）

4）Objects passing the filter：用于设置符合过滤条件的对象显示方式。

- Select：选择该复选框，条件匹配的对象被选中显示。
- Zoom：选择该复选框，条件匹配的对象被自动变焦显示。

5）Objects not passing the filter：用于设置不符合过滤条件的对象显示方式。

- Deselect：选择该复选框，条件不匹配的对象被置于非选中状态。

● Mask out：选择该复选框，条件不匹配的对象被掩膜，即颜色变淡。

输入表示过滤条件的语句表达式，并且对"SCH Filter"面板进行相应的设置之后，单击 <img> ▶ Apply <img> 按钮，过滤器将按照过滤条件对当前设计文件进行过滤，符合条件的对象在编辑窗口内被选中，其余对象被掩膜。此时，只有被选中的对象处于活动状态，可进行编辑操作，其余对象则被暂时锁定，不能进行编辑操作。

单击"原理图标准"工具栏中的按钮 <img>，或者单击编辑窗口右下角的 <img> 清除 <img> 按钮，即可取消过滤状态。

2. "Query Helper" 对话框

单击"SCH Filter"面板上的 <img> Helper <img> 按钮后，弹出"Query Helper"对话框，如图4-11所示。

图4-11 "Query Helper"对话框

"Query"区域用来输入和显示当前设置的过滤语句表达式。

用户可以直接使用键盘来输入语句，也可以在下面的语句列表区中选择相应语句，双击输入。

在该区的下面有一排运算符、连接符按钮。其中，"＋、－、＊、／"表示"加、减、乘、除"；"Div、Mod"表示整数除和求余；"Not、And、Or、Xor"表示"逻辑非、与、或、异或"；"＜、＜＝、＞＝、＞、＜＞、＝"表示"小于、小于或等于、大于或等于、大于、不等于、等于"；"Like"表示"近似"；"＊"则表示通配符。要输入某一符号，只需单击相应按钮即可。

过滤语句表达式输入完毕，在使用之前应检查一下该表达式是否符合系统的语法要求，单击左下角的 <img> Check Syntax <img> 按钮，可以进行检查。

"Categories"区域是过滤语句的目录分类区，有两大主目录。

1) SCH Functions（原理图编辑器功能）：有3个子目录。

● Fields（域）：该子目录中主要包含了与原理图对象的属性参数有关的语句，如标识符、封装形式、排列方式、类型、位置、填充颜色、节点尺寸等。

● Membership Checks（成员检查）：该子目录中主要包含了判断对象从属关系的语句，如单位转换、对象中是否含有某一特定模型参数、是否含有某一引脚、是否位于某一特定元件中、是否位于某一特定图纸符号内等。

- Object Type Checks（对象类型检查）：该子目录中主要包含了对有关对象的类型进行判断的语句，如对象是不是圆弧、是不是总线、是不是元件、是不是节点等。

2）System Functions（系统功能）：有 5 个子目录。

- Arithmetic（算术）：该子目录中主要包含了各种算术运算，如取绝对值、四舍五入、取平方、开方等。
- Trigonometry（三角）：该子目录中主要包含了各种三角函数运算，如正弦、余弦、正切、余切、反正弦等。
- Exponential/Logarithmic（指数/对数）：该子目录中主要包含了各种指数、对数运算，如取自然对数、取以 2 为底的对数等。
- Aggregate（集合）：该子目录中主要包含了各种集合函数运算，如取最大值、取最小值、取平均值等。
- System（系统）：该子目录中主要包含了各种系统函数，如随机函数、字符串函数、长度函数、加 1、减 1 等。

选中上述的某一子目录后，在右边的窗口中将列出该子目录下的所有过滤语句。其中，"Name" 栏用于列出过滤语句的名称；"Description" 栏则用于列出对该语句的描述或功能注释。

如在图 4-11 中列出了 "Object Type Checks" 子目录下的所有过滤语句，其中，对过滤语句 "IsBus" 的注释为 "Is the object a Bus"（该对象是不是总线）。

选中任何一个过滤语句，按〈F1〉键即可打开 "知识中心" 面板，查看该语句的功能与用法，如图 4-12 所示。

图 4-12 "知识中心" 面板

3. "SCH Filter" 面板的使用

在对 "SCH Filter" 面板和 "Query Helper" 对话框有了一定的了解之后，下面来看一下如何使用 "Query Helper" 对话框建立一个过滤语句表达式，并以此作为过滤条件，通过 "SCH Filter" 面板进行过滤查找。

【例 4-2】 使用 "SCH Filter" 面板进行过滤查找。

在当前的原理图文件 "Output channel. SchDoc" 中，查找封装形式为 "RAD0.2" 和 "AXIAL0.4" 的所有元件。

1）单击面板标签中的 SCH ，在弹出的菜单中选择 "SCH Filter" 选项，打开该面板，所有设置均采用系统的默认状态。

2）单击 Helper 按钮，打开 "Query Helper" 对话框。

在 "Query Helper" 对话框中，由于查找条件与封装有关，因此可在 "SCH Functions" 目录下的 "Fields" 子目录中选择过滤语句。

3）选中 "Fields" 子目录，拖动窗口右边的滚动条，找到 "CurrentFootprint"（当前封装）语句，双击该语句后即可将它加载到 "Query" 区域中。单击 Like 按钮，输入连接符 "Like"，单击 按钮，输入通配符 " * "，并输入 "RAD0.2"。

这样，就输入了第一条语句"CurrentFootprint Like 'RAD0.2 * '"，含义为："所有封装为"RAD0.2"的元件"。按照同样的操作，输入第二条语句"CurrentFootprint Like 'AXI-AL0.4 * '"，含义为："所有封装为"AXIAL0.4"的元件"。

4) 单击 Or 按钮，在两条语句之间加入一个逻辑运算符"Or"进行连接，如图4-13所示。

此时，完整的过滤语句表达式为："CurrentFootprint Like 'RAD0.2 * ' Or CurrentFootprint Like 'AXIAL0.4 * '"，其含义为："如果元件封装为'RAD0.2'或'AXIAL0.4'，那么该元件符合过滤条件"。

5) 单击 Check Syntax 按钮，对该表达式进行语法检查。如果正确无误，则系统弹出如图4-14所示的提示框，表示没有语法错误。

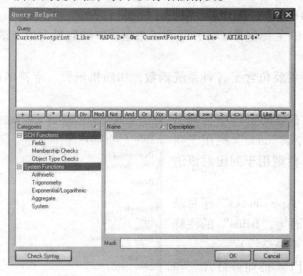

图4-13 建立过滤语句表达式

图4-14 语法正确提示框

📖 如果有语法错误，系统同样会弹出一个提示框，提示用户修改过滤语句表达式或者重新输入。

6) 单击 OK 按钮，关闭提示框。单击"Query Helper"对话框中的 OK 按钮，则"Query Helper"对话框关闭，同时过滤语句表达式"CurrentFootprint Like 'RAD0.2 * ' Or CurrentFootprint Like 'AXIAL0.4 * '"作为过滤条件加入到"SCH Filter"面板的过滤语句输入栏内，如图4-15所示。

7) 单击 ▶ Apply 按钮，启动过滤查找，查找到的结果如图4-16所示，所有封装为"RAD0.2"或"AXIAL0.4"的元件均以高亮选中状态显示，而其他不符合过滤条件的对象则都被掩膜显示。

图4-15 过滤条件加入

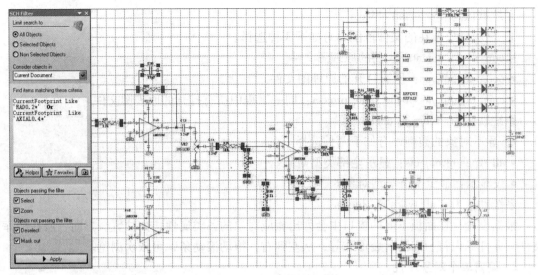

图 4-16　查找结果显示

4.1.4　列表面板

　　"SCH List"（列表）面板主要用来对使用"SCH Filter"（过滤器）面板进行过滤查找的结果进行系统的浏览，并且可以对有关对象的属性直接编辑修改。

　　选择"查看"→"工作区面板"→"SCH"→"SCH List"命令；或者单击面板标签中的 SCH，在弹出的菜单中选择"SCH List"选项，都可以打开"SCH List"面板。

　　在没有选取任何对象的情况下，打开后的"SCH List"面板如图 4-17 所示，是空白的。

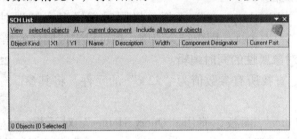

图 4-17　"SCH List"面板

1. 面板设置

在该面板的顶部，从左到右有 4 项有关设置。

1）工作状态。有如下两种选择。

● View：视图状态。

● Edit：编辑状态。

系统默认为"View"。

2）显示对象。有如下 3 种选择。

● non-masked objects：未掩膜的对象。

● selected objects：选中的对象。

● all objects：所有对象。

系统默认为"selected objects"。

3）显示对象所在的文件范围，有如下3种选择。

● current document：当前的原理图文件。

● open documents：所有打开的原理图文件。

● open documents of the same project：同一工程中所有打开的原理图文件。

系统默认为"current document"。

4）显示对象的类型，有如下两种选择。

● all types of objects：显示全部类型对象。

● 仅显示：显示部分类型对象。

系统默认为"all types of objects"。

根据设置，在面板下面的窗口中会列出相应对象的各类属性，如位置、方向、所在的库文件、元件标识符、当前封装形式等，从左到右，拖动滚动条，可依次浏览。

2. 编辑单个对象属性

对于"SCH List"面板列出的每一对象的各种属性，都可以进行编辑修改，有如下两种方式。

1）在"View"工作状态下，双击需要修改的某一对象的任一属性，会弹出相应的对象属性对话框，在对话框中可以完成该对象的多项属性编辑。

2）在"Edit"工作状态下，两次单击需要修改的某一对象的某一属性，可以对这一属性直接编辑修改。这种方式下，对某一对象的各项属性可以逐项在线编辑，当然也可以使用对象属性对话框编辑。

3. 编辑多个对象属性

前面讲过，使用"SCH Inspector"面板可以同时编辑多个被选对象的属性。在这里，"SCH Filter"面板和"SCH List"面板结合使用，也可以完成同样的操作。

【例4-3】 多个对象属性的同时编辑。

在原理图文件中，查找所有参数值为"22 k"的元件，将其参数值改为"20 k"。

1）打开"SCH Filter"面板，使用"Query Helper"对话框，在"SCH Filter"面板的"Find items matching these criteria"栏内输入如下过滤语句表达式："ParameterValue = '22 k'"，其余设置采用系统的默认状态，如图4-18所示。

2）单击 [▶ Apply] 按钮，启动过滤查找。此时，在编辑窗口内所有的参数值"22 k"被高亮显示，并且处于选中状态。

3）打开"SCH List"面板，可以看到有8个符合过滤条件的元件，它们的各项属性在面板上被显示出来，包括当前的参数值，如图4-19所示。

图4-18 输入过滤条件

4）将"SCH List"面板的工作状态由"View"改为"Edit"，在"Value"属性列中，选中任一参数值"22 k"，单击两次，即进入在线编辑状态，可以直接输入新的参数值"20 k"，如图4-20所示。

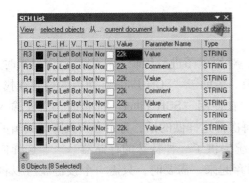

图4-19 显示选中元件的属性

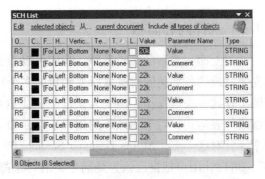

图4-20 编辑一个元件的参数值

5）同样操作，可以依次把其余7个参数值由"22 k"改为"20 k"。

如果符合过滤条件的元件数量很多，对其参数值一一进行修改，显然比较麻烦。此时，可以使用菜单命令完成。

6）选中某一修改好的参数值"20 k"，右击，在弹出的如图4-21所示快捷菜单中选择"复制"命令，将"20 k"复制到剪贴板上。

7）在任一参数值上右击，在弹出的快捷菜单中选择"选择纵列"命令，将"Value"列中的参数值全部选中，如图4-22所示。

8）在任一参数值上右击，在弹出的快捷菜单中选择"粘贴"命令，将"20 k"粘贴到"Value"列中，如图4-23所示。与此同时，编辑窗口内高亮显示的所有参数值"22 k"都变成了"20 k"。

图4-21 快捷菜单

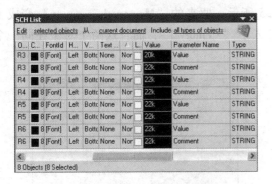

图4-22 选中要修改的全部参数值

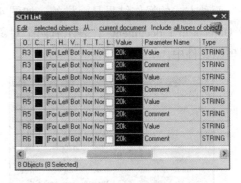

图4-23 编辑全部参数值

9）关闭"SCH List"面板，单击编辑窗口右下角的 清除 按钮，解除屏蔽，恢复原理图的正常显示。

📖 在编辑多个对象属性时，也可以把"SCH Filter"面板与"SCH Inspector"面板结合使用。利用"SCH Filter"面板强大的搜索功能进行过滤查找；利用"SCH Inspector"面板强大的编辑功能进行全局编辑，这样可以进一步提高原理图的编辑效率。

4.1.5　选择内存面板

通过上面一系列的编辑操作，我们可以看到，对原理图进行编辑，特别是全局编辑时，首先要完成的是如何同时选取所要编辑的多个对象。借助于"SCH Filter"面板的过滤查找，能够实现这一关键操作，但是大家也应该注意到，在使用"SCH Filter"面板时，需要输入过滤语句表达式，对于不熟练的用户来说，如果每次都这样做的话，肯定会大大降低编辑的效率。针对这一点，Altium Designer Summer 09 系统提供了一种特殊的存储器——"选择内存"，可以让用户把自己认为是同一类的对象都保存起来，需要时，只需一个按键就可以将这些对象全部选取，然后进行相关的编辑操作。

单击编辑窗口右下方的 ⊞▾ 按钮，或者，使用快捷键〈Ctrl〉+〈Q〉，都可以打开"选择内存"面板，如图 4-24 所示。

可以看到，系统为用户提供了 8 个内部存储器（Memory 1 ~ Memory 8），每一个都可以用来存放用户的选择归类信息。用户可以将当前原理图文件（Current Document）或所有打开的原理图文件（Open Documents）中的选取对象存入某一内部存储器中，需要时直接调用；还可以随时把新的选取对象加入内部存储器中或者清除不再需要的对象等。

1. 将选取对象存入"选择内存"

在将对象存入"选择内存"之前，首先应使对象处于选取状态。例如，在某一原理图中，选中了两个电阻，要存入"选择内存"，有如下两种方式。

1）选择"编辑"→"选择的存储器"→"存储"→"1"命令或者直接使用快捷键〈Ctrl〉+〈1〉，这样就把两个电阻元件存入"Memory 1"中。

2）直接单击"选择内存"上的 STO 1 按钮，也可以完成两个电阻元件的存储。

两种方式的操作结果是一样的，如图 4-25 所示。原来的"Memory 1 is empty"变成了"2 Objects in 1 document"，表示有两个对象存入了"Memory 1"，而且这两个对象在同一个原理图文件中。

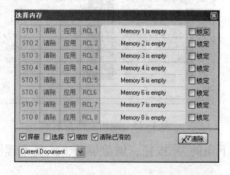

图 4-24　"选择内存"面板

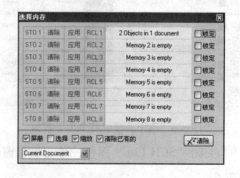

图 4-25　两个元件存入"Memory 1"

如果继续选取对象，并执行存储命令，将选取对象存入"Memory 1"中，则系统会先自动清除刚才存放的对象，然后再将当前选取的对象存入，即系统只保留当前的存放结果。若用户不希望"Memory 1"中的存放对象改变，可以选择后面的"锁住"复选框，使"Memory 1"处于锁定状态。当然，如果要对"Memory 1"再进行其他操作的话，如添加或删除对象，就必须先解除其锁定状态。

2. 将选取对象添加到"选择内存"

在"Memory 1"中已经存放了两个电阻元件，现在再选取 3 个电容元件，添加到"Memory 1"中，同样有两种添加方式。

1）选择"编辑"→"选择的存储器"→"储备附加"→"1"命令或者直接使用快捷键〈Shift〉+〈1〉，这样就可以把 3 个电容元件加入"Memory 1"中。

2）按下〈Shift〉键不放，然后单击"选择内存"面板上的 STO1 按钮，也可以完成 3 个电容元件的添加。

两种方式的操作结果是一样的。此时，"Memory 1"中显示存有 5 个对象，如图 4-26 所示，但是对于这 5 个对象的名称、类型并没有具体显示。如果用户需要了解"选择内存"中存放的究竟是什么对象，可以采用在编辑窗口中浏览的方式。

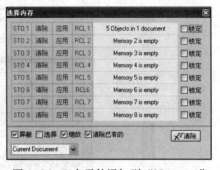

图 4-26　3 个元件添加到"Memory 1"

3. 浏览"选择内存"中存放的对象

在编辑窗口中浏览"选择内存"中存放的具体对象时，可以利用"选择内存"面板上的 4 个复选框，来设置浏览的方式。

- 屏蔽：用于设置浏览时，是否屏蔽其他对象。
- 选择：用于设置是否将"选择内存"中存放的对象置于选中状态。
- 缩放：用于设置是否进行放大显示。
- 清除已有的：用于设置是否清除原有的浏览过滤器。

【例 4-4】　浏览"Memory 1"中存放的对象。

"Memory 1"已经存放了 2 个电阻、3 个电容，在编辑窗口浏览查看这 5 个元件。

1）在"选择内存"面板上选择"屏蔽"、"选择"、"缩放"、"清除已有的"这 4 个复选框。

2）单击"Memory 1"中的 应用 按钮。"Memory 1"中存放的 5 个原理图对象：2 个电阻和 3 个电容，在编辑窗口中以放大方式高亮显示出来，且处于选中状态，而其他对象都处于屏蔽状态，便于用户更清楚地浏览，如图 4-27 所示。

3）单击"选择内存"面板上的 清除 按钮，或者单击编辑窗口右下方的 清除 按钮，即可恢复原理图的正常显示。

📖 选择"编辑"→"选择的存储器"→"应用"→"1"命令或者直接使用快捷键〈Shift〉+〈Ctrl〉+〈1〉，同样可浏览"选择内存"中存放的对象。

---

4. 调用"选择内存"中存放的对象

下面来看一下如何调用"选择内存"中已存放的对象，这也是使用"选择内存"的最终目的。为了明确起见，首先应该取消编辑窗口中所有对象的选择状态，然后再进行"选择内存"的调用，有如下两种方式。

1）选择"编辑"→"选择的存储器"→"恢复"→"1"命令或者直接使用快捷键〈Alt〉+〈1〉，则先前存放在"Memory 1"中的 5 个对象，在编辑窗口中已被选中。

2）单击"选择内存"面板上的 RCL1 按钮，同样会看到"Memory 1"中的 5 个对象在原理图中处于了选中状态。

此时，就可以对这 5 个元件进行相应的编辑操作了，如移动、修改属性等。

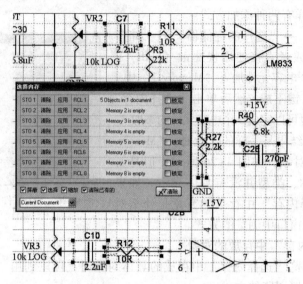

图 4-27　浏览"Memory 1"中的存放对象

5. 清除"选择内存"中的对象

选择"编辑"→"选择的存储器"→"清除"→"1"命令或者直接在"选择内存"面板上单击"Memory 1"中的 清除 按钮，即可将"Memory 1"中存储的 5 个对象清除，恢复"Memory 1"的空白状态。

📖 全局编辑复杂的电路原理图时，对象的数量及种类相当繁多，此时，充分利用系统提供的 8 个内部存储器，归类存放相关的对象，可以大大提高查找速度和编辑的效率。

4.2　元件的联合与片段

在电路原理图或 PCB 印制版的设计过程中，很多时候可以借鉴或者直接使用先前的某些特色设计，如常用的一些电源电路、接口电路等。Altium Designer Summer 09 系统为用户提供了"联合"与"片段"的功能，可以让用户把特定的设计电路创建为"联合"，然后保存为"片段"，以备日后设计复用或者与其他用户共享。

4.2.1　元件的联合

【例 4-5】 创建一个联合。

1）在原理图中选取需要创建联合的一组对象。

2）在任一位置处右击，在弹出的快捷菜单中选择"联合"→"从选中的器件生成联合"命令，如图 4-28 所示。

3）系统弹出生成联合的提示框，如图 4-29 所示，并说明该联合中的对象数量。

4）单击 OK 按钮，关闭提示框，则完成了联合的创建。

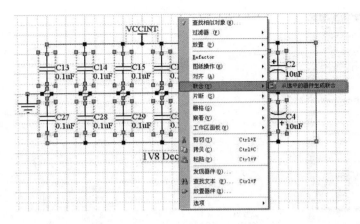

图 4-28　生成联合

图 4-29　提示框

生成的联合可以作为单个对象在窗口内进行移动、排列等编辑操作,而联合中的每一个对象也仍然可以单独进行编辑或者将其从联合中删除。

5) 将光标放在联合中的任一对象上,右击,在弹出的菜单中快捷"联合"→"从联合打碎器件"命令,则打开"确定中断目标体"对话框,如图 4-30 所示。

该对话框即显示了当前联合中的所有对象,包括性质、描述等。对于每一对象,可以选择保留,也可以通过取消选择相应的"抑制联合体"复选框,从联合中移除。

图 4-30　"确定中断目标体"对话框

6) 单击 关闭所有 按钮,可将所有对象都从联合中移除;单击 打开所有 按钮,则保留全部对象。

📖 联合只是一种临时性的对象集合,并不能长久存在。一个联合随时可以分解,并与其他对象再形成新的联合。如果需要长期保留,以备将来复用,则可以将其保存为"片段"。

4.2.2　元件的片段

片段的生成与联合的生成过程基本相同。不同的是,片段可以长久保存,并且能够使用系统提供的"片段"面板进行查看、管理。

选择"查看"→"工作区面板"→"系统"→"片段"命令,或者单击面板标签中的 System ,在弹出的菜单中选择"片段"选项,都可以打开"片段"面板,如图 4-31 所示。

该面板上提供了 3 个文件夹,分别用于存放原理图、PCB 及源代码这 3 种不同类型的设计片段。在文件夹上右击,会弹出如图 4-32 所示的快捷菜单,用于对文件夹进行添加、删除、分类等操作;在片段文件上右击,则会弹出如图 4-33 所示的快捷菜单,用于对设计片段进行放置、删除等操作。

单击面板右上角的 片断文件夹 按钮,会打开"可用的片段文件夹"对话框,如图 4-34 所示。

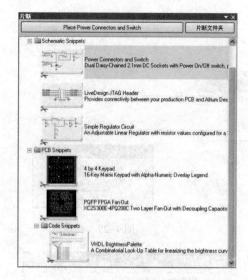

图4-31 "片段"面板   图4-32 文件夹右键菜单   图4-33 片段文件右键菜单

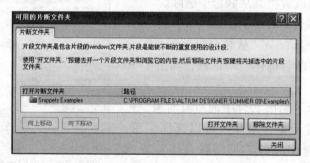

图4-34 "可用的片段文件夹"对话框

窗口中显示了"片段"面板上所有当前可用的片段文件夹。单击 打开文件夹 按钮,可以通过浏览、选择,将需要的片段文件夹加入"片段"面板;单击 移除文件夹 按钮,可将不需要的片段文件夹从面板上移除。

【例4-6】 原理图片段的创建、保存与使用。

创建一个片段,并保存在新建的片段文件夹"New Snippets"中。

1)在原理图中选取需要生成片段的一组对象。

2)在任一位置处右击,在弹出的快捷菜单中选择"片段"→"从选择的对象产生切片"命令,如图4-35所示。

📖 创建"片段"后,相应的对象也自动组成了一个"联合"。

---

3)执行命令后,"Add New Snippet"对话框被打开。单击该对话框中的 新建文件夹 按钮,进一步打开"Folder Properties"对话框,在"名"文本框中输入新建的片段文件夹名称"New Snippets",上级文件夹则选定为"Schematic Snippets",如图4-36所示。

4)单击 确定 按钮,返回"Add New Snippet"对话框,此时,对话框中显示出新建的片段文件夹"New Snippets"。在"名"文本框中输入新建的片段名称"Decoupling Circuit",在"注释"窗口中则输入对新建片段的有关注释"3V3 Decoupling",如图4-37所示。

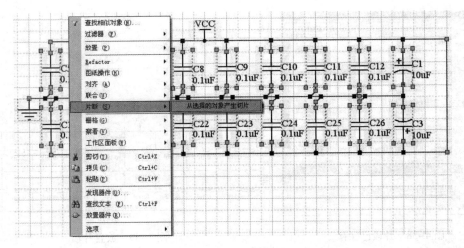

图 4-35　创建片段

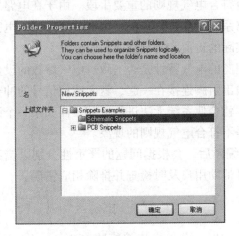

图 4-36　新建片段文件夹

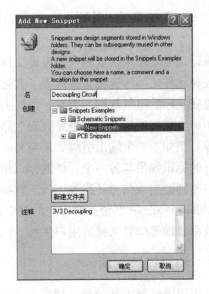

图 4-37　新建片段的设置

5) 单击 确定 按钮，关闭"Add New Snippet"对话框。打开"片段"面板，可以看到，在"New Snippets"文件夹中，以缩略图的形式存放着名称为"Decoupling Circuit"的片段文件，如图 4-38 所示。

6) 在目标原理图文件中，选中"片段"面板上的片段文件"Decoupling Circuit"，此时，面板顶端的 Place Decoupling Circuit 按钮被激活，单击该按钮，在编辑窗口内出现了片段电路，作为一个整体，随光标的移动而移动，如图 4-39 所示。

7) 选择合适位置，右击，即完成了该片段电路的放置。

📖 放置的片段电路中，若元件尚未标识，可通过"工具"→"静态注释"命令进行标识；若片段中的元件标识与原理图中原有元件的标识重复，可先选择"工具"→"复位重复"命令，再选择"工具"→"静态注释"命令。

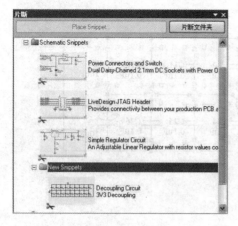

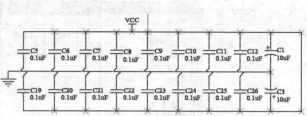

图 4-38　片段已保存 　　　　　　　　　　　　　图 4-39　放置片段

4.3　编译工程与查错

编译工程是用来检查用户的设计文件是否符合电气规则的重要手段。由于在电路原理图中，各种元件之间的连接直接代表了实际电路系统中的电气连接，因此，所绘制的电路原理图应遵守实际的电气规则，否则，就失去了实际的价值和指导意义。

所谓电气规则检查，就是要查看电路原理图的电气特性是否一致、电气参数的设置是否合理等。例如，一个输出引脚如果与另一个输出引脚连接在一起，就会造成信号的冲突；一个元件的标识如果与另一个元件的标识相同，就会使系统无法进行区分；而如果一个回路连接不完整则会造成信号开路等，所有这些都是不符合电气规则的现象。

Altium Designer 系统按照用户的设置进行编译后，会根据问题的严重性分别以错误、警告、致命错误等信息来提请用户注意，同时可帮助用户及时检查并排除相应错误。

4.3.1　编译设置选项

工程编译设置主要包括：错误报告（Error Reporting）、连接矩阵（Connection Matrix）、比较器（Comparator）和生成工程变化订单（ECO Generation）等，这些设置都是在"Options for PCB Project"对话框中完成的。

在 PCB 工程中，选择"工程"→"工程参数"命令，即可打开"Options for PCB Project"对话框，如图 4-40 所示。

1. 错误报告（Error Reporting）设置

错误报告设置是在"Error Reporting"选项卡中完成，用于设置各种违规类型的报告格式。

违规类型共有 9 大类，具体包括：

- "Violations Associated with Buses"与总线有关的违规类型，如总线标号超出范围、不合法的总线定义、总线宽度不匹配等。
- "Violations Associated with Code Symbols"与代码符号有关的违规类型，如代码符号中重复入口名称、代码符号无导出功能等。

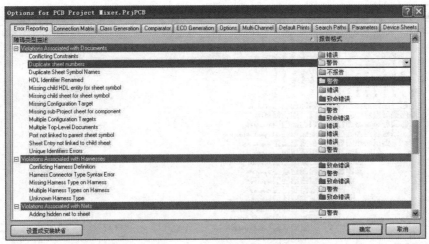

图 4-40　"Options for PCB Project" 对话框

- "Violations Associated with Components" 与元件有关的违规类型，如元件引脚重复使用、元件模型参数错误、图纸入口重复等。
- "Violations Associated with Configuration Constraints" 与配置约束有关的违规类型，如配置中找不到约束边界、配置中约束连接失败等。
- "Violations Associated with Documents" 与文件有关的违规类型，主要涉及层次设计，如重复的图表符标识、无子原理图与图表符对应、端口没有连接到图表符、图纸入口没有连接到子原理图等。
- "Violations Associated with Harnesses" 与线束有关的违规类型，如线束定义冲突、线束类型未知等。
- "Violations Associated with Nets" 与网络有关的违规类型，如网络名称重复、网络标号悬空、网络参数没有赋值等。
- "Violations Associated with Others" 与其他对象有关的违规类型，如对象超出图纸边界及对象偏离栅格等。
- "Violations Associated with Parameters"，与参数有关的违规类型，如同一参数具有不同的类型以及同一参数具有不同的数值等。

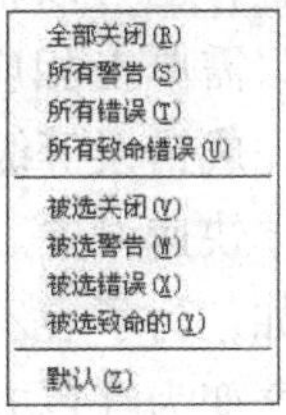

对于每一项具体的违规，相应的有 4 种错误报告格式："不报告"、"警告"、"错误" 和 "致命错误"，依次表明了违反规则的严重程度，并采用不同的颜色加以区分，用户可逐项选择设置，也可使用如图 4-41 所示的右键快捷菜单快速设置。

图 4-41　右键快捷菜单

> 用户根据自己的检测需要，必要时可以设置不同的错误报告格式来显示工程中的错误严重程度。但一般情况下，建议用户不要轻易修改系统的默认设置。

2. 连接矩阵（Connection Matrix）设置

连接矩阵设置是在 "Connection Matrix" 选项卡中完成，如图 4-42 所示。

连接矩阵（Connection Matrix）中显示了各种引脚、端口、图纸入口之间的连接状态，

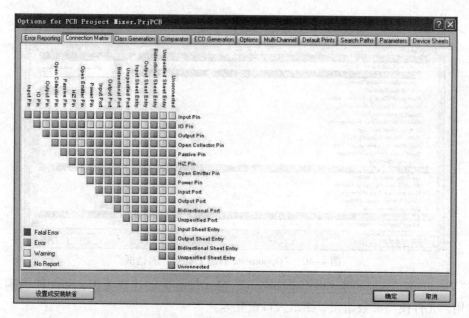

图 4-42 "Connection Matrix" 标签页

以及相应的错误类型严重性设置。系统在进行电气规则检查（ERC）时，将根据该连接矩阵设置的错误等级生成 ERC 报告。

例如，在矩阵行中找到"Passive Pin"（无源引脚），在矩阵列中找到"Unconnected"（未连接），两者的交叉点处显示了一个绿色方块，表示当一个无源引脚被发现未连接时，系统将不给出任何报告；又如，在"Input Port"（输入端口）与"Input Port"（输入端口）的交叉点处显示的则是一橙色方块，表示如果 2 个输入端口相连，系统将给出"Error"（错误）信息报告。

对于各种连接的错误等级，可以直接使用如上所示的系统默认设置，也可以根据具体情况自行设置。自行设置的方法很简单，只需单击相应连接交叉点处的颜色方块，通过颜色的设定即可完成错误等级的设置，或者，使用如图 4-43 所示的右键快捷菜单快速设置。

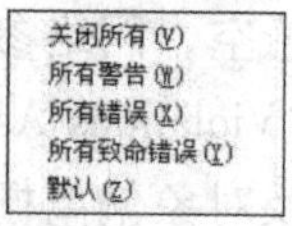

| 关闭所有 (Y) |
| 所有警告 (W) |
| 所有错误 (E) |
| 所有致命错误 (V) |
| 默认 (Z) |

图 4-43 右键快捷菜单

例如，为了表示 2 个输入端口连接所引起的错误严重性，可以单击交叉点处的橙色方块，使之变为红色方块，即将错误等级由"Error"设置为"Fatal Error"（致命错误）。

3. 比较器（Comparator）设置

比较器的参数设置是在"Comparator"选项卡中完成，如图 4-44 所示。

该选项卡所列出的参数共有 4 大类：

● Differences Associated with Components：与元件有关的差异。

● Differences Associated with Nets：与网络有关的差异。

● Differences Associated with Parameters：与参数有关的差异。

● Differences Associated with Physical：与物理对象有关的差异。

在每一大类中，列出了若干具体选项。对于每一选项在工程编译时产生的差异，用户可选择设置是"Ignore Differences"（忽略差异）还是"Find Differences"（查找差异），若设

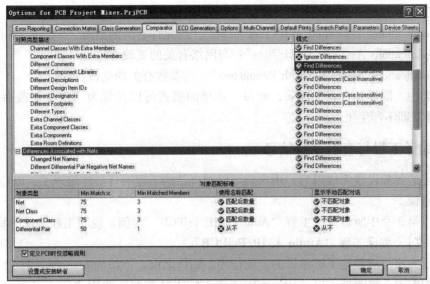

图 4-44 "Comparator"标签页

置为"Find Differences",则工程编译后,相应项产生的差异将列在"Messages"面板中。

例如,如果用户需要显示元件标识符所产生的差异(Different Designators),可以将该项对应的模式设置为"Find Differences"。

另外,在该选项卡的下方,还可以设置对象匹配标准,此项设置将作为用来判别差异是否产生的依据。一般情况下,使用系统的默认设置即可。

4. 生成工程更改顺序(ECO Generation)设置

在 Altium Designer 中,当利用同步器在原理图文件与 PCB 文件之间传递同步信息时,系统将根据在工程更改顺序(ECO)内设置的参数来对工程文件进行检查。若发现工程文件中发生了符合设置的变化,将打开"工程更改顺序"对话框,向用户报告工程文件所发生的具体变化。

有关 ECO 参数的设置是在"ECO Generation"选项卡中完成的,如图 4-45 所示。

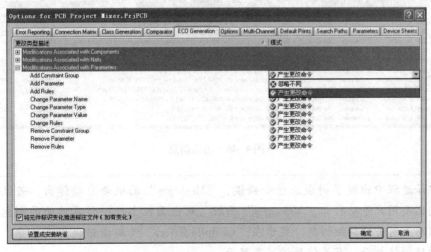

图 4-45 "ECO Generation"选项卡

该选项卡中更改的类型描述有 3 类，具体包括：

- “Modifications Associated with Components”：与元件有关的更改。
- “Modifications Associated with Nets”：与网络有关的更改。
- “Modifications Associated with Parameters”：与参数有关的更改。

每一类中，同样包含若干选项，而每一选项的模式可以设置为“产生更改命令”或者“忽略不同”即不产生更改。

4.3.2 编译工程与查看系统信息

在上述的各项设置完成以后，用户就可以对自己的工程进行具体编译了，以检查并修改各种电气错误。

下面以第 3 章中所设计的工程“Audio AMP. PrjPCB”为例，说明工程编译的具体步骤。

【例 4-7】 编译工程“Audio AMP. PrjPCB”。

为了让大家更清楚地了解编译的重要作用，编译之前，不妨加入一个错误到工程中：在图表符 AMP1 中，将图纸入口“DC+40V_L ”的“I/O 类型”改为“Output”。

1）在“Options for PCB Project”对话框的“Connection Matrix”选项卡中，单击“Output Port”与“Output Port”交叉点处的颜色方块，将其设置为橙色。

2）选择“工程”→“Compile PCB Project Audio AMP. PrjPcb”命令，则系统开始对工程进行编译。

3）编译完成，系统弹出如图 4-46 所示的“Messages”面板。面板上列出了工程中的所有出错信息及相应的错误等级。

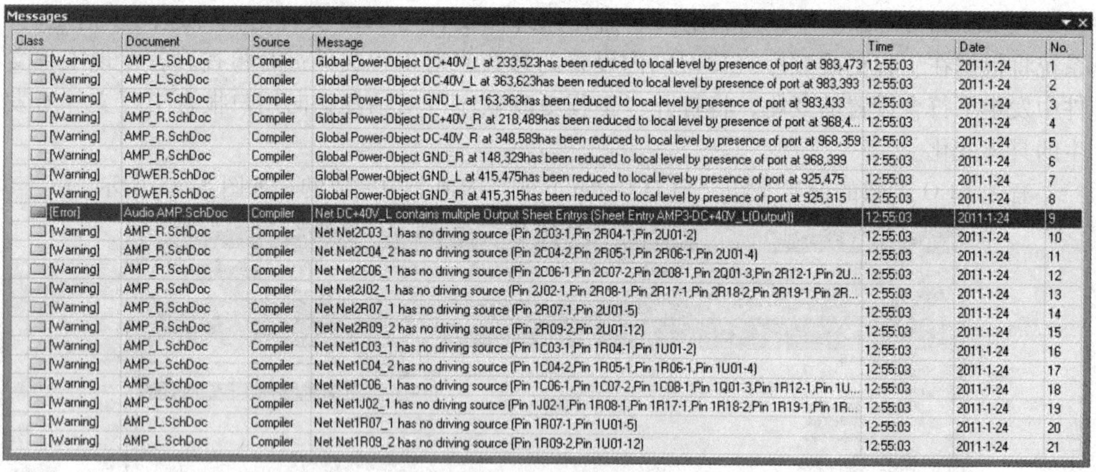
Messages

Class	Document	Source	Message	Time	Date	No.
[Warning]	AMP_L.SchDoc	Compiler	Global Power-Object DC+40V_L at 233,523has been reduced to local level by presence of port at 983,473	12:55:03	2011-1-24	1
[Warning]	AMP_L.SchDoc	Compiler	Global Power-Object DC-40V_L at 363,623has been reduced to local level by presence of port at 983,393	12:55:03	2011-1-24	2
[Warning]	AMP_L.SchDoc	Compiler	Global Power-Object GND_L at 163,363has been reduced to local level by presence of port at 983,433	12:55:03	2011-1-24	3
[Warning]	AMP_R.SchDoc	Compiler	Global Power-Object DC+40V_R at 218,489has been reduced to local level by presence of port at 968,4...	12:55:03	2011-1-24	4
[Warning]	AMP_R.SchDoc	Compiler	Global Power-Object DC-40V_R at 348,589has been reduced to local level by presence of port at 968,359	12:55:03	2011-1-24	5
[Warning]	AMP_R.SchDoc	Compiler	Global Power-Object GND_R at 148,329has been reduced to local level by presence of port at 968,399	12:55:03	2011-1-24	6
[Warning]	POWER.SchDoc	Compiler	Global Power-Object GND_L at 415,475has been reduced to local level by presence of port at 925,475	12:55:03	2011-1-24	7
[Warning]	POWER.SchDoc	Compiler	Global Power-Object GND_R at 415,315has been reduced to local level by presence of port at 925,315	12:55:03	2011-1-24	8
[Error]	Audio AMP.SchDoc	Compiler	Net DC+40V_L contains multiple Output Sheet Entrys (Sheet Entry AMP3-DC+40V_L(Output))	12:55:03	2011-1-24	9
[Warning]	AMP_R.SchDoc	Compiler	Net Net2C03_1 has no driving source (Pin 2C03-1,Pin 2R04-1,Pin 2U01-2)	12:55:03	2011-1-24	10
[Warning]	AMP_R.SchDoc	Compiler	Net Net2C04_2 has no driving source (Pin 2C04-2,Pin 2R05-1,Pin 2R06-1,Pin 2U01-4)	12:55:03	2011-1-24	11
[Warning]	AMP_R.SchDoc	Compiler	Net Net2C06_1 has no driving source (Pin 2C06-1,Pin 2C07-2,Pin 2C08-1,Pin 2Q01-3,Pin 2R12-1,Pin 2U...	12:55:03	2011-1-24	12
[Warning]	AMP_R.SchDoc	Compiler	Net Net2J02_1 has no driving source (Pin 2J02-1,Pin 2R08-1,Pin 2R17-1,Pin 2R18-2,Pin 2R19-1,Pin 2R...	12:55:03	2011-1-24	13
[Warning]	AMP_R.SchDoc	Compiler	Net Net2R07_1 has no driving source (Pin 2R07-1,Pin 2U01-5)	12:55:03	2011-1-24	14
[Warning]	AMP_R.SchDoc	Compiler	Net Net2R09_2 has no driving source (Pin 2R09-2,Pin 2U01-12)	12:55:03	2011-1-24	15
[Warning]	AMP_L.SchDoc	Compiler	Net Net1C03_1 has no driving source (Pin 1C03-1,Pin 1R04-1,Pin 1U01-2)	12:55:03	2011-1-24	16
[Warning]	AMP_L.SchDoc	Compiler	Net Net1C04_2 has no driving source (Pin 1C04-2,Pin 1R05-1,Pin 1R06-1,Pin 1U01-4)	12:55:03	2011-1-24	17
[Warning]	AMP_L.SchDoc	Compiler	Net Net1C06_1 has no driving source (Pin 1C06-1,Pin 1C07-2,Pin 1C08-1,Pin 1Q01-3,Pin 1R12-1,Pin 1U...	12:55:03	2011-1-24	18
[Warning]	AMP_L.SchDoc	Compiler	Net Net1J02_1 has no driving source (Pin 1J02-1,Pin 1R08-1,Pin 1R17-1,Pin 1R18-2,Pin 1R19-1,Pin 1R...	12:55:03	2011-1-24	19
[Warning]	AMP_L.SchDoc	Compiler	Net Net1R07_1 has no driving source (Pin 1R07-1,Pin 1U01-5)	12:55:03	2011-1-24	20
[Warning]	AMP_L.SchDoc	Compiler	Net Net1R09_2 has no driving source (Pin 1R09-2,Pin 1U01-12)	12:55:03	2011-1-24	21

图 4-46 出错信息

如果编译过程中出现了错误或致命错误，“Messages”面板会自动弹出，若仅仅存在警告，则需要用户手动打开“Messages”面板。双击面板上任一信息前面的颜色方块，则会弹出与此有关的详细信息，显示在“Compile Errors”（编译错误）面板中。同时，相应的原理图被打开，有关位置被高亮显示。

这里首先查看错误等级为"Error"的出错信息。

4）双击"Error"前面的橙色方块，在弹出的"Compile Errors"面板中，显示了错误的原因及位置：网络"DC＋40V_L"中包含了重复的输出类型图纸入口。同时，原理图"Audio AMP. SchDoc"被打开，被导线所连接的两个输出图纸入口"DC＋40V_L"被高亮显示，如图4-47所示。

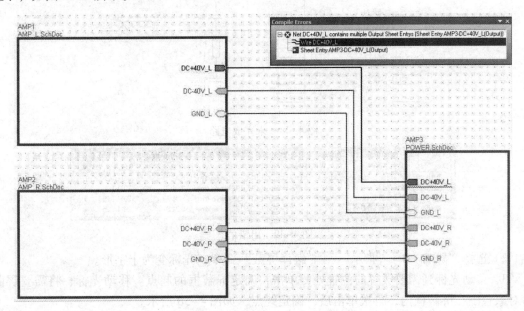

图4-47 "Error"信息显示

5）根据该出错信息提示，将图表符 AMP1 中的图纸入口"DC＋40V_L"的"I/O 类型"改回"Input"，并再次执行编译。可以看到，在"Messages"面板上将不再显示"Error"出错信息。

6）采用同样的方法，对"Messages"面板上显示的其他出错信息——进行检测、修正，确认原理图正确无误。

📖 编译后的出错信息并不一定都需要修改，用户应根据自己的设计理念进行具体判断。另外，对于违反了设定的电气规则但实际上是正确的设计部分，为了避免编译时显示不必要的出错信息，可以事先放置"没有 ERC 标志"。

4.3.3 工程的编译屏蔽

在对文件或工程进行编译时，有些内容是暂时不希望被编译的，如尚未完成的一些电路设计等，编译时肯定会产生出错信息。此时，可通过放置编译屏蔽来实现这一目的。

【例4-8】 放置编译屏蔽。

对一个尚未完成的电路（如图4-48所示），放置编译屏蔽，使其不被编译，避免产生不必要的出错信息。

1）对如图4-17所示的电路图进行编译，可以看到"Messages"面板上会显示全部的出错信息，如图4-49所示。

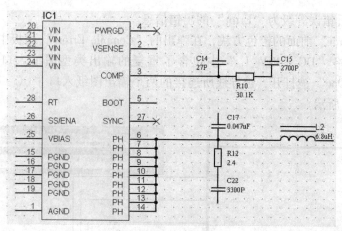

图 4-48　未完成电路

Class	Document	Source	Message	Time	Date	No.
[Error]	编译屏蔽.SchDoc	Compiler	Signal PinSignal_C14_1[0] has no driver	8:34:30	2011-1-25	1
[Error]	编译屏蔽.SchDoc	Compiler	Signal PinSignal_C15_1[0] has no driver	8:34:30	2011-1-25	2
[Error]	编译屏蔽.SchDoc	Compiler	Signal PinSignal_C17_2[0] has no driver	8:34:30	2011-1-25	3
[Error]	编译屏蔽.SchDoc	Compiler	Signal PinSignal_C22_1[0] has no driver	8:34:30	2011-1-25	4

图 4-49　出错信息

2）选择"放置"→"指示"→"编译屏蔽"命令，光标变为十字形。

3）移动光标到需要放置的位置处，单击，确定屏蔽框的起点。移动光标，将需要屏蔽的对象包围在屏蔽框内，再次单击后，确定终点，如图 4-50 所示。

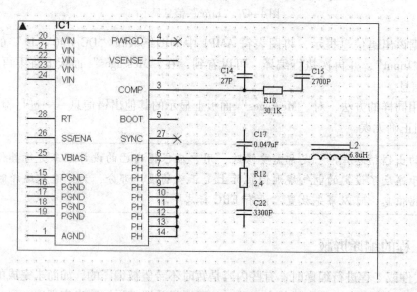

图 4-50　放置编译屏蔽

4）右击退出放置状态。此时，屏蔽框内的对象呈现出灰色、被屏蔽的状态。

5）若屏蔽框的位置或大小不合适，可单击其边线，使其处于选中状态，如图 4-51 所示。将光标移入框内，按住鼠标左键，可整体拖动屏蔽框进行调整，或者直接拖动绿色的小方块加以调整。

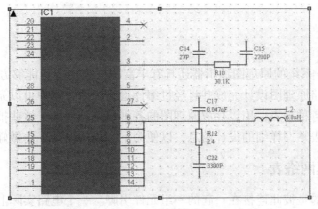

图 4-51　选中屏蔽框

📖 屏蔽框的左上角有一个红色的▲指示，表明此时屏蔽指令处于激活状态，若单击▲，变为▼，则关闭了屏蔽指令。

6）双击屏蔽框（或在放置状态下，按〈Tab〉键），打开"编辑 Mask"对话框，可设置屏蔽的有关属性，如图 4-52 所示。其中，若选择"崩溃并失败"复选框，则关闭了屏蔽指令。

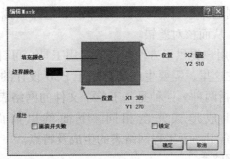

图 4-52　属性设置

7）对放置了编译屏蔽的电路图重新进行编译，"Messages"面板上不再显示出错信息，如图 4-53 所示。

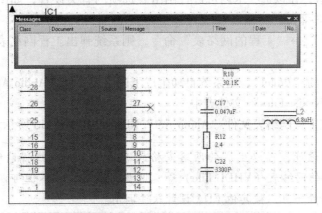

图 4-53　放置编译屏蔽后的编译结果

4.4　生成报表

Altium Designer 系统的原理图编辑器还具有丰富的报表功能，能够方便地生成各种类型的报表文件。当电路原理图设计完成并且经过编译检测之后，用户可以充分利用系统所提供的这种功能来生成各种报表，用以存放原理图的各种信息。借助于这些报表，用户能够从不同的角度，更好地去掌握详细的设计信息，以便为下一步的设计工作做好充足的准备。

4.4.1　生成工程网络表

所谓网络，指的是彼此连接在一起的一组元件引脚。一个电路实际上就是由若干网络组成的，而网络表就是对电路或者电路原理图的一个完整描述。描述的内容包括两个方面：一是所有元件的信息，包括元件标识、元件引脚和 PCB 封装形式等；二是网络的连接信息，包括网络名称、网络节点等。

网络表的生成有多种方法，可在原理图编辑器中由原理图文件直接生成，也可以利用文本编辑器手动编辑生成，当然，还可以在 PCB 编辑器中，从已经布线的 PCB 文件中导出相应的网络表。

在由原理图生成的各种报表中，应该说，网络表最为重要。其重要性主要表现在两个方面：一是可以支持后续印制电路板设计中的自动布线和电路模拟；二是可以与从 PCB 文件中导出的网络表进行比较，从而核对差错。

Altium Designer 系统为用户提供了方便快捷的实用工具，可针对不同的设计需求，生成不同格式的网络表文件。在这里，需要生成的是用于 PCB 设计的网络表，即 Protel 网络表。具体来说，Protel 网络表包括两种，一种是基于单个文件的网络表；另一种则是基于工程的网络表，两种网络表的组成形式完全相同。下面就以前面所设计的工程"Audio AMP. PrjPCB"为例，简要介绍一下工程网络表的生成及特点。

【例 4-9】　生成工程网络表。

1）打开工程"Audio AMP. PrjPCB"以及工程中的任一原理图文件。

2）选择"工程"→"工程参数"命令，在打开的"Option for PCB Project"对话框中选择"Option"选项卡，在该选项卡内可进行网络表选项的有关设置，如图 4-54 所示。一般采用系统的默认设置即可。

3）选择"设计"→"工程的网络表"命令，则系统弹出工程网络表的格式选择菜单，如图 4-55 所示。

4）单击菜单中的"Protel"，则系统自动生成了网络表文件"Audio AMP. NET"，并存放在当前工程下的"Netlist Files"文件夹中。

5）双击打开该工程网络表文件"Audio AMP. NET"，如图 4-56 所示。

📖 针对不同的工程设计，可以生成的网络表格式有多种，如多线程网络表（MultiWire）、用于 FPGA 设计的网络表（VHDL File）等。这些网络表文件不但可以在 Altium Designer 系统中使用，而且还可以被其他 EDA 设计软件调用。

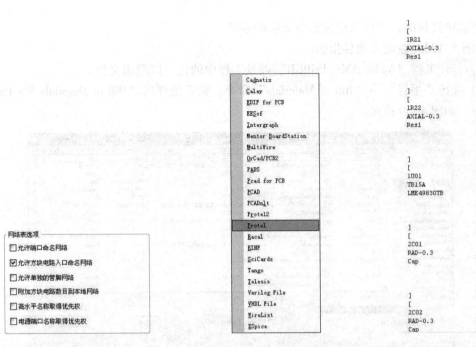

图 4-54　网络表选项设置　　　　图 4-55　工程网络表格式　　　图 4-56　生成网络表

网络表是一个简单的 ASCII 码文本文件，由一行一行的文本组成，分为元件声明和网络定义两部分，有各自固定的格式和固定的组成，缺少任一部分都有可能导致 PCB 布线时的错误。元件声明由若干小段组成，每一小段用于说明一个元件，以"〔"开始，以"〕"结束。由元件的标识、封装、注释等组成，如图 4-57 所示，空行则是由系统自动生成的。

网络定义同样由若干小段组成，每一小段用于说明一个网络的信息，以"（"开始，以"）"结束。由网络名称和网络连接点（即网络中所有具有电气连接关系的元件引脚）组成，如图 4-58 所示。

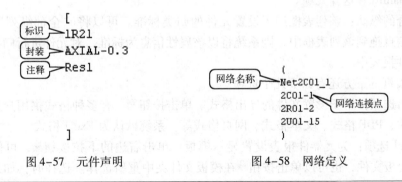

图 4-57　元件声明　　　　　　　图 4-58　网络定义

📖 根据网络表的格式，用户可以在文本编辑器中自行设定网络表文件，也可以对系统生成的网络表文件进行修改。

4.4.2　产生元器件报表

元器件报表主要用来列出当前工程中用到的所有元件的标识、封装形式、库参考等，相当于一份元器件清单。依据这份列表，用户可以详细查看工程中元件的各类信息，同时，在制作印制电路板时，也可以作为元件采购的参考。

【例4-10】 生成元器件报表。

1）打开工程"Audio AMP. PrjPCB"以及工程中的任一原理图文件。

2）选择"报告"→"Bill of Materials"命令，则系统弹出"Bill of Materials For Project"对话框，如图4-59所示。

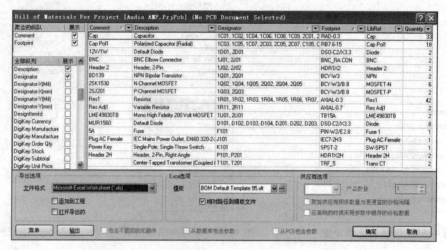

图4-59 "Bill of Materials For Project" 对话框

在该对话框中，可以对要生成的元器件报表进行选项设置。左边有两个列表框，含义如下。

- 全部纵列：该列表框列出了系统可提供的元件属性信息，如"Description"（元件描述）、"Component Kind"（元件类型）等。对于需要查看的有用信息，选择右边与之对应的复选框，即可在元器件报表中显示出来。在图4-59中，使用了系统的默认设置，即只选中了"Comment"、"Description"、"Designator"、"Footprint"、"LibRef"、"Quantity"这样几项。

- 聚合的纵队：该列表框用于设置元件的归类标准。可以将"全部纵列"中的某一属性信息拖到该列表框中，则系统将以该属性信息为标准，对元件进行归类，显示在元器件报表中。

在列表框的下方还有如下几个选项。

- 导出选项：用于设置文件的导出格式。单击按钮，有多种格式供用户选择，如 CSV 格式、PDF 格式、文本格式、网页格式等。系统默认为 Excel 格式。

- Excel 选项：为元器件报表设置显示模板。单击右边的下拉按钮，可使用曾经用过的模板文件，也可以单击按钮在模板文件夹中重新选择。选择时，如果模板文件与元器件报表在同一目录下，可选择下面的"相对路径到模板文件"复选框，使用相对路径搜索。

3）设置好相应选项后，单击 菜单 按钮，在弹出的菜单中选择"报告"，单击后即可打开元器件报表的预览窗口，如图4-60所示。

4）单击窗口中的 输出 按钮，可以将该报表进行保存，默认文件名为"Audio AMP. xls"，是一个 Excel 文件。

5）单击 打开报告 按钮，打开该 Excel 文件，如图4-61所示。

130

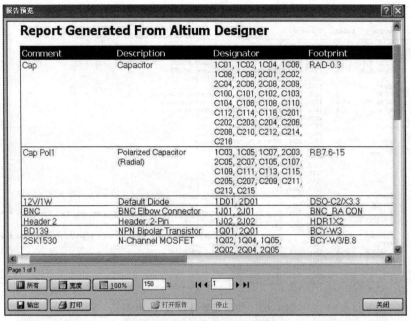

图 4-60 "报告预览"对话框

	A	B	C	D	E	F	G	H	I	J	K
1	Report Generated From Altium Designer										
2											
3	Cap		Capacitor		1C01, 1C02, 1C04, 1C06, 1C08, 1C09, 2C01, 2C02, 2C04, 2C06, 2C08, 2C09, C100, C101, C102, C103, C104, C106, C108, C110, C112, C114, C116, C201, C202, C203, C204, C206, C208, C210, C212, C214, C216		RAD-0.3		Cap		33
4	Cap Pol1		Polarized Capacitor (Radial)		1C03, 1C05, 1C07, 2C03, 2C05, 2C07, C105, C107, C109, C111, C113, C115, C205, C207, C209, C211, C213, C215		RB7.6-15		Cap Pol1		18
5	12V/1W		Default Diode		1D01, 2D01		DSO-C2/X3.3		Diode		2
6	BNC		BNC Elbow Connector		1J01, 2J01		BNC_RA CON		BNC		2
7	Header 2		Header, 2-Pin		1J02, 2J02		HDR1X2		Header 2		2
8	BD139		NPN Bipolar Transistor		1Q01, 2Q01		BCY-W3		NPN		2
9	2SK1530		N-Channel MOSFET		1Q02, 1Q04, 1Q05, 2Q02, 2Q04, 2Q05		BCY-W3/B.8		MOSFET-N		6
10	2SJ201		P-Channel MOSFET		1Q03, 2Q03		BCY-W3/B.8		MOSFET-P		2

图 4-61 元器件报表

📖 此外，系统还可以为用户提供简易的元器件报表，不需要进行设置即可生成。

6）在原理图编辑环境中，选择"报告"→"Simple BOM"命令，则系统同时生成了两个文件："Audio AMP. BOM"与"Audio AMP. CSV"，并添加到工程中。两个文件的内容大体相同，都简单直观地列出了所有元件的标识、注释、封装、数量等，如图4-62所示。

```
Bill of Material for Audio AMP.PrjPcb
On 2011-1-26 at 20:54:18

Comment        Pattern       Quantity  Components
-------------------------------------------------------------------------------------------------------------------
               TRF_5         2         T101, T201              Center-Tapped Transformer (Coupled Inductor Model)
12V/1W         DSO-C2/X3.3   2         1D01, 2D01              Default Diode
2SJ201         BCY-W3/B.8    2         1Q03, 2Q03              P-Channel MOSFET
2SK1530        BCY-W3/B.8    6         1Q02, 1Q04, 1Q05, 2Q02, 2Q04  N-Channel MOSFET
                                       2Q05
5A             PIN-W2/E2.8   1         F101                    Fuse
BD139          BCY-W3        2         1Q01, 2Q01              NPN Bipolar Transistor
BNC            BNC_RA CON    2         1J01, 2J01              BNC Elbow Connector
Cap Poll       RB7.6-15      18        1C03, 1C05, 1C07, 2C03, 2C05  Polarized Capacitor (Radial)
                                       2C07, C105, C107, C109, C111
                                       C113, C115, C205, C207, C209
                                       C211, C213, C215
Cap            RAD-0.3       33        1C01, 1C02, 1C04, 1C06, 1C08  Capacitor
                                       1C09, 2C01, 2C02, 2C04, 2C06
                                       2C08, 2C09, C100, C101, C102
                                       C103, C104, C106, C108, C110
                                       C112, C114, C116, C201, C202
                                       C203, C204, C206, C208, C210
                                       C212, C214, C216
Header 2       HDR1X2        2         1J02, 2J02              Header, 2-Pin
Header 2H      HDR1X2H       2         P101, P201              Header, 2-Pin, Right Angle
LME49830TB     TB15A         2         1U01, 2U01              Mono High Fidelity 200 Volt MOSFET Power Amplifier Input Stage with Mute
MUR1560        DSO-C2/X3.3   8         D101, D102, D103, D104, D201  Default Diode
                                       D202, D203, D204
Plug AC Female IEC7-2H3      1         J101                    IEC Mains Power Outlet, EN60 320-2-2 F Class I, PC Flange Rear Mount, Chassis Socket
Power Key      SPST-2        1         K101                    Single-Pole, Single-Throw Switch
Res Adj1       AXIAL-0.7     2         1R11, 2R11              Variable Resistor
Res1           AXIAL-0.3     42        1R01, 1R02, 1R03, 1R04, 1R05  Resistor
                                       1R06, 1R07, 1R08, 1R09, 1R10
                                       1R12, 1R13, 1R14, 1R15, 1R16
                                       1R17, 1R18, 1R19, 1R20, 1R21
```

图 4-62　简易元器件报表（.BOM）

4.4.3　生成元器件交叉参考报表

元器件交叉参考报表主要用于将整个工程中的所有元件按照所属的原理图进行分组统计，同样相当于一份元器件清单，该报表的生成与上述的元器件报表类似。

【例 4-11】　生成元器件交叉参考报表。

1）打开工程"Audio AMP. PrjPCB"以及工程中的任一原理图文件。

2）选择"报告"→"Component Cross Reference"命令，系统弹出"Component Cross Reference Report For Project"对话框，如图 4-63 所示。

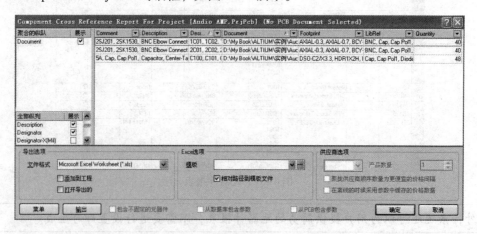

图 4-63　"Component Cross Reference Report For Project"对话框

该对话框用于对生成的元器件交叉参考报表进行选项设置，与图 4-28 所示的对话框基本相同。只是在这里选择了"Document"（文件）复选框，而且放在了"聚合的纵队"列表框中，系统将以该属性信息为标准，对元件进行归类显示。

3）设置好相应选项后，单击 菜单 按钮，在弹出的菜单中选择"报告"命令，单击后即可打开元器件交叉参考报表的预览对话框，如图4-64所示。

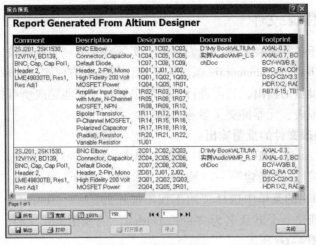

图4-64　预览对话框

4）单击 输出 按钮，可以将该报表进行保存。

📖 元器件交叉参考报表实际上是元器件报表的一种，是以元件所属的原理图文件为标准进行分类统计的一份元件清单。因此，系统默认保存时，采用了同一个文件名，两者只能保存其一，用户可以通过设置不同的文件名加以保存。

4.4.4　生成层次报表

多图纸设计中，各原理图之间的层次结构关系可通过层次报表加以明确显示。

【例4-12】　生成层次报表。

1）打开工程"Audio AMP. PrjPCB"以及工程中的任一原理图文件。

2）选择"报告"→"Report Project Hierarchy"命令，则有关该工程的层次报表被生成。

3）打开"Projects"面板，可以看到，该层次报表被添加在该工程下的"Generated \ Text Documents \ "文件夹中，是一个与工程文件同名，扩展名为"REP"的文本文件。

4）双击该文件，则系统转换到文本编辑器，可以对该层次报表进行查看，如图4-65所示。

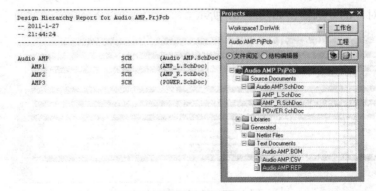

图4-65　生成层次报表

从图4-65中可以看出，生成的层次报表中，使用缩进的格式明确地列出了工程"Audio AMP.PrjPCB"中的各个原理图之间的层次关系，原理图文件名越靠左，说明该文件的层次越高。

4.4.5　批量输出报表文件

如上所述，对于各种报表文件，我们可按照实际需要分别生成并输出。为了进一步简化操作过程，Altium Designer Summer 09 系统中还提供了一个方便实用的输出工作文件编辑器，可对报表文件进行批量的输出，只需进行一次输出设置，就能完成所有报表文件的输出，包括网络表、元器件报表、元器件交叉参考报表等。

【例4-13】　报表文件的批量输出。

1）打开工程"Audio AMP.PrjPCB"以及工程中的任一原理图文件。

2）选择"文件"→"新建"→"输出工作文件"命令，或者在"Projects"面板上单击 工程 按钮，在弹出的菜单中选择"给工程添加新的"→"Output Job File"命令，则系统在当前工程下，新建一个默认名为"Job1.OutJob"的输出工作文件，同时进入输出工作文件编辑窗口，如图4-66所示。

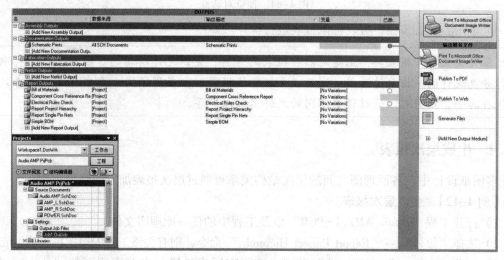

图4-66　输出工作文件编辑窗口

3）单击"Generate Files"，此时，"Report Outputs"中的各报表文件均被激活。选中与"Bill of Materials"、"Component Cross Reference Report"、"Report Project Hierarchy"、"Simple BOM" 4项相对应的复选框，如图4-67所示。

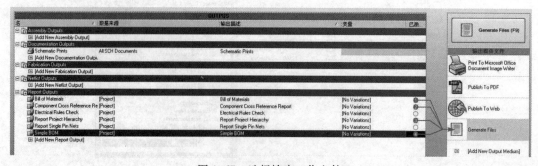

图4-67　选择输出工作文件

📖 为了明确起见，把当前工程"Audio AMP. PrjPCB"中已经存在的各种报表文件从工程中删除，使当前工程下的"Generated"文件夹不再存在。

4）单击右上角的按钮 ，此时，报表文件开始批量生成，并在窗口中一一显示。打开"Projects"面板，新生成的各种报表文件已被添加在工程下新产生的"Generated"文件夹中，包括"Bill of Materials-Audio AMP. xls"、"Component Cross Reference Report-Audio AMP. xls"、"Audio AMP. REP"和"Audio AMP. BOM"、"Audio AMP. CSV"，共5个报表文件（简易元器件报表包含有2个文件），如图4-68所示。

此外，在输出工作文件编辑器中，用户还可以对输出工作文件进行一系列的编辑操作。在某一可输出工作文件上右击，即可弹出如图4-69所示的快捷菜单。

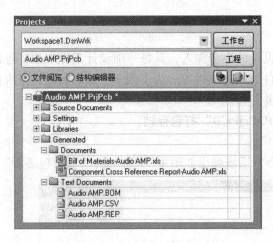

图 4-68　报表文件批量生成　　　　图 4-69　快捷菜单

菜单中提供了与输出工作文件有关的一些操作命令。

- 剪切（T）：剪除选中的输出工作文件。
- 拷贝（C）：复制选中的输出工作文件。
- 粘贴（P）：粘贴剪贴板上的输出工作文件。
- 复制（I）：在当前位置直接复制一个输出工作文件。
- 清除（L）：删除选中的输出工作文件。

📖 同为删除操作，"清除（L）"命令与"剪切（T）"命令有所不同。执行该命令后，会将选中的输出工作文件从管理窗口中删除，而使用"剪切（T）"命令剪切掉一个工作后，还可以使用"粘贴（P）"命令恢复。

- 页面设置（U）：用于进行打印输出的有关设置。该命令只对部分输出工作文件有效，如"Schematic Prints"（原理图打印）、"Bill of Materials"（元器件报表）等。执行该命令后，会打开如图4-70所示的对话框，在该对话框中可设置相应的打印属性，设置完毕，单击 打印 按钮，就可以进行打印输出了。
- 配置：用于对报表输出文件进行选项设置。

图 4-70　打印设置

4.5　工程打包与存档

在 Altium Designer 系统中，随着设计的逐步深入，其每一项设计工程中都将包含多种设计文件，如源文件、库文件、报表文件、制造文件等。为了便于存放和管理，系统提供了专用的存档功能，可轻松地将工程压缩并打包。

【例 4-14】　将工程"Audio AMP. PrjPCB"打包存档。

1）打开工程"Audio AMP. PrjPCB"。

2）选择"工程"→"存档"命令，系统弹出如图 4-71 所示的"项目包装者"对话框。

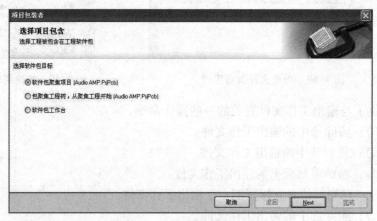

图 4-71　"项目包装者"对话框

界面中提供了如下 3 种打包方式。

- 软件包聚焦项目（Audio AMP. PrjPcb）：即打包当前工程，括号内是工程名称。
- 包聚焦工程树，从聚焦工程开始（Audio AMP. PrjPcb）：即从当前工程开始，打包工程树。
- 软件包工作台：即打包工作区。

3）选择系统默认的第一种打包方式，单击 Next> 按钮，进入如图 4-72 所示的选项设置对话框。

- Zip 文件名称：设置打包文件的名称及保存路径，系统默认为工程文件的保存路径。
- Directories in Zip File：选择设置打包文件的目录结构。

图 4-72　选项设置

- 使用关联路径到文件驱动：使用文件在驱动器中的相对路径作为目录结构。
- Use relative paths to common parent directory of all files packaged：使用设计文件上下级相对目录关系作为打包文件的目录结构。
- 产生文件：选择设置包含信息。

包含（only if on the same drive as the owner project）：包含工程所在的驱动器信息。

不包含：不包含工程所在的驱动器信息。

- 包含额外条款：选择包含的附加项，如子文件夹、EDIF 文件等。此处采用系统的默认设置。

4）单击 Next> 按钮，进入如图 4-73 所示的选择文件包含对话框。系统默认工程中的所有设计文件都处于选中状态。

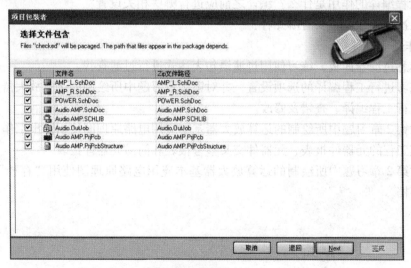

图 4-73　选择文件包含

5）单击 Next> 按钮，系统进行打包，并显示打包的有关信息，如图 4-74 所示。

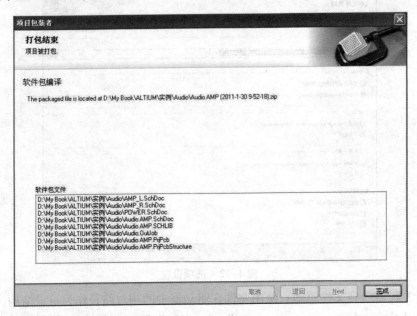

图 4-74　工程打包

6）单击 完成 按钮，即完成了对工程的打包、存档。

4.6　思考与练习

1. 概念题

（1）简述检查器面板的主要功能。

（2）简述过滤器面板的主要功能。

（3）工程编译的作用是什么？编译之前应进行哪些相关设置？

（4）层次设计报表主要有哪几种？

2. 操作题

（1）熟悉过滤器面板，练习使用过滤语句表达式进行过滤查找。

（2）练习进行工程编译的选项设置，并对第 2 章习题中所绘制的运算放大器基本应用电路原理图进行工程编译、查错及修改。

（3）对第 2 章习题中所绘制的运算放大器基本应用电路原理图使用输出工作文件编辑器批量输出该工程的元器件报表、元器件交叉参考报表和简易元器件报表。

（4）对第 2 章习题中所绘制的运算放大器基本应用电路原理图使用"存档"命令将该工程打包存档。

第 5 章　层次式原理图设计

前面章节介绍了一般电路原理图的基本设计方法，即将整个系统的电路绘制在一张原理图上。这种方法适用于规模较小、逻辑结构较简单的系统电路设计。而对于大规模的电路系统来说，由于所包含的电器对象数量繁多，结构关系复杂，很难在一张原理图上完整地绘制出来，其错综复杂的结构也非常不利于电路的阅读、分析与检查。因此，对于大规模的复杂系统，应该采用另外一种设计方法，即层次式原理图设计方法。将整体系统按照功能分解成若干个电路模块，每个电路模块具有特定的独立功能及相对独立性，可以由不同的设计者分别绘制在不同的原理图上。这样可以使电路结构更清晰，同时也便于设计团队共同参与设计，加快工作进程。

层次式原理图设计是在实践的基础上提出的，是随着计算机技术的发展而逐步实现的一种先进的原理图设计方法，是一个非常庞大的原理图，可称之为项目，不可能将它一次完成，也不可能将这个原理图画在一张图纸上，更不可能由一个人单独完成。Altium designer 提供了一个很好的项目设计工作环境，整个原理图可划分为多个功能模块。这样，整个项目可以分层次并行设计，使得设计进程大大加快。

5.1　层次式原理图设计的结构

层次电路原理图的设计理念是将整体系统进行分层，即进行模块划分。将整体系统按照功能分解成若干个逻辑互连的电路模块，每个电路模块能够完成一定的独立功能，具有相对独立性，可以由不同的设计者分别绘制在不同的原理图纸上。这样，就把一个复杂的大规模原理图设计分解为多个相对简单的小型原理图设计，整体结构清晰，功能明确，同时也便于多人共同参与开发，提高了设计的效率。

Altium Designer 系统支持分层的电路原理图设计方法，其原理图编辑器能够保证任意复杂度的设计输入，可以方便地把设计加以分层。针对某一具体的功能模块所绘制的电路原理图，一般称为"子原理图"，而各个功能模块之间的连接关系则是采用一个"顶层原理图"来完成。如图 5-1 所示是一

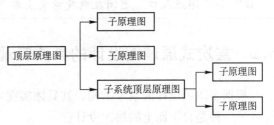

图 5-1　层次原理图基本结构

个两级层次原理图的基本结构，由顶层原理图和子原理图共同组成。

用户可以将整个产品系统划分为若干个子系统，每一个子系统可以划分为若干个功能模块，而每一个功能模块还可以再细分为若干个基本的小模块，这样依次细分下去，把整个系统划分成了多个层次，电路设计由繁变简。理论上，同一个项目中可以包含无限分层深度的无限张电路原理图。

1. 顶层原理图

顶层原理图的主要构成元素不是具体的元器件，而是代表子原理图的"图纸符号"及表示连接关系的"图纸入口"，如图5-2所示。

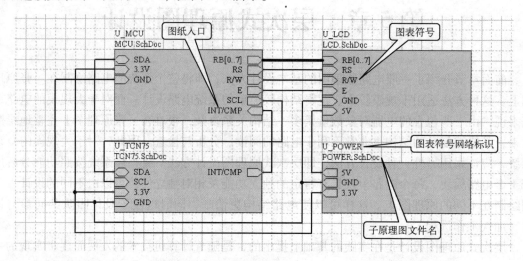

图5-2　顶层原理图的组成

- 图表符号：是子原理图在顶层原理图中的表示形式。相应的"图纸符号标志符"及"对应的子原理图文件名"是其属性参数，可以在编辑时加以设置。
- 图纸入口：是图纸符号内部表示连接关系的电路端口，在子原理图中有相同名称的输入/输出端口与之相对应，以便建立起不同层次间的信号通道。

2. 子原理图

子原理图是用来描述某一模块具体功能的电路原理图，主要由各种具体的元器件、导线等组成，只不过增加了一些输入/输出端口，作为与上层进行电气连接的通道口，绘制方法与绘制一般电路原理图完全相同。

📖 在同一个工程的原理图（包括顶层原理图和子原理图）中，相同名称的"输入输出端口"和"图纸入口"之间在电气意义上都是相互连接的。

5.2　层次式原理图设计的具体实现

根据多图纸设计的基本结构，其具体实现可以采用两种方式：一种是自上而下的层次设计；另一种是自下而上的层次设计。

5.2.1　自上而下的层次设计

对于一个庞大的电路设计任务来说，用户不可能一次完成，也不可能在一张电路图中绘制，更不可能一个人完成。Altium Designer 充分满足了用户在实践中的需求，提供了一个层次电路设计方案。

层次设计方案实际上是一种模块化的方法。用户将系统划分为多个子系统，子系统又由多个功能模块构成，在大的工程项目中，还可将设计进一步细化。将项目分层后，即可分别完成各子块，子块之间通过定义好的连接方式连接，即可完成整个电路的设计。自上而下电路设计流程如图5-3所示。

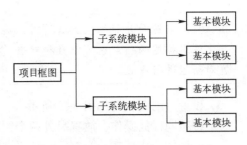

图5-3　自上而下电路设计流程图

下面仍以"双声道极高保真音频功放系统"的电路设计为例，简要介绍一下自上而下进行层次设计的操作步骤。

【例5-1】　自上而下的层次设计（双声道极高保真音频功放系统）。

根据前面的设计，双声道极高保真音频功放系统是由左声道、右声道及电源3个功能模块来具体实现的，每一功能模块都涉及一个子原理图，首先完成顶层原理图的绘制。

1. 绘制顶层原理图

1）新建工程"AMP. PrjPCB"，并在工程中添加一个电路原理图文件，保存为"AMP. SchDoc"，并设置好图纸参数。

2）选择"放置"→"图表符"命令或者单击"布线"工具栏中的"放置图表符"按钮█，光标变为十字形，并带有一个方块形状的图表符。

3）单击确定方块的一个顶点，移动鼠标到适当位置，再次单击确定方块的另一个顶点，即完成了图表符的放置，如图5-4所示。

4）双击所放置的图表符（或在放置状态下，按〈Tab〉键），打开"方块符号"对话框（图5-5所示），在该对话框内可以设置相关的属性参数。

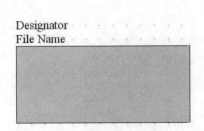

图5-4　放置图表符

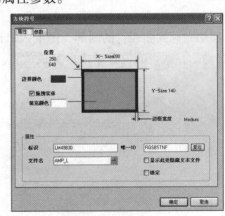

图5-5　属性设置

5）在"标识"文本框中输入图表符标识"AMP1"，在"文件名"文本框中输入所代表的子原理图文件名"Channel_L"，并可设置是否隐藏及是否锁定等，如图5-6所示。

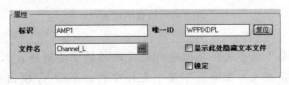

图5-6　设置标识及文件名

📖 在放置图表符而并非生成图表符时，其属性中需要设置的主要是标识，以及所代表的下层文件名称这两项，也可以直接双击"Designator"或"File Name"，进入各自的属性设置对话框进行设置。

6）设置后的图表符如图 5-7 所示。

7）按照同样的操作，放置另外两个图表符，并设置好相应的属性，如图 5-8 所示。

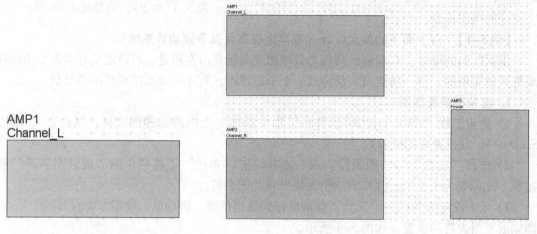

图 5-7 设置后的图表符   图 5-8 放置 3 个图表符

8）选择"放置"→"添加图纸入口"命令或者单击"布线"工具栏中的"放置图纸入口"按钮🔲，光标变为十字形，并带有一个图纸入口的虚影。

9）移动光标到图表符的内部，图纸入口清晰出现，沿着图表符内部的边框，随光标的移动而移动。在适当的位置单击即完成放置。连续操作，可放置多个图纸入口，如图 5-9 所示。

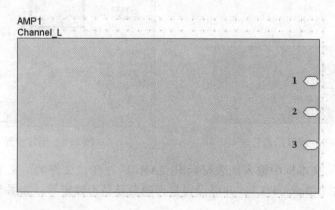

图 5-9 放置图纸入口

📖 图纸入口是上层图与下层子文件之间进行电气连接的重要通道，只允许放置在图表符的边缘内侧。每一个图纸入口都要与下层子文件中的一个输入/输出端口对应，包括名称、类型等，因此，需要对所放置的图纸入口进行相应的属性设置。

10）双击所放置的图纸入口（或在放置状态下，按〈Tab〉键），打开如图 5-10 所示的"方块入口"对话框，在该对话框中可以设置图纸入口的相关属性。

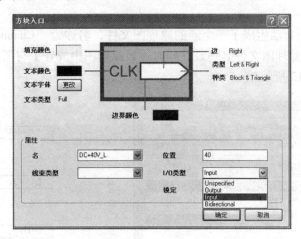

图 5-10　属性设置

这里需要设置的属性主要有如下两项：

- 名：该下拉列表框用来输入图纸入口的名称，该名称应该与子文件中相应的端口名称一致。这里输入为"DC +40V_L"。
- I/O 类型：用来设置图纸入口的输入/输出类型，即信号的流向。有 4 种选择："Unspecified"（未定义）、"Output"（输出）、"Input"（输入）及"Bidirectional"（双向）。这里设置为"Input"。

11）设置完毕，单击 确定 按钮，关闭对话框。

12）连续操作，放置所有的图纸入口，并进行属性设置。调整图表符及图纸入口的位置，最后使用导线将对应的图纸入口连接起来，完成顶层原理图的绘制，如图 5-11 所示。

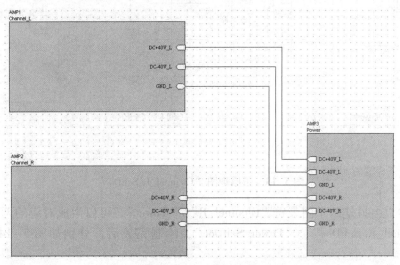

图 5-11　绘制的顶层原理图

2. 产生图纸并绘制子原理图

1）选择"设计"→"产生图纸"命令，光标变为十字形，移动光标到某一图表符内部，如"AMP1"。

2）单击后，系统自动生成了一个新的原理图文件，名称为"Channel_L.SchDoc"，与相应图表符所代表的子原理图文件名一致，同时在该原理图中放置了与图纸入口相对应的输入/输出端口，如图5-12所示。

图5-12　生成子原理图

3）放置各种所需的元件并进行设置、连接，完成子原理图"Channel_L.SchDoc"的绘制，如前面图5-13所示。

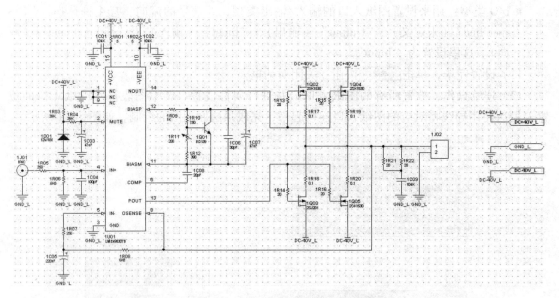

图5-13　子原理图"Channel_L.SchDoc"

4）同样，由另外两个图表符"Channel_R"、"Power"，可以生成对应的两个子原理图文件"Channel_R.SchDoc"、"Power.SchDoc"，绘制完成后，分别如图5-14和图5-15所示。

至此，我们采用自上而下的层次设计方法完成了"双声道极高保真音频功放"的整体系统设计。

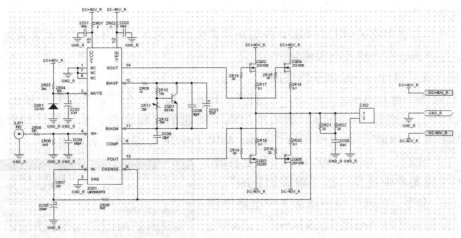

图 5-14　子原理图"Channel_R. SchDoc"

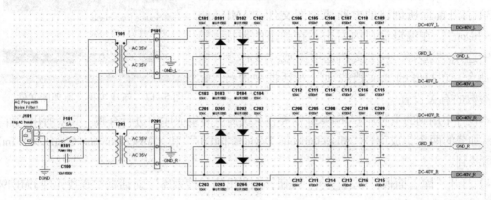

图 5-15　子原理图"Power. SchDoc"

5.2.2　自下而上的层次设计

在电子产品的开发过程中,采用不同的逻辑模块,进行不同的组合,会形成功能完全不同的电子产品系统。用户完全可以根据自己的设计目标,先选取或者先设计若干个不同功能的逻辑模块,然后通过灵活组合,来最终形成符合设计需求的完整电子系统。这样一个过程,可以借助于自下而上的层次设计方式来完成。

使用自下而上设计方法,即先子模块后主模块,先底层后顶层,先部分后整体。自下而上设计电路流程如图 5-16 所示。

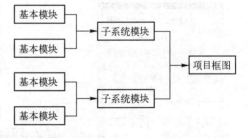

图 5-16　自下而上设计电路流程图

接下来以"双声道极高保真音频功放系统"的电路设计为例,详细介绍层次设计的具体实现过程。

【例 5-2】 自下而上的层次设计(双声道极高保真音频功放系统)。

LME49830 是美国国家半导体公司生产的一款功率放大器输入级集成电路,具有低噪声和极低失真的优越性能,有效消除了分立器件输入级所带来的诸多设计问题,并支持超过 1 kW 水平的输出功率,能够与许多不同拓扑结构的输出级配置使用,可为用户提供个性化、高性能的最终产品。

在本设计方案中将采用 LME49830 作为功放系统的主芯片，具体的实现主要通过 3 个功能模块：左声道、右声道及电源模块。

1. 底层模块设计——绘制子原理图

1）启动 Altium Designer Summer 09，打开"Files"面板，在"新的"栏中单击"Blank Project（PCB）"，则在"Projects"面板中出现了新建的工程文件，系统提供的默认名为"PCB_Project1. PrjPCB"，将其保存为"Audio AMP. PrjPCB"，完成工程创建。

2）在工程文件"Audio AMP. PrjPCB"上右击，在弹出的快捷菜单中选择"给工程添加新的"→"Schematic"命令，在该工程中添加 3 个电路原理图文件，分别另存为"AMP_L. SchDoc"、"AMP_R. SchDoc"、"POWER. SchDoc"，如图 5-17 所示。

3）打开前面所创建的电路原理图文件"AMP_L. SchDoc"，在编辑窗口内右击，在弹出的快捷菜单中选择"选项"→"文档选项"或"文件参数"命令，在打开的"文档选项"对话框中进行图纸参数的有关设置。

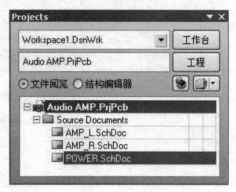

图 5-17　新建工程及原理图文件

本设计中用到的主芯片 LME49830 需要在系统提供的集成库中进行查找。其余所用元件在系统默认加载的两个集成库："Miscellaneous Devices. IntLib"和"Miscellaneous Connectors. IntLib"中都可找到。

4）打开"库"面板，单击 [搜索] 按钮，在弹出的"搜索库"对话框中查找元件 LME49830，搜索结果如图 5-18 所示。

5）单击 [Place LME49830TB] 按钮，可放置元件 LME49830TB，如图 5-19 所示。

6）在原理图库文件编辑环境中对该元件的原理图符号、引脚位置等进行编辑，编辑后如图 5-20 所示。

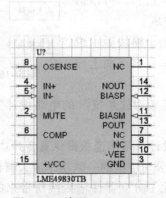
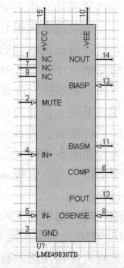

图 5-18　查找元件 LME49830　　图 5-19　放置 LME49830TB　　图 5-20　编辑后的原理图符号

📖为了方便后面的电气连接、元件排列等操作，可在原理图库文件编辑环境中对所用元件的原理图符号进行编辑修改，这部分内容在后面的章节中再详细讲述。

7）按照前面所讲述的电路原理图绘制步骤，放置各种元件，编辑相应的属性，绘制导线进行电气连接，并使用了3个电源端口："DC+40V_L"、"DC-40V_L"、"GND_L"，如图5-21所示。

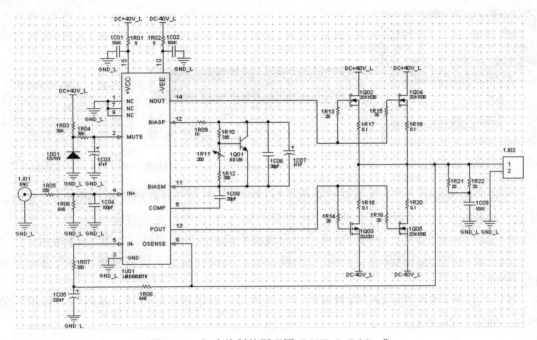

图5-21　初步绘制的原理图"AMP_L. SchDoc"

📖在子原理图的设计中，为了保证子原理图与上层原理图之间的电气连接，还应根据具体的设计要求放置相应的输入/输出端口。

8）选择"放置"→"端口"命令，或者单击"布线"工具栏中的放置端口图标📲，在对应位置处放置输入/输出端口，并使用"端口属性"对话框进行属性设置，最后完成的原理图"AMP_L. SchDoc"如图5-13所示。

9）按照同样的操作过程，完成子原理图"AMP_R. SchDoc"、"POWER. SchDoc"的绘制，分别如图5-14和图5-15所示。

其中，子原理图"AMP_R. SchDoc"与"AMP_L. SchDoc"电路完全相同，区别仅在于5个不同的电源端口："DC+40V_R"、"DC-40V_R"、"GND_R"。

2. 生成图表符并完成顶层原理图

1）在当前工程"Audio AMP. PrjPCB"中添加一个新的电路原理图文件，保存为"Audio AMP. SchDoc"，作为顶层原理图，如图5-22所示。

2）打开原理图文件"Audio AMP. SchDoc"，设置好图纸参数。选择"设计"→"HDL文件或图纸生成图表符"命令，则系统弹出如图5-23所示的"Choose Document to Place"

（选择文件放置）对话框。

在该对话框中列出了同一工程中的所有原理图文件（不包括当前的原理图），用户可以选择其中的任何一个来生成图表符。

3）选择原理图文件"AMP_L. SchDoc"，单击 ▢确定 按钮后，关闭对话框。在编辑窗口中生成了一个图表符符号，随着光标的移动而移动。选择适当位置，单击，即可将该图表符放置在顶层原理图中，如图 5-24 所示。

  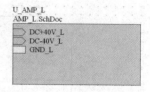

图 5-22　新建原理图　　图 5-23　"Choose Document to Place" 对话框　　图 5-24　生成的图表符

生成的图表符中，其标识及所代表的子原理图文件名都已经自动设置，图纸入口也自动生成，其名称及 I/O 类型与子原理图中所设置的输入/输出端口完全对应。

4）按照同样的操作，由另外的两个子原理图生成对应的图表符，如图 5-25 所示。

由系统自动生成的图表符不一定完全符合用户的设计需求，很多时候还需要进一步编辑、修改。

5）双击所生成的图表符，在打开的"方块符号"对话框中可设置"颜色"、"标识"等属性，如图 5-26 所示。

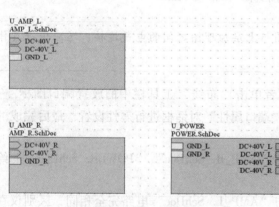 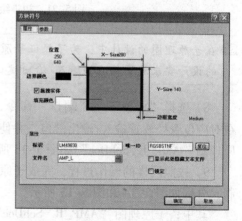

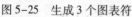

图 5-25　生成 3 个图表符　　　　　　图 5-26　属性设置

6）单击图表符，则在其边框会出现一些绿色的小方块，拖动这些小方块，可以改变图表符的形状和大小。

7）单击图纸入口，拖动到合适的位置处，以便连线。调整后的图表符及图纸入口如图 5-27所示。

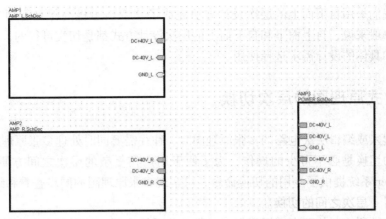

图5-27 调整后的图表符及图纸入口

📖 图纸入口与相应子原理图中的端口应该是匹配的。不匹配时，可通过选择"设计"→"同步图纸入口和端口"命令来进行同步匹配。若已完全匹配，执行该命令后，会出现如图5-28所示的提示对话框。

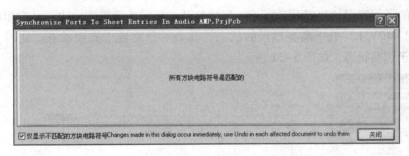

图5-28 同步匹配

8）单击"布线"工具栏中的"放置线"按钮 ，将对应的图纸入口进行连接，完成顶层原理图，如图5-29所示。

9）对工程"Audio AMP. PrjPCB"进行编译后，各个原理图之间的逻辑关系被识别。此时，在"Projects"面板上显示出了工程的层次结构，如图5-30所示。

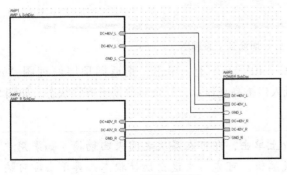

图5-29 顶层原理图

图5-30 编译后的层次结构

至此，我们采用自下而上的层次设计方法完成了"双声道极高保真音频功放"的整体系统设计。一般来说，自上而下和自下而上的层次设计方式都是切实可行的，用户可以根据自己的习惯和具体的设计需求选择使用。

5.3　层次式原理图的层次切换

在同时读入或编辑层次电路的多张原理图时，往往需要同时处理多张原理图，不同层次电路图之间的切换是必不可少的操作，为了便于用户在复杂的层次之间方便地进行切换，Altium Designer 系统提供了专用的切换命令，可实现多张原理图的同步查看和编辑。

【例 5-3】　层次之间的切换。

下面以前面所绘制的双声道极高保真音频功放系统为例，使用层次切换的命令，来完成层次之间切换的具体操作。

1）打开工程"Audio AMP. PrjPCB"。

2）在顶层原理图"Audio AMP. SchDoc"中选择"工具"→"上/下层次"命令，或者单击"原理图标准"工具栏中的按钮，光标变为十字形。

3）移动光标到某一图表符如"AMP3"处，放在某一个图纸入口如"DC + 40V_L"上。单击，对应的子原理图"POWER. SchDoc"被打开，显示在编辑窗口中，具有相同名称的输入端口"DC + 40V_L"处于高亮显示的状态，其余对象则处于掩膜状态。此时，光标仍为十字形，处于切换状态，如图 5-31 所示。

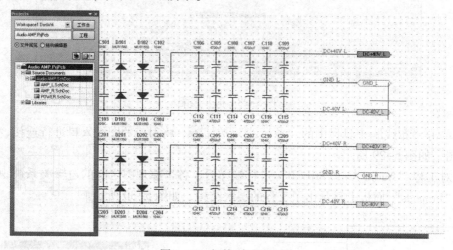

图 5-31　切换到子原理图

4）若移动光标到某一端口如"DC + 40V_R"上，单击，则返回顶层原理图"Audio AMP. SchDoc"中，具有相同名称的图纸入口被高亮显示，其余对象处于掩膜状态，如图 5-32 所示。

📖 切换状态下，只需在端口或图纸入口上单击，即可在层次之间来回切换。如果用户需要对打开的某一原理图文件进行查看或编辑，可先右击退出切换状态，再单击即可恢复正常显示。

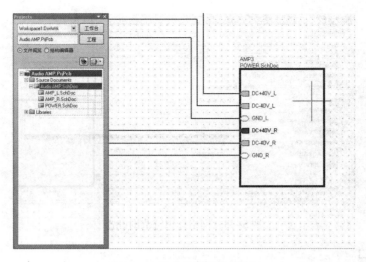

图 5-32　切换回顶层原理图

5.4　层次式原理图设计中的连通性

在单个原理图中，两点之间的电气连接，可以直接使用导线，也可以通过设置相同的网络标号来完成，而在多图纸设计中，则涉及了不同图纸之间的信号连通性。这种连通性具体包括横向连接和纵向连接两个方面：对于位于同一层次上的子原理图来说，它们之间的信号连通就是一种横向连接，而不同层次之间的信号连通则是纵向连接。不同的连通性可以采用不同的网络标识符来实现，常用的网络标识符有如下几种。

1. 网络标号

网络标号一般仅用于单个原理图内部的网络连接。多图纸设计时，在整个工程中完全没有端口和图纸入口的情况下，Altium Designer 系统会自动将网络标号提升为全局的网络标号，在匹配的情况下可进行全局连接，而不仅限于单个图纸。

2. 端口

端口主要用于多个图纸之间的交互连接。在多图纸设计时，既可用于纵向连接，也可用于横向连接。纵向连接时，只能连接子图纸和上层图纸之间的信号，并且需和图纸入口匹配使用；而当设计中只有端口，没有图纸入口时，系统会自动将端口提升为全局端口，从而忽略多层次的结构，把工程中的所有匹配端口都连接在一起，形成横向连接。

　　打开某一 PCB 工程，选择"工程"→"工程参数"命令，在打开的"Option for PCB Project"对话框中选择"Option"选项卡，若将"网络标识符范围"设置为"Global（Netlabels and ports global）"（如图 5-33 所示），网络标号与端口都会以水平方式，在全局范围内连接到相匹配的对象。

---

3. 图纸入口

图纸入口只能位于图表符内，且只能纵向连接到图表符所调用的下层文件的端口处。

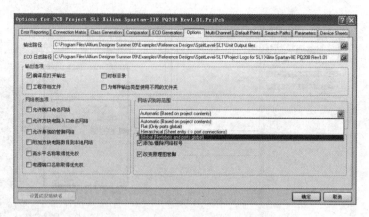

图 5-33 网络标识符范围设置

4. 电源端口

无论工程的结构如何，电源端口总是会全局连接到工程中的所有匹配对象处。

5. 离图连接

若在某一图表符的"文件名"文本框中输入多个子原理图文件的名称，并用分号隔开，即能通过单个图表符实现对多个子原理图的调用，这些子原理图之间的网络连接可通过离图连接来实现。

【例 5-4】 单个图表符调用多个子原理图。

USB 数据采集系统是一个多图纸设计工程"USB. PrjPcb"。此例中将在顶层原理图"Mother. SchDoc"中采用单个图表符完成对 4 个子原理图"Sensor1. SchDoc"、"Sensor2. SchDoc"、"Sensor3. SchDoc"和"Cpu. SchDoc"的调用。

1）打开顶层原理图"Mother. SchDoc"，单击"布线"工具栏中的"放置图表符"按钮 ，放置一个图表符。双击后打开"方块符号"对话框，进行属性设置，在"标识"文本框中输入"USB"，在"文件名"文本框中输入要调用的 4 个子原理图文件名称，并以分号隔开。

2）单击"布线"工具栏中的"放置图纸入口"按钮 ，放置一个图纸入口，作为信号输入口，双击后打开"方块入口"对话框，进行属性设置。在"名"文本框中输入"Siginal input"，"I/O 类型"则设置为"Input"，并且为了避免编译出错，在图纸入口处放置了一个"没有 ERC 标志"。设置后的图表符如图 5-34 所示。

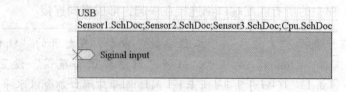

图 5-34 设置后的图表符

3）打开子原理图"Sensor2. SchDoc"，将原有的端口"Port2"和"GND"去除。选择"放置"→"离图连接"命令，光标变为十字形，并带有一个离图连接符号，按空格键可调整其方向。移动光标到原来的端口位置处，当出现红色米字标志时，单击进行放置，如图 5-35 所示。

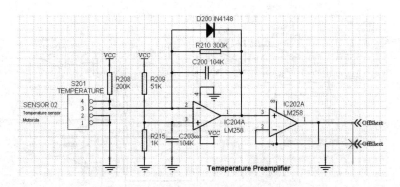

图 5-35　放置离图连接

4）双击所放置的离图连接符号（或在放置状态下，按〈Tab〉键），打开"关闭方块连接器"对话框。在"网络"文本框中输入网络名称，如"GND"，并可设置放置方向及颜色、类型等，如图 5-36 所示。

5）设置后的子原理图"Sensor2. SchDoc"如图 5-37 所示。

图 5-36　离图连接的属性设置

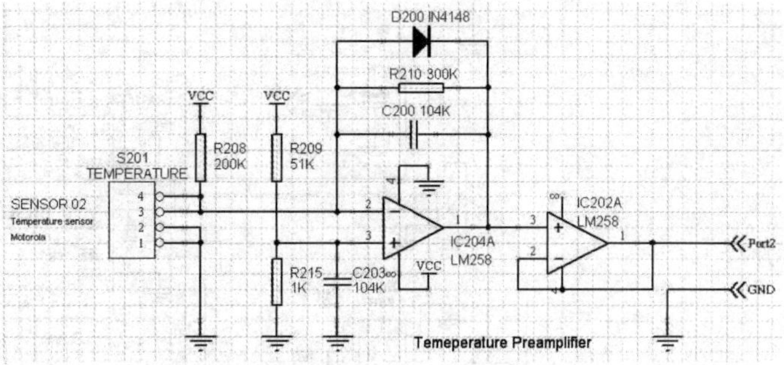

图 5-37　设置后的子原理图"Sensor2. SchDoc"

6）同样的操作，将子原理图"Sensor1. SchDoc"中的端口"Port1"和"GND"、子原理图"Sensor3. SchDoc"中的端口"Port3"和"GND"，以及"Cpu. SchDoc"中的端口"Port1"、"Port2"、"Port3"和"GND"都用离图连接代替，设置后的各个子原理图分别如图 5-38 ~ 图 5-40 所示。

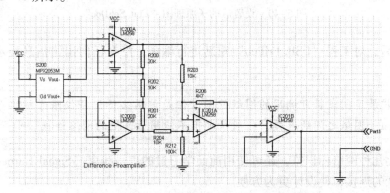

图 5-38　设置后的子原理图"Sensor1. SchDoc"

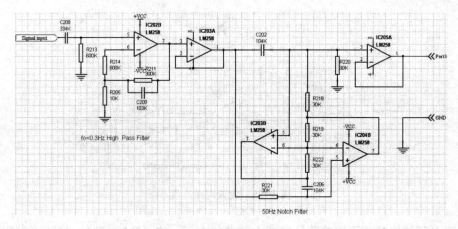

图 5-39　设置后的子原理图 "Sensor3. SchDoc"

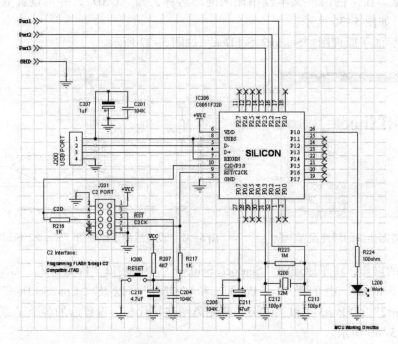

图 5-40　设置后的子原理图 "Cpu. SchDoc"

7) 完成后，对工程 "USB. PrjPcb" 重新进行编译，没有任何出错信息显示，表明设置正确。

📖 离图连接扩展了图表符可调用的图纸范围，但是该网络标识符仅限于被单个的图表符所调用的一组子图纸之间的连接，一般情况下不能用于其他的网络连接。

除了以上几种网络标识符，还可使用前面学习过的信号线束（Signal Harnesses）进行图纸内或跨图纸的连接，使设计更为方便。

5.5 设备片和器件图表符的管理

设备片（Device Sheets）和器件图表符是 Altium Designer 系统在原理图编辑环境中所提供的又一种独特的设计复用方式，可以把不同设计中需要重复使用的电路图抽象为一个模块（设备片），然后借助器件图表符，直接放置在原理图中使用即可。

器件图表符的功能与图表符类似，也代表了一个原理图文件。只是使用器件图表符时，不用将涉及的原理图添加到工程中，而是直接指向原理图。

设备片通常存放在特殊的设备片文件夹中，可在多个工程中被调用，如同一个普通的器件。工程编译后，在 "Projects" 面板上，所调用的设备片将显示在工程的层次结构中，并使用一个特殊的文档图标与普通的原理图文件相区别，意味着该类原理图文件是指向了存在的设备片，而并没有添加到工程中。如图 5-41 所示的 "TPS75501_3V3B. SchDoc" 文件。

图 5-41　设备片文件

5.5.1 设备片文件夹的设置

在 "参数选择" 对话框中打开 "Schematic" 模块，选择 "Device Sheets" 选项，打开相应的标签页。

单击右下角的 添加 按钮，在打开的 "浏览文件夹" 对话框中即可选择自定义的设备片文件夹进行添加，并选择后面的 "包括次级文件夹" 复选框，如图 5-42 所示。

图 5-42　添加自定义设备片文件夹

155

在该标签页的下面有 3 个复选框，可对设备片的属性进行相应设置。

- "设定器件方框到只读项目里"：选择该复选框后，设备片将处于"只读"状态，不能编辑或修改。
- "显示'只读'水印"：在设定了设备片的"只读"属性后，该复选框被激活。选择该复选框，相应的设备片图纸中将显示"只读"水印，如图 5-43 所示。

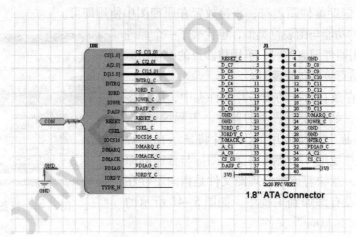

图 5-43　显示"只读"水印

- "显示设备方块电路水印"：选择该复选框后，相应的设备片图纸中将显示设备片水印，如图 5-44 所示。

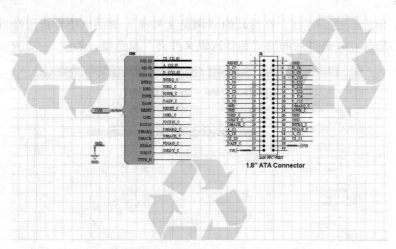

图 5-44　显示设备片水印

5.5.2　放置器件图表符

由于器件图表符指向相应的设备片图纸，其放置过程也就是设备片的一个调用过程。器件图表符的放置操作一般通过执行菜单命令或者单击工具栏中的相应按钮来完成。

【例 5-5】　放置一个器件图表符，调用设备片"**Zigbee_CC2420RTC**"。

1）选择"放置"→"器件图表符"命令，或者单击"布线"工具栏中的放置器件图表符"按钮，打开如图 5-45 所示的"选择设备片"对话框。

图 5-45　"选择设备片"对话框

该对话框中，左边区域显示了当前所有可用的设备片文件夹，右边则列出了相应文件夹下的设备片图纸（省略了扩展名"SchDoc"），供用户选择。

2）单击左下角的 设备片文件夹 按钮，打开"设备片文件夹"对话框。在该对话框中单击 添加 按钮，同样可将自定义的设备片文件夹加入，如图 5-46 所示。

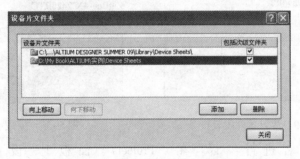

图 5-46　"设备片文件夹"对话框

3）单击 关闭 按钮，关闭"设备片文件夹"对话框。此时，自定义的设备片文件夹"D:\My Book\ALTIUM\实例\Device Sheets"已添加在"选择设备片"对话框中，如图 5-47 所示。

图 5-47　添加自定义设备片文件夹

4）选择系统提供的设备片文件夹："C：\PROGRAM FILES\ALTIUM DESIGNER SUMMER 09\Library\Device Sheets"，右边区域中列出了该文件夹下的所有设备片。在"滤波器"文本框中输入"zig"，即可快速找到所要调用的设备片"Zigbee_CC2420RTC"，如图 5-48 所示。

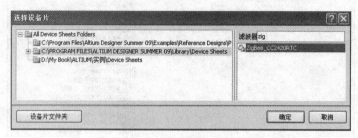

图 5-48 查找需要调用的设备片

📖 无须通配符"＊"，也不必区分大小写，只要在"滤波器"文本框中输入设备片名称的全部或部分，即可进行快速查找。

5）选中"Zigbee_CC2420RTC"设备片，单击 确定 按钮，关闭"选择设备片"对话框。此时，光标变为十字形，并附有一个标识为"U_Zigbee_CC2420RTC"的器件图表符，随光标的移动而移动，如图 5-49 所示。

6）移动光标到适当位置处，单击即可完成放置，如图 5-50 所示。

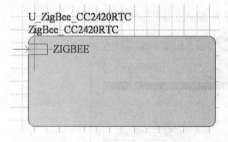

图 5-49 放置器件图表符

图 5-50 完成放置

7）对当前工程进行编译。在"Projects"面板上，设备片文件"Zigbee_CC2420RTC. SchDoc"显示在工程的层次结构中，如图 5-51 所示。

图 5-51 设备片文件的显示

📖 一般来说，设备片文件具有"只读"属性。如果在"Device Sheets"标签页中，取消选择"设定器件方框到只读项目里"复选框，用户即可对设备片文件进行编辑或修改，只是这种更改会被保存到源设备片文件夹中，并会影响到所有引用该设备片的工程，因此，应谨慎更改。

5.5.3 设计重构图表符

Altium Designer Summer 09 系统还为用户提供了一种设计重构的功能，即允许器件图表符与图表符之间的相互转换，用户可将现有的原理图文件转换为设备片使用，反之亦然。

1. 图表符转换为器件图表符

【例 5-6】 将子原理图文件 **"Power. SchDoc"** 转换为设备片。

1）在上层原理图中选中代表子原理图文件"Power. SchDoc"的图表符，如图 5-52 所示。

2）选择"编辑"→"Refactor"→"Convert Selected Schematic Sheet To Device Sheet"命令，或者右击，在弹出的快捷菜单中选择"Refactor"→"Convert Selected Schematic Sheet To Device Sheet"命令，打开"转换原理图 Sheet 到设备 Sheet"对话框，如图 5-53 所示。

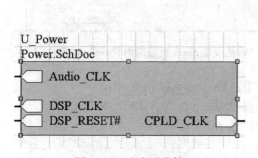

图 5-52 选中图表符

图 5-53 "转换原理图 Sheet 到设备 Sheet"对话框

3）单击 📁 按钮，设定设备片的存放位置为："D:\My Book\ALTIUM\实例\Device Sheets"，在"模式"区域选择"从原理图 sheet 创建设备 sheet 并仅更新当前 sheet 符号"，在"附加选项"区域选择"转换后编译工程"复选框。

4）单击 确定 按钮后，开始转换并进行工程编译。转换后，原来的图表符变成了器件图表符，而在"Projects"面板上，原来的子原理图文件"Power. SchDoc"转换成为设备片，带有了特殊的文档图标，如图 5-54 和图 5-55 所示。

图 5-54 转换为器件图表符

图 5-55 子原理图转换为设备片

📖 在子原理图转换为设备片的同时，其存放位置被改变，移动到了设定的目标设备片文件夹中。

2. 器件图表符转换为图表符

【例 5-7】 将设备片"CON_VIDEO_IN"转换为子原理图。

1）选中指向设备片"CON_VIDEO_IN"的器件图表符，如图 5-56 所示。

2）选择"编辑"→"Refactor"→"Convert Selected Device Sheet To Schematic Sheet"命令，或者右击，在弹出的快捷菜单中选择"Refactor"→"Convert Selected Device Sheet To Schematic Sheet"命令，打开"转换设备 Sheet 到原理图 Sheet"对话框，如图 5-57 所示。

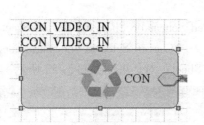

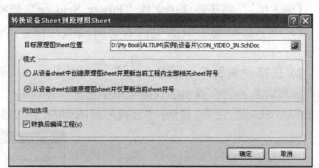

图 5-56 选中器件图表符   图 5-57 "转换设备 Sheet 到原理图 Sheet"对话框

3）单击🖮按钮，设定原理图的存放位置为："D:\My Book\ALTIUM\实例\设备片"，在"模式"区域选择"从设备 sheet 创建原理图 sheet 并仅更新当前 sheet 符号"，在"附加选项"区域选择"转换后编译工程"复选框。

4）单击 确定 按钮后，开始转换并进行工程编译。转换后，原来的器件图表符变成了图表符，如图 5-58 所示。而在"Projects"面板上，原来的设备片转换成为原理图文件。

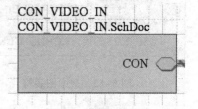

图 5-58 转换为图表符

📖 与子原理图转换为设备片不同，将设备片转换为子原理图时，系统是复制了设备片文件，存入目标文件夹中，而不是移动。

5.6 多通道电路设计

多图纸设计中，有时会遇到需要重复使用同一个电路模块的情况，这就是所谓的多通道电路设计。

5.6.1 多通道电路设计简介

多通道电路设计的具体实现可以采用两种方法：一种是直接使用多个图表符来多次调

用，这是常规的设计方法；还有一种是使用一个图表符即可完成对一个电路模块的多次重复使用，只是，此时图表符的标识需要特别设置。

1. 图表符标识的设置

第 2 种方法中，在对图表符进行属性设置时，在"标识"文本框中要输入具有如下格式的"Repeat"语句：

$$Repeat(SheetSymbolDesignator, FirstInstance, LastInstance)$$

括号内有 3 个参数："SheetSymbolDesignator"是图表符的本来标识；"FirstInstance"和"LastInstance"用于定义重复使用的次数即通道数，"FirstInstance"一般定义为"1"，"LastInstance"一般定义为通道数，如图 5-59 所示。

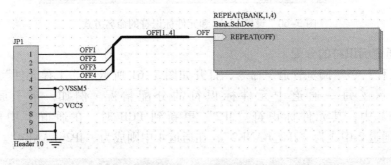

图 5-59 图表符的设置

图 5-59 中，图表符的标识被设置为"REPEAT（BANK，1，4）"，意味着这一个图表符可实现对子原理图模块"Bank. SchDoc"的 4 次使用。这里，图纸入口的名称也被设置为"REPEAT（端口名）"的形式，包含了"Repeat"关键字，意味着 4 次使用子原理图"Bank. SchDoc"时，子原理图"Bank. SchDoc"中的端口"OFF"都是被单独引出的，以总线方式连接到接口 JP1 上。总线网络"OFF[1..4]"中的每一条线连接一个子原理图即一个通道，OFF1 连接到通道 1，OFF2 连接到通道 2……依次类推。

2. 设置 Room 和元件标识符的命名方式

当设计被编译时，系统会为每一通道中的每一元件分配唯一的标识符，进而映射到 PCB 文件中。

借助于同步命令，可将多通道设计中的元件导入 PCB 文件，在此过程中，系统会自动为每一个通道建立一组元件，每组元件有一个"Room"，并将元件都置于"Room"之中，为布局做准备。这样，在对一个通道进行布局、布线后，通过选择"设计"→"Room"→"拷贝 Room 格式"命令，即可将该通道的布局布线复制到另一通道中。

选择"工程"→"工程参数"命令，在打开的"Option for PCB Project"对话框中选择"Multi – Channel"选项卡，可设置 Room 和元件标识的命名方式，如图 5-60 所示。

在"Room 命名类型"下拉列表框中提供了 5 种可用的 Room 命名方式，包括 2 种平行化和 3 种层次化类型，可根据具体情况加以设置。当选择层次化类型时，还可使用下面的"路径标准分离器"来指定用于分割路径信息的字符或符号。

在"指示器格式"下拉列表框中提供了 8 种预定义的元件标识符命名方式，包括 5 种平行方式和 3 种分层方式，供用户选择设置。此外，用户还可以使用一些关键词，直接在编辑栏中自定义元件标识符的命名方式。

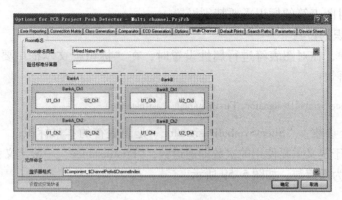

图 5-60　设置 Room 和元件标识符的命名方式

3. 查看通道标识符的分配

选择“工程”→“阅览管道”命令，打开如图 5-61 所示的“工程元件”对话框。该对话框中显示了每一通道中元件标识符的分配情况。例如，在子原理图文件“Bank. SchDoc”中，其元件标识符“JP2”更新到 PCB 时，在通道 1 中成为“JP2_BANK1”，在通道 2 中成为“JP2_BANK2”，在通道 4 中则成为“JP2_BANK4”。

工程元件

Logical Designator	Comment	Channel 1	Channel 2	Channel 3	Channel 4	Channel 5	Channel 6	Channel 7	Channel 8
Bank.SchDoc									
JP2	Header 9X2A	JP2_BANK1	JP2_BANK2	JP2_BANK3	JP2_BANK4				
Peak Detector - channe									
C1	10uF	C1_PD1	C1_PD2	C1_PD3	C1_PD4	C1_PD5	C1_PD6	C1_PD7	C1_PD8
C4	15pF	C4_PD1	C4_PD2	C4_PD3	C4_PD4	C4_PD5	C4_PD6	C4_PD7	C4_PD8
C5	4.7pF	C5_PD1	C5_PD2	C5_PD3	C5_PD4	C5_PD5	C5_PD6	C5_PD7	C5_PD8
C6	1.0n	C6_PD1	C6_PD2	C6_PD3	C6_PD4	C6_PD5	C6_PD6	C6_PD7	C6_PD8
D1	1N914	D1_PD1	D1_PD2	D1_PD3	D1_PD4	D1_PD5	D1_PD6	D1_PD7	D1_PD8
D2	1N914	D2_PD1	D2_PD2	D2_PD3	D2_PD4	D2_PD5	D2_PD6	D2_PD7	D2_PD8
Q1	2N2222	Q1_PD1	Q1_PD2	Q1_PD3	Q1_PD4	Q1_PD5	Q1_PD6	Q1_PD7	Q1_PD8
R1	1.5K	R1_PD1	R1_PD2	R1_PD3	R1_PD4	R1_PD5	R1_PD6	R1_PD7	R1_PD8
R2	2.2K	R2_PD1	R2_PD2	R2_PD3	R2_PD4	R2_PD5	R2_PD6	R2_PD7	R2_PD8
R3	100K	R3_PD1	R3_PD2	R3_PD3	R3_PD4	R3_PD5	R3_PD6	R3_PD7	R3_PD8
R4	10K	R4_PD1	R4_PD2	R4_PD3	R4_PD4	R4_PD5	R4_PD6	R4_PD7	R4_PD8
R5	1K	R5_PD1	R5_PD2	R5_PD3	R5_PD4	R5_PD5	R5_PD6	R5_PD7	R5_PD8
R6	10K	R6_PD1	R6_PD2	R6_PD3	R6_PD4	R6_PD5	R6_PD6	R6_PD7	R6_PD8
R8	22K	R8_PD1	R8_PD2	R8_PD3	R8_PD4	R8_PD5	R8_PD6	R8_PD7	R8_PD8
R88	1.0	R88_PD1	R88_PD2	R88_PD3	R88_PD4	R88_PD5	R88_PD6	R88_PD7	R88_PD8
RPOT	2.5K	RPOT_PD1	RPOT_PD2	RPOT_PD3	RPOT_PD4	RPOT_PD5	RPOT_PD6	RPOT_PD7	RPOT_PD8
U1	TL074ACD	U1_PD1	U1_PD2	U1_PD3	U1_PD4	U1_PD5	U1_PD6	U1_PD7	U1_PD8
Peak Detector.SchDoc									
JP1	Header 10	JP1							

元件报告　确定　取消

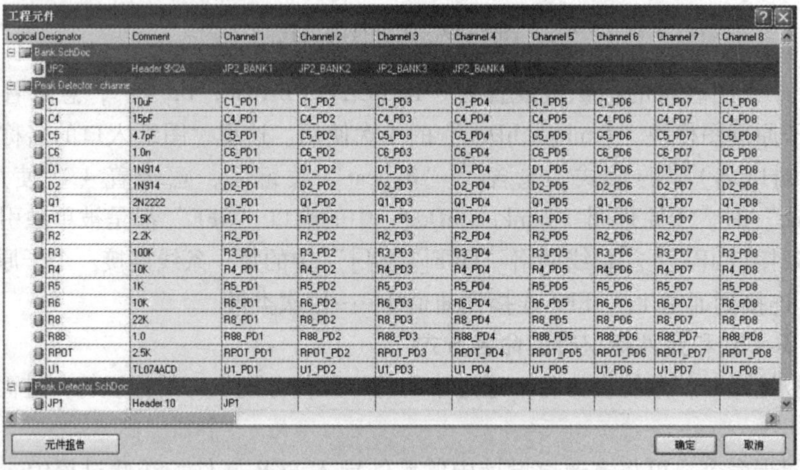

图 5-61　通道中的元件标识符分配

单击 元件报告 按钮，可预览所生成的元件报告；在预览窗口中单击 输出 按钮，可进一步将报告保存为 Excel 格式的文件。

5.6.2　参数化多通道电路设计

当在设计中需要用到多个功能相同、结构相同，但器件参数值并不相同的电路模块时，还可使用参数的多通道设计功能。先设计一个具有通用参数的电路模块子原理图，使用图表符调用时再来指定各模块的具体器件参数值。

下面以系统自带的工程“AudioEqualizer. PrjPcb”为例，介绍参数多通道设计的具体过程，该工程是一个有 10 个均衡频点的立体声音频均衡系统。

【例 5-8】 参数的多通道设计。

1）打开 "C:\Program Files\Altium Designer Summer 09\Examples\Reference Designs\Parametric Hierarchy" 目录下的工程 "AudioEqualizer. PrjPcb"，如图 5-62 所示，该工程是一个 2 级层次结构。

2）打开顶层原理图 "EqualizerTop. SchDoc"，有 10 个与子原理图 "EqualizerChannel. SchDoc" 对应的图表符，具有相同的逻辑结构，但分别应用于不同的频点，如图 5-63 所示。

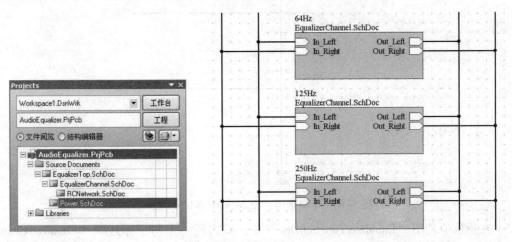

图 5-62　打开工程　　　图 5-63　与子原理图 "EqualizerChannel. SchDoc" 对应的图表符

3）打开子原理图 "EqualizerChannel. SchDoc"。该图由 2 个完全相同的左通道和右通道电路组成，各通道中分别用到了一个 RC 陷波网络（2 级子原理图 "RCNetwork. SchDoc"）和一个电压跟随器，如图 5-64 所示。

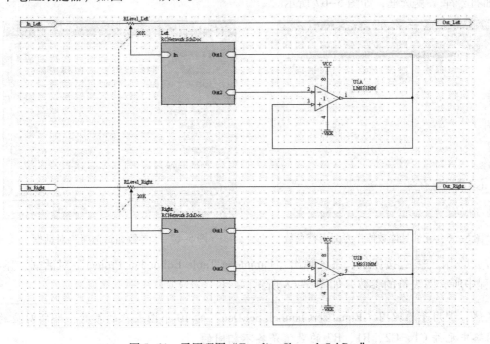

图 5-64　子原理图 "EqualizerChannel. SchDoc"

4）打开 2 级子原理图"RCNetwork. SchDoc"，如图 5-65 所示。该网络由 2 个电阻和 2 个电容组成，每个元件的值都是一个表达式，如"C2_Value"，并没有设定具体的数值。

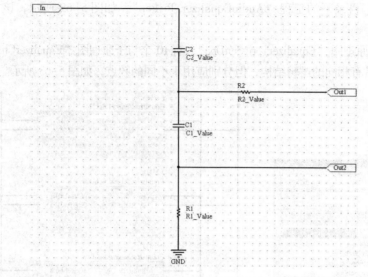

图 5-65　子原理图"RCNetwork. SchDoc"

5）在顶层原理图"EqualizerTop. SchDoc"中，双击任一个与子原理图"EqualizerChannel. SchDoc"对应的图表符。在打开的"方块符号"对话框中选择"参数"选项卡，可以看到，对应于子原理图的元件具体数值作为图表符的参数，被追加在了"参数"选项卡中，如图 5-66 所示。

6）选择"工具"→"参数管理器"命令，在打开的"参数编辑选项"对话框中只选择"页面符号库"复选框，如图 5-67 所示。

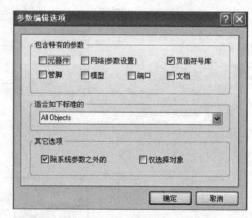

图 5-66　元件具体数值作为图表符参数　　　图 5-67　"参数编辑选项"对话框

7）单击 ▭确定 按钮后，系统弹出"Parameter Table Editor For Project"对话框，显示了该工程中所有图表符的参数，如图 5-68 所示。

📖 显然，调用子原理图"EqualizerChannel. SchDoc"的 10 个图表符的参数，即所对应的 RC 网络中元件 C1、C2、R1、R2 的数值是各不相同的。

图 5-68 图表符参数

8）编译工程，系统将对元件值进行参数更新，每一个 RC 网络中的元件值会被更新为相应图表符的参数值，可在编译后打开"Navigator"面板进行查看。或者，双击打开任一RC 网络，在编辑窗口中查看，如图 5-69 所示。

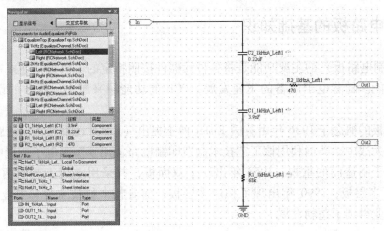

图 5-69 更新元件值

5.7 思考与练习

1. 概念题

（1）简述各种网络符号的作用和它们在层次原理图模式下的作用范围。

（2）如何在层次原理图项目中迅速找到某一方块电路对应的子图？

（3）多图纸设计的具体实现可采用哪两种方式？

（4）器件图表符的使用方式与图表符有何不同？

2. 操作题

（1）打开"C：\Program Files\Altium Designer Summer 09\Examples\Reference Designs\Multi – Channel Mixer"目录下的工程"Mixer. PrjPCB"，查看其层次设计结构、顶层原理图的基本组成，以及多通道设计的图表符设置方式等，并练习层次之间的切换操作。

（2）打开"Device Sheets"选项卡，练习自定义设备片文件夹的添加及有关设置操作。

（3）编译"C：\Program Files\Altium Designer Summer 09\Examples\Reference Designs\LedMatrixDisplay"目录下的工程"LedMatrixDisplay. PRJPCB"，并查看多通道原理图。

第6章 印制电路板设计基础知识

设计印制电路板是整个工程设计的最终目的。即便原理图设计得很完美，如果电路板设计得不合理，性能也将大打折扣，严重时甚至不能正常工作。制板商要参照用户所设计的PCB图来进行电路板的生产。由于要满足功能上的需要，电路板设计往往有很多的规则要求，如要考虑到实际中的散热和干扰等问题。

本章主要介绍印制电路板的结构、PCB编辑器的特点、PCB设计环境及PCB设计流程等知识，使读者对电路板的设计有一个全面的了解。

6.1 印制电路板的基础知识

PCB（印制电路板）的主要功能是将各种元器件按照特定的电气规则连接在一起，使其具有指定的功能。随着电子设备的飞速发展，PCB的功能越来越多，PCB的设计也就越来越复杂。

印制电路板的概念于1936年由英国Eisler博士提出（Eisler还首创了铜箔腐蚀法工艺）。在第二次世界大战中，美国利用该工艺技术制造印制电路板用于军事电子装置中，获得了成功，才引起电子制造商的重视；1953年出现了双面板，并采用电镀工艺使两面导线互连；1960年出现了多层板；1990年出现了积层多层板；随着整个科技水平、工业水平的提高，印制电路板行业得到了蓬勃发展。

6.1.1 印制电路板的结构和种类

原始的PCB只是一块表面有导电铜层的绝缘材料板，随着PCB功能的增多，单面板已经无法满足PCB的设计需要。因此在单面板的基础上推出了多层PCB技术，以满足设计的需求。

1. PCB的种类

根据PCB的制作板材不同，印制电路板可以分为纸质板、玻璃布板、玻纤板、挠性塑料板。其中挠性塑料板由于可承受的变形较大，常用于制作印制电缆；玻纤板可靠性高、透明性较好，常用做实验电路板，易于检查；纸质板的价格便宜，适用于大批量生产要求不高的产品。

2. PCB的结构

根据印制电路板的结构，印制电路板可以分为单面印制电路板、双面印制电路板和多层印制电路板3种。这种分法主要与PCB设计图的复杂程度相关。

（1）单面印制电路板

单面印制电路板是指仅有一面敷铜的印制电路板。用户只能在该板的一面布置元器件和布线。由于单面印制电路板只能使用一面，所以在布线时有很多限制，因此功能有限，现在基本上已经很少采用。

（2）双面印制电路板

双面印制电路板包括顶层和底层。顶层一般为元器件面，底层一般为焊层面。但是现在也有贴片元器件可以焊接在焊层上。双面板的两面都有敷铜，均可以布线。两面的导线也可以互相连接，但是需要一种特殊的连接方式，即过孔。双面板的布线面积比单面板更大，布线也可以通过上、下相互交错，因此它比较适合更复杂的电路。

（3）多层印制电路板

多层印制电路板是指包含了多个工作层的电路印制电路板。一般 3 层以上的 PCB 可称为多层印制电路板。除了顶层和底层之外，还包括中间层、内部电源层和接地层。随着电子技术的高速发展，电路板的制作水平和工艺越来越高，多层印制电路板的应用也越来越广泛。

多层印制电路板大大增加了可布线的面积。多层印制电路板用数片双面板，并在每层板间放进一层绝缘层后压合在一起，多层印制电路板的层数一般都是偶数，而且由于压合得很紧密，所以肉眼一般不易查看出它的实际层次。

6.1.2 印制电路板设计流程

利用 Altium Designer 来设计印制电路板时，如果需要设计的印制电路板比较简单，可以不参照印制电路板设计流程而直接设计印制电路板，然后手动连接相应的导线，以完成设计。但设计复杂的印制电路板时，可按照设计流程进行设计，如图 6-1 所示。

1. 准备原理图与网络表

原理图与网络表的设计和生成是印制电路板设计的前期工作，但有时也可以不用绘制原理图，而直接进行印制电路板的设计。

2. 印制电路板的规划

印制电路板的规划包括印制电路板的规格、功能、成本限制、工作环境等诸多要素。这一步要确定板材的物理尺寸、元器件的封装和印制电路板的层次，这是极其重要的工作，只有决定了这些，才能确定印制电路板的具体框架。

3. 参数的设置

参数的设置可影响印制电路板的布局和布线的效果。需要设置的参数包括元器件的布置参数、板层参数、布线参数等。

4. 网络表的导入

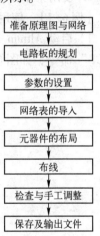

图 6-1　PCB 设计步骤

网络表是印制电路板自动布线的灵魂，是原理图和印制电路板之间连接的纽带。在导入网络表时，要尽量随时保持原理图和印制电路板的一致，减少出错的可能。

5. 元器件的布局

网络表导入后，所有元器件都会重叠在工作区的零点处，需要把这些元器件分开，按照一些规则进行排列。元器件布局可由系统自动完成，也可以手动完成。

6. 布线

布线的方式也有两种，即手动布线和自动布线。Altium Designer 的自动布线采用了 Altium 公司的 Situs 技术，通过生成拓扑图的方式来解决自动布线时遇到的困难。其自动布线的功能十分强大，只要把相关参数设置得当，元器件位置布置合理，自动布线的成功率几乎为100%。不过自动布线也有布线有误的情况，一般都要做手工调整。

7. 检查与手工调整

可以检查的项目包括线间距、连接性、电源层等，如果在检查中出现了错误，则必须手工对布线进行调整。

8. 保存及输出文件

在完成印制电路板的布线之后，退出设计之前，要保存印制电路板文件。需要时，可以利用图形输出设备输出电路的布线图。如果是多层板，还可以进行分层打印。

6.2 新建 PCB 文件

在完成产品的原理图设计，进行了电气连接 ERC 检查，并生成了相关的网络表、元器件报表的基础上，就可以进入 Altium Designer Summer 09 的 PCB 设计环境进行印制电路板的设计了。

Altium Designer Summer 09 的 PCB 设计环境与前期的版本相比，并没有太多质的变化，依然是集成在 Altium Designer 的整体设计环境中。新建一个 PCB 文件的方法有多种，可通过执行相关命令，自行创建，或者使用系统提供的新建电路板向导。

1. 使用菜单命令

【例 6-1】 使用菜单命令创建新的 PCB 文件。

1）启动 Altium Designer Summer 09，在集成设计环境中选择"文件"→"新建"→"PCB"命令，如图 6-2 所示。

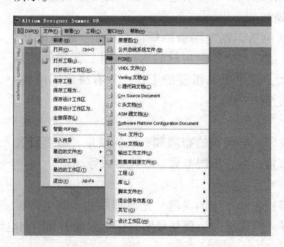

图 6-2　使用菜单新建 PCB 文件

2）系统在当前工程中新建了一个默认名为"PCB1. PcbDoc"的 PCB 文件，同时启动了"PCB Editor"，进入了 PCB 设计环境中，如图 6-3 所示。

2. 使用模板

通过"Files"面板可创建带有 PCB 设计模板的 PCB 文件，与使用菜单命令创建的 PCB 文件有所不同。

打开"Files"面板，在"从模板新建文件"栏中可以看到有"PCB Templates"和"PCB Projects"等选项，如图 6-4 所示。

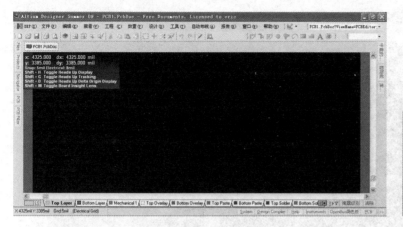

图 6-3　新建一个 PCB 文件　　　　　　　　　图 6-4　从模板新建文件

选择"PCB Templates"或"PCB Projects"选项，则可以通过在 Altium Designer Summer 09 提供的 PCB 模板库中直接调用一些常用的工业 PCB 模板来创建 PCB 文件。这些模板提供了多种工业用板卡的外形设计标准，极大地方便了用户，减少了对 PCB 外形进行测量和绘制的工作量。

【例 6-2】　新建一个 PCI 板卡 PCB 设计文件。

创建一个标准的 3.3V 供电、32 位数据长度的 PCI 总线的板卡 PCB 设计文件，并将其保存在一个 PCB 工程中。

1）打开"Files"面板，在"从模板新建文件"栏中选择"PCB Templates"或"PCB Projects"选项，则打开如图 6-5 所示的对话框。

2）对话框中提供了一些常用的工业 PCB 模板库，选择其中名为"PCI short card 3.3V - 32BIT. PrjPCB"的文件，单击 打开(Q) 按钮。

3）系统即为用户生成了一个默认名为"PCB_Project1. PrjPCB"的工程，该工程中包含了一个名为"PCI short card 3.3V - 32BIT. SchDOC"的原理图文件和一个名为"PCI short card 3.3V - 32BIT. PCBDOC"的 PCB 文件，如图 6-6 所示。

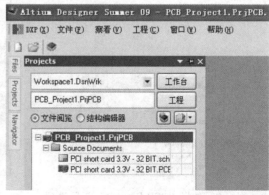

图 6-5　常用的工业 PCB 模板库　　　　　图 6-6　新建了一个 PCB 设计文件及工程

4）双击新建的 PCB 文件"PCI short card 3.3V – 32BIT. PCBDOC"，则系统自动进入PCB 设计环境中，在编辑窗口内显示了一个标准的 PCI 板卡外形 PCB 图，如图 6-7 所示。

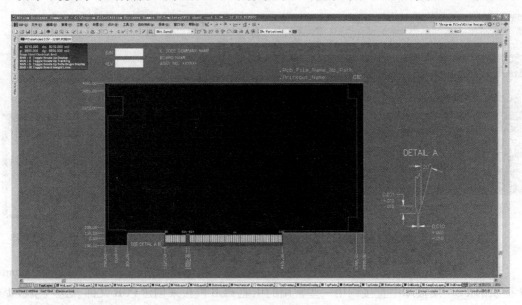

图 6-7　带有 PCI short card 3.3V – 32BIT 模板的 PCB 文件

5）选择"文件"→"保存为"命令，可以将工程另存为自己喜欢或者与设计相关的名字，如"My PCI Card. PrjPCB"。

之后，就可以在现成的 PCI 模板中开始下面的 PCB 设计了。

3. 使用新板向导

除了上述两种方法以外，还可以使用 Altium Designer 系统提供的新板向导来创建自己需要的 PCB 文件，在此创建过程中可便捷地设置 PCB 的有关所需参数。

【例 6-3】　使用新板向导创建一个 **PCB** 设计文件。

1）打开"Files"面板，在"从模板新建文件"栏中选择"PCB Board Wizard"选项，如图 6-8 所示。

2）系统弹出如图 6-9 所示的"PCB 板向导"对话框。

图 6-8　选择"PCB Board Wizard"选项

图 6-9　"PCB 板向导"对话框

3）单击 下一步 按钮，进入如图 6-10 所示的电路板度量单位设置界面，提示用户选择设置 PCB 上使用的尺寸单位，系统默认是英制。用户也可以选择公制尺寸单位，这在布画板子外形及尺寸时，对使用公制量具的用户比较有利，不用再经过公制到英制单位的转换。这里，使用默认的英制尺寸单位即可。

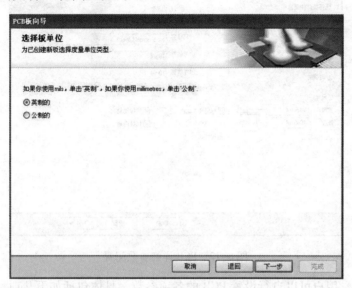

图 6-10　电路板度量单位选择

4）单击 下一步 按钮，进入选择电路板板型配置界面，如图 6-11 所示。如果需要设计一款符合"AT Short Bus"总线工业标准的 7×4.2 inches 大小的 PCB，可在左侧列表框中选择配置文件"AT short bus 7×4.2 inches"，在右侧窗格中即可预览该配置文件的 PCB 外观。

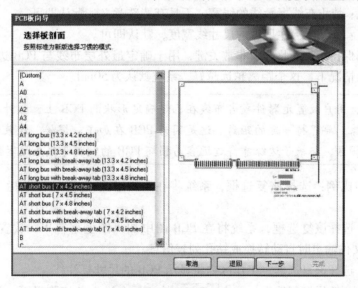

图 6-11　PCB 型配置

5）多数情况下，用户准备设计的 PCB 子形状是 Altium Designer Summer 09 库中没有的，这时就需要用户自定义电路板尺寸，此时应选择板型配置界面中最上端的"Custom"选项。

6）选择"Custom"选项后单击 下一步 按钮，进入电路板详细参数配置界面，如图6-12所示。

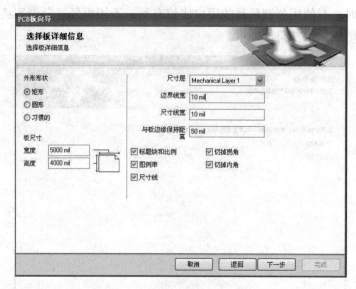

图6-12 PCB详细参数配置

在此界面中，用户可以自行设置PCB的各项参数，具体包括如下几项。

- 外形形状：有3个单选按钮，即"矩形"、"圆形"和"习惯的"，这里选择"矩形"。
- 板尺寸：定义PCB轮廓外形尺寸。这里"宽度"和"高度"均使用系统的默认值。
- 尺寸层：设置放置板子外形尺寸标准信息所在的层面。单击右边的 ∨ 按钮进行展开选择，一般设置在"Mechanical Layer 1"机械层。
- 边界线宽：禁止布线标示线的线宽，不具有特殊意义，默认即可。
- 尺寸线宽：机械层标注尺寸的尺寸线宽度，默认即可。
- 与板边缘保持距离：此选项非常关键，用于确定最外层布线与PCB边缘的安全距离。在可能的情况下，这个距离越远越好，系统默认为50mil。

📖 任何情况下，用户放置元器件或者布线在已经确定形状的PCB上，最外层走线不允许紧挨着板子边缘，要保持一定的距离。这是因为PCB在加工、焊接、组装的过程中，板子的边缘是易损区，与板子边缘靠得过近容易损坏PCB的铜膜导线或元器件。

- 标题块和比例：选择该复选框，系统将在PCB图纸上添加标题栏，并显示比例刻度栏。
- 图例串：选择该复选框，系统将在PCB图中加入图例字符串，放置在钻孔视图层，在PCB文件输出时自动转换成钻孔列表信息。
- 尺寸线：选择该复选框，工作区内将显示PCB的尺寸标注线。
- 切掉拐角：选择该复选框，单击 下一步 按钮后会进入角切除界面，如图6-13所示。在该界面中可以根据产品对PCB的要求对PCB进行特殊形状加工。此处不必选中。

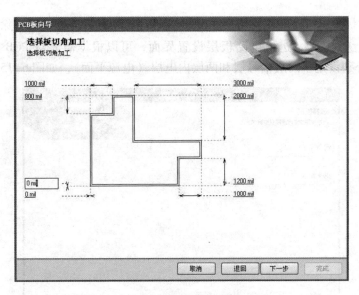

图 6-13　切除 PCB 拐角

- 切掉内角：选择该复选框后，单击 下一步 按钮，将进入内角加工界面，如图 6-14 所示，此处不必选中。

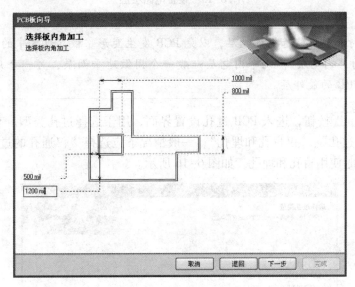

图 6-14　内角加工

📖 "切掉内角"是在"切掉拐角"后对 PCB 的进一步加工。图 6-14 中是在板子切除了 3 个拐角后，又在内部相应位置上切除了一个正方形窗口。内角的切除是通过四个坐标进行设置的，以 PCB 的左下角作为切除坐标的计算起点，通过左下方 X、Y 方向的坐标偏移量确定内部切除窗口的起始点，右上方的两个坐标大小则确定了需要切除的内部窗口的大小。

　　系统只为用户提供了一个内部窗口的切除操作，如果需要对 PCB 切除多个内部窗口，或切除不规则形状的窗口，就需要用户在 PCB 设计环境中自行进行定义切除。

7）单击 下一步 按钮，进入电路板层设置界面，可以根据需要对 PCB 进行板层设置。这里，对 PCB 分别设定了两层信号层和两层内电层（电源平面），如图 6-15 所示。

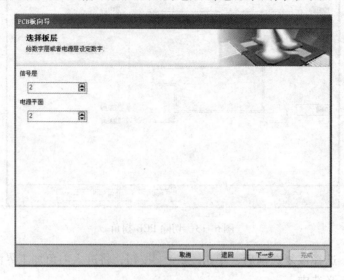

图 6-15 设置电路板层

📖 选择 PCB 层时应尽可能选择偶数层，以免 PCB 发生变形。板层设置中的"电源平面层"就是电路板的"内电层"。两个内电层一般一个用做地平面层，另一个用做电源层，信号层分布在 PCB 的最外层。

8）单击 下一步 按钮，进入 PCB 过孔设置界面，用于选择过孔类型。有两个选项，分别是"仅通孔的过孔"、"仅盲孔和埋孔"，一般情况下应选择"仅通孔的过孔"单选按钮，除非有特殊要求时使用盲孔和埋孔，如图 6-16 所示。

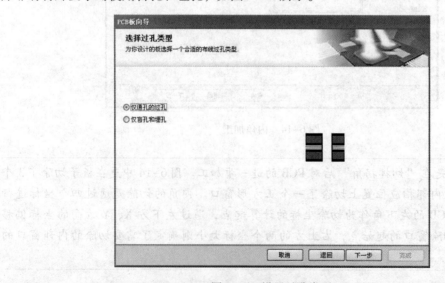

图 6-16 设置过孔类型

174

9）单击 下一步 按钮，进入"选择组件和布线工艺"界面，如图 6-17 所示。此界面用于设置所设计的 PCB 是以表贴元件为主还是通孔元件为主，以及是否要将元件放置在电路板的两面。

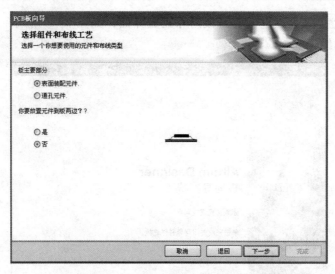

图 6-17　"选择组件和布线工艺"界面

📖 目前，绝大多数 PCB 使用表贴元器件，但部分用户在使用表贴元器件进行 PCB 设计时，往往会在上、下两个板层都布满表贴元件。这样的 PCB 在焊接和装配时都是不合适的，因上、下两面都需要分别进行焊接。特别是当存在大体积元器件时，使用波峰焊会使另一层元器件掉下来造成废品。另外，两面都有元器件的 PCB 在装配成产品时还需要特别考虑装配问题。

10）单击 下一步 按钮，进入"选择默认线和过孔尺寸"界面，如图 6-18 所示。用于设置 PCB 的最小导线尺寸、过孔尺寸及导线之间的间距。

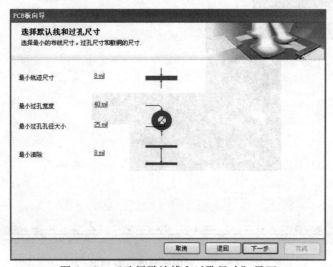

图 6-18　"选择默认线和过孔尺寸"界面

📖 过孔在保证电气性能安全的前提下应尽可能设置小一些，小的过孔能够节省更多的布线空间。

11）单击 下一步 按钮，进入电路板向导完成界面，如图6-19所示，表示所创建PCB文件的各项设置已经完成。

图6-19　完成向导创建

12）单击 完成 按钮后，系统根据前面的设置已经生成了一个默认名为"PCB1.PcbDoc"的新的PCB文件，同时进入PCB设计环境，在编辑窗口内显示一个默认尺寸的空白图纸和一个空白的板子形状，如图6-20所示。

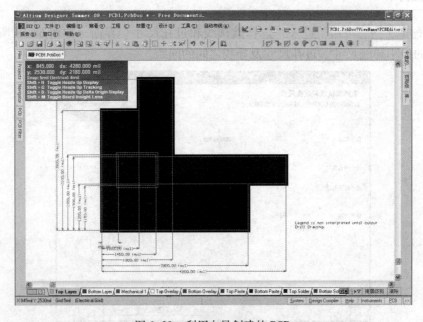

图6-20　利用向导创建的PCB

13）选择“文件”→“保存为”命令，选择适当位置将其另存为“New. PcbDoc”。至此，使用新建电路板向导，完成了空白 PCB 文件的创建。

📖 在使用向导创建 PCB 文件的任何阶段，都可以使用 退回 按钮，来检查或者修改前面所设置的内容。

6.3 PCB 设计环境

如前所述，在创建了一个新的 PCB 文件，或者打开一个现有的 PCB 文件之后，也就启动了 Altium Designer Summer 09 系统的 PCB 编辑器，进入了 PCB 的设计环境，如图 6-21 所示。

菜单栏
标准工具栏
板层标签
状态栏
实用工具栏
布线工具栏
编辑窗口

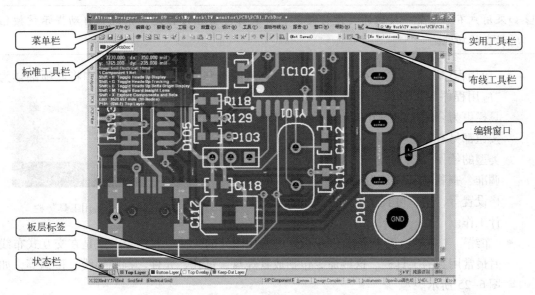

图 6-21　PCB 设计环境

Altium Designer Summer 09 系统的 PCB 设计环境与前期版本设计环境的布局及操作方式十分类似，设计环境主要组成部分有如下几项。

1. 菜单栏

像所有的 EDA 设计软件一样，Altium Designer Summer 09 的菜单栏包含了各种基本的 PCB 操作命令，如图 6-22 所示。通过菜单栏内相应命令的选择操作，可为用户提供设计环境个性化设置、PCB 设计、帮助等功能。

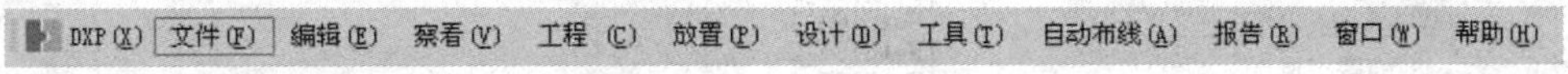

DXP (X)
文件 (F)
编辑 (E)
察看 (V)
工程 (C)
放置 (P)
设计 (D)
工具 (T)
自动布线 (A)
报告 (R)
窗口 (W)
帮助 (H)

图 6-22　菜单栏

📖 虽然在 PCB 设计过程中，可以通过使用菜单栏中相应的菜单命令，或按钮完成各项基本操作，但还是建议用户尽可能掌握一些快捷键操作，这样将会极大地提高 PCB 设计速度。

---

2. 工具栏

工具栏是 Altium Designer Summer 09 为方便用户操作、提高 PCB 设计速度而专门设计的快捷按钮组。在 PCB 设计环境中系统默认的工具栏有 5 组，其中在 PCB 设计中常用的工具栏有如下几个。

- "PCB 标准"工具栏：在该工具栏中为用户提供了一些基本操作命令，如文件打开、存储、打印、缩放、快速定位、浏览元件等，如图 6-23 所示。

图 6-23 "PCB 标准"工具栏

📖 如果用户不知道某一按钮的具体含义，可将鼠标停留在按钮处，系统会自动提示该按钮所代表的功能。

- "应用程序"工具栏：在 Altium Designer Summer 09 所提供的中文版中将此项翻译为
"应用程序"工具栏，笔者认为称之为"实用"工具栏更为合适，如图 6-24 所示。该工具栏中每个按钮都另有下拉工具栏或菜单栏，分别提供了不同类型的绘图和实用操作，如放置走线、放置原点、调准、查找选择、放置尺寸、放置 Room 空间、网格设置等，用户可直接使用相关的按钮进行 PCB 设计工作。

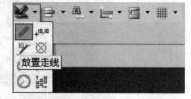

图 6-24 "实用工具"栏

- "布线"工具栏：提供了在 PCB 设计中常用图元的快捷放置命令，这是在交互式布线时最常用到的工具栏。这些命令包括放置焊盘、过孔、元件、铜膜导线、覆铜等，如图 6-25 所示。
- "过滤器"工具栏：如图 6-26 所示。该工具栏根据用户正在设计的 PCB 中的网络标号、元件号或者属性等作为过滤参数，对全部 PCB 进行过滤显示，使符合设置条件的图元在编辑窗口内高亮显示。如在图 6-27 中就高亮显示了使用"过滤器"工具栏过滤出的"+5 V"网络。

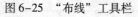

图 6-25 "布线"工具栏

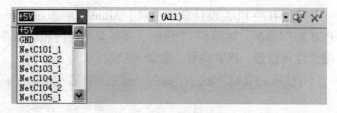

图 6-26 "过滤器"工具栏

📖 "过滤器"是一个比较实用的工具栏，除了能够以网络标号、元器件作为条件进行过滤外，还可以在此工具栏最后的选项栏中以特定的规则进行过滤。在复杂的大规模 PCB 布板中使用此工具能够快速定位到用户所要找的结果。

+5V
InNet('+5V')

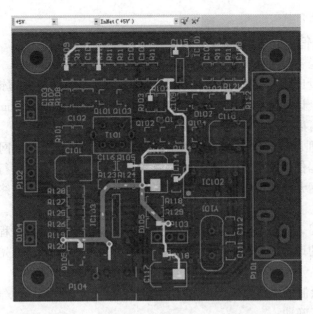

图 6-27　高亮显示过滤出的“+5 V”网络

3. 编辑窗口

编辑窗口即进行 PCB 设计的工作平台，它像一张画板，用于进行元件的布局和布线的有关操作。在编辑窗口中使用鼠标的左、右按键及滚轮可以灵活地查看、放大、拖动 PCB 图，方便用户进行编辑。

4. 板层标签

位于编辑窗口的下方，用于切换 PCB 当前显示的板层，所选中板层的颜色将显示在最前端，如图 6-28 所示。表示此板层被激活，用户的操作均在当前板层进行。

LS
Top Layer
Bottom Layer
Mechanical 1
Top Overlay
Keep-Out Layer
Multi-Layer
管理层装置

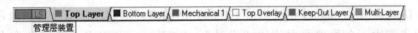

图 6-28　板层标签

用户可使用鼠标进行板层间的切换。当将鼠标移动到“板层标签”前端 LS 的“LS”处停留时，可以看到系统提示单击“LS”可进行板层的管理，包括板层激活设置及板层激活显示等。

5. 状态栏

编辑窗口的最下方是系统状态栏，用于显示光标指向的坐标值、所指向元件的网络位置、所在板层和有关的参数，以及编辑器当前的工作状态等，如图 6-29 所示。

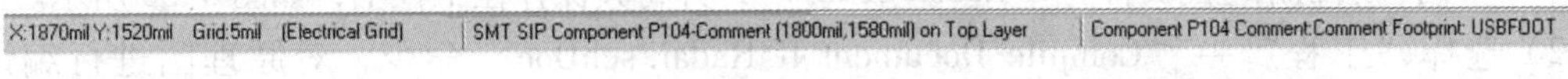

X:1870mil Y:1520mil　Grid:5mil　(Electrical Grid)
SMT SIP Component P104-Comment (1800mil,1580mil) on Top Layer
Component P104 Comment:Comment Footprint: USBFOOT

图 6-29　状态栏

📖 选择“察看”→“工具条”→“用户定义”命令，设计者可以在打开的“Customizing PCB Editor”对话框中设置菜单命令和工具栏的排列组合，以定制个性化的设计环境。

6.4 将原理图信息同步到 PCB

印制电路板的设计就是根据原理图，通过元件放置、导线连接及覆铜等操作，来完成原理图电气连接的一个计算机辅助设计过程。在熟悉了 Altium Designer Summer 09 的 PCB 编辑环境和特点后，就可以进行 PCB 的具体设计了。

首先应完成原理图设计，并由此产生用于 PCB 设计的电气连接网络表；然后，进入 PCB 设计环境，根据任务要求对 PCB 的相关参数、电路板大小形状进行设置和规划，并使用系统提供的各种图元放置工具和布线工具完成 PCB 的具体实现，最终输出可供印制板厂商加工的设计文件。

下面将逐步介绍 Altium Designer Summer 09 中的印制电路板设计过程。

要将原理图中的设计信息转换到即将准备设计的 PCB 文件中，首先应完成如下几项准备工作。

- 对工程中所绘制的电路原理图进行编译检查、验证设计，确保电气连接的正确性和元器件封装的正确性。
- 确认与电路原理图和 PCB 文件相关联的所有元件库均已加载，保证原理图文件中所指定的封装形式在可用库文件中都能找到并可以使用。
- 新建的空白 PCB 文件应在当前设计的工程中。

📖 Altium Designer Summer 09 是一个系统设计工具，在这个系统中设计完毕的原理图可以轻松同步到 PCB 设计环境中。由于系统实现了双向同步设计，因此从原理图到 PCB 的设计转换过程中，网络表的生成不再是必需的了，但用户可以根据网络表对电路原理图进行进一步的检查。

Altium Designer Summer 09 系统提供了在原理图编辑环境和印制电路板编辑环境之间的双向信息同步能力：在原理图中使用"设计"→"Update PCB Document"命令，或者在 PCB 编辑器中使用"设计"→"Import Changes From"命令均可完成原理图信息和 PCB 设计文件的同步。这两种命令的操作过程基本相同，都是通过启动工程变化订单（ECO）来完成，可将原理图中的网络连接关系顺利同步到 PCB 设计环境中。

【例 6-4】 将原理图信息同步到 PCB 设计环境中。

参照 2.6 节绘制电路原理图的方法绘制如图 6-30 所示的超声波测距系统原理图"R Radar. schDoc"，然后将该原理图的有关信息同步到 PCB 设计环境中。

1）启动 Altium Designer Summer 09，建立工程"R Radar. PrjPCB"，进入原理图编辑环境中，参照 2.6 节内容绘制原理图文件"R Radar. SchDoc"，并将其保存在工程中，如图 6-30 所示。

2）选择"工程"→"Compile Document R Radar. schDoc"命令，对原理图进行编译，如图 6-31 所示。编译后的结果在"Messages"面板中有明确的显示，若"messages"面板显示为空白，则表明所绘制的电路图已通过电气检查。

3）参照前面介绍的新板向导方式建立一个空白的双层 PCB 文件，保存在工程文件夹下。根据产品要求，该 PCB 的尺寸大小为：15 cm × 10 cm，转换为英制是：5905 mil × 3937 mil，如图 6-32 所示。

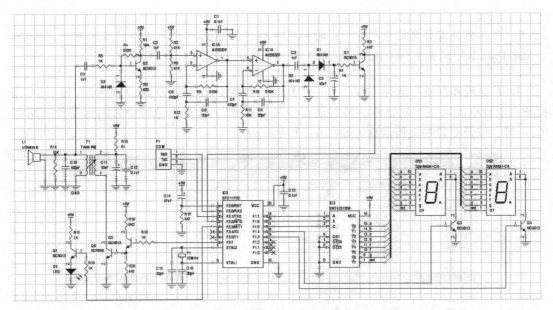

图 6-30 原理图"R Radar. SchDoc"

图 6-31 编译原理图

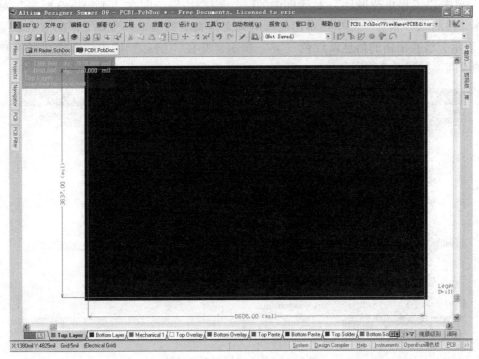

图 6-32 通过向导建立双层空白 PCB 文件

📖 用户可以根据需要自定义准备保存的 PCB 文件名。建立的 PCB 文件应在现有的 "R Rra-dar. PrjPCB" 工程中，才能开始同步工作。

4）在原理图环境中选择"设计"→"Update PCB Document PCB1. PcbDoc"命令，系统打开"工程更改顺序"对话框。该对话框中显示了参与 PCB 设计的受影响元器件、网络、Room 等，以及受影响文档信息，如图 6-33 所示。

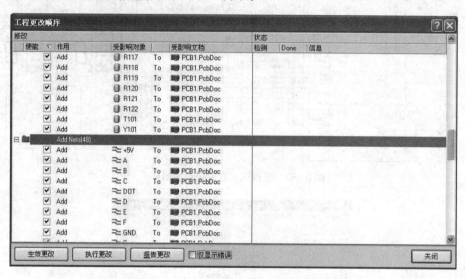

图 6-33 "工程更改顺序"对话框

5）单击"工程更改顺序"对话框中的 生效更改 按钮，则在"工程更改顺序"对话框的右侧"检测"、"信息"栏中显示出受影响元素检查后的结果。检查无误的信息以绿色的"√"表示，检查出错的信息以红色"×"表示，并在"信息"栏中详细描述了检测不能通过的原因，如图 6-34 所示。

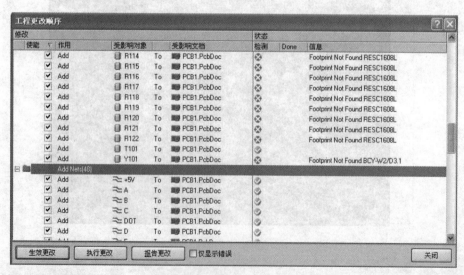

图 6-34 检查受影响对象结果

📖 图6-34中元件封装检查不正确，是由于没有装载可用的集成库，导致无法找到正确的元件封装。

6）根据检查结果重新更改原理图中存在的缺陷，直到检查结果全部通过为止。单击 执行更改 按钮，将元器件、网络表装载到PCB文件中，如图6-35所示，实现了将原理图信息同步到PCB设计文件中。

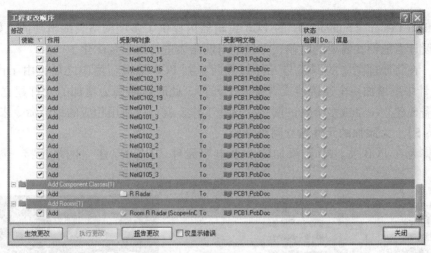

图6-35 将原理图信息同步到PCB设计文件

7）关闭"工程更改顺序"对话框，系统跳转到PCB设计环境中，可以看到，装载的元器件和网络表集中在一个名为"R Radar"的Room空间内，放置在PCB电气边界以外。装载的元器件间的连接关系以预拉线的形式显示，这种连接关系就是元器件网络表的一种具体体现，如图6-36所示。

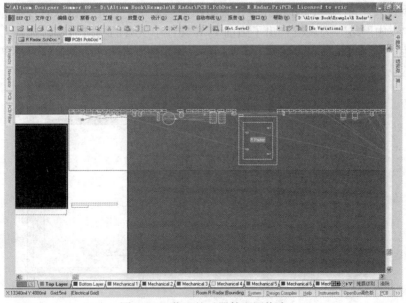

图6-36 装入的元器件和网络表

📖 Room 空间只是一个逻辑空间，用于将元件进行分组放置，同一个 Room 空间内的所有元件将作为一个整体被移动、放置或编辑。执行"设计"→"Room 空间"命令，会打开系统提供的 Room 空间操作命令菜单。

6.5 网络表的编辑

在 Altium Designer Summer 09 的 PCB 编辑器内提供了多项网络表编辑功能，如图 6-37 所示。使设计者能够在需要的时候，方便地对网络表进行编辑及优化。

例如，在将原理图中的网络与元件封装同步到 PCB 编辑环境中之后，由于设计需要，在 PCB 设计中要增加一个连接器或者某一个元件，此时就需要为增加的元件建立起网络连接，甚至需要建立一个或多个新的网络。这些工作，就可以使用相应的编辑命令来完成。

【例 6-5】 为添加的元件建立网络连接。

本例将为在 PCB 文件中新添加的一个电容元件"C130"建立网络连接，如图 6-38 所示。

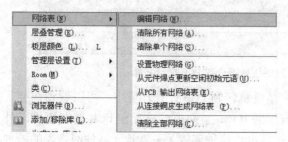

图 6-37　网络表编辑菜单

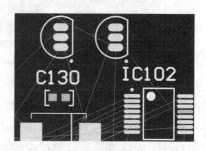

图 6-38　新添加的元件

1）选择"设计"→"网络表"→"编辑网络"命令，打开"网表管理器"对话框。

2）在"类中网络"列表框列出了当前 PCB 文件中所有的网络名称，选择"NetC102_2"选项，右边的"类中 Pin"列表框列出了该网络内连接的所有元件引脚，如图 6-39 所示。

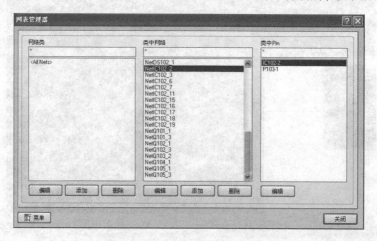

图 6-39　"网表管理器"对话框

184

3）单击"类中网络"列表框下面的 [编辑] 按钮，打开"编辑网络"对话框。

4）在"其他网络内 Pin"列表框中选择"C130 – 1"选项，单击 [>] 按钮，加入到右侧的"该网络 Pin"列表框中，如图 6-40 所示。

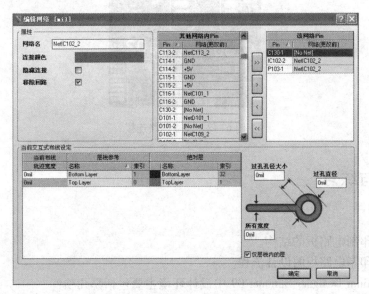

图 6-40　编辑网络

5）单击 [确认] 按钮关闭"编辑网络"对话框，返回"网表管理器"对话框，此时"C130"的 1 引脚已加入到网络"NetC102_2"中。

若单击"类中网络"列表框下面的 [添加] 按钮，再次打开"编辑网络"对话框。在该对话框中建立一个名为"NetC130_2"的新网络，并将元件引脚"C130 – 2"和"IC102 – 12"加入到该网络中，如图 6-41 所示。

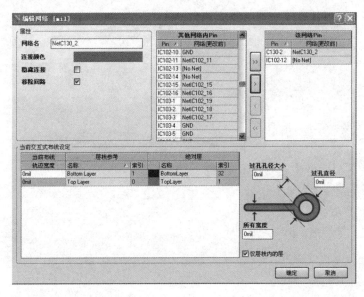

图 6-41　新建一个网络

6）单击 按钮返回，关闭"网表管理器"。此时编辑窗口中的元件"C130"已经建立起了相应的网络连接，以预拉线的形式显示出来，如图6-42所示。

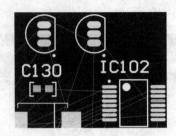

图6-42　建立网络连接

6.6　思考与练习

1. 概念题

（1）简述印制电路板的结构。

（2）简述印制电路板的设计流程。

（3）在 Altium Designer Summer 09 中设计环境主要包括哪几项？

（4）在 Altium Designer Summer 09 中如何将原理图信息同步到 PCB 环境中？

2. 操作题

（1）打开一个现有的 PCB 文件，查看其设计环境。

（2）对第3章操作题中所绘制的 LT1568 芯片应用电路原理图进行 PCB 设计，包括网络与元件封装的装入等。

第7章　印制电路板的布局设计

在完成网络表的导入操作后,元件已经显示在工作窗口中了,此时就可以开始元件的布局。元件的布局是指将网络表中的所有元件放置在 PCB 上,是 PCB 设计的关键一步。好的布局通常使具有电气连接的元件引脚比较靠近,这样可以使走线距离短,占用空间比较小,从而使整个电路板的导线易于连通,获得更好的布线效果。

电路布局的整体要求是整齐、美观、对称、元件密度均匀,这样才能使电路板的利用率最高,并且降低电路板的制作成本;同时设计者在布局时还要考虑电路的机械结构、散热、电磁干扰及将来布线的方便性等问题。元件的布局有自动布局和交互式布局两种方式,只靠自动布局往往达不到实际的要求,通常需要将两者结合以获得良好的效果。

7.1　自动布局规则设置

Altium Designer Summer 09 系统的 PCB 编辑器是一个完全的规则驱动编辑环境。系统为设计者提供了多种设计规则,涵盖了 PCB 设计流程中的各个方面,从电气、布局、布线到高频、信号完整性分析等。在具体的 PCB 设计过程中,设计者可以根据产品要求重新定义相关的设计规则,也可以使用系统默认的规则。如果设计者直接使用设计规则的系统默认值而不加任何修改,也能完成整个 PCB 设计,只是在后续调整中,工作量会很大。因此,在进行 PCB 的具体设计之前,为了提高设计效率,节约时间和人力,设计者应该根据设计的要求,对相关的设计规则进行合理的设置。

7.1.1　打开规则设置

在 Altium Designer Summer 09 的 PCB 编辑器中选择"设计"→"规则"命令,即可打开"PCB 规则及约束编辑器"对话框。也可以在 PCB 设计环境中右击,在弹出的快捷菜单中选择"设计"→"规则"命令,打开"PCB 规则及约束编辑器"对话框,如图7-1所示。

图7-1　选择"设计"→"规则"命令

"PCB 规则及约束编辑器" 对话框如图7-2所示。该对话框中包含了许多PCB设计规则和约束条件。

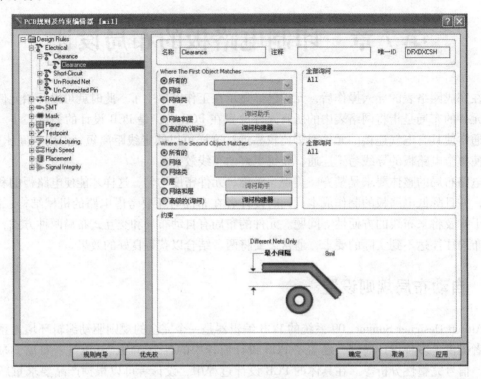

图7-2 "PCB 规则及约束编辑器" 对话框

在 "PCB 规则及约束编辑器" 对话框的左边窗格中，系统列出了所提供的 10 大类设计规则（Design Rules），分别是："Electrical"（电气规则）、"Routing"（布线规则）、"SMT"（表贴式元件规则）、"Mask"（屏蔽层规则）、"Plane"（内层规则）、"Testpoint"（测试点规则）、"Manufacturing"（制板规则）、"Hign Speed"（高频电路规则）、"Placement"（布局规则）和 "Signal Integrity"（信号完整性分析规则）。在上述每一类规则中，又分别包含若干项具体的子规则。设计者可以单击各规则类前面的田符号进行展开，查看每类中具体详细的设计规则。

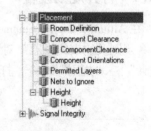

进行 PCB 自动布局之前，设计者应该养成良好的规则习惯，首先应对 "Placement"（布局规则）进行设置。单击 "Placement" 前面的田符号，可以看到需要设置的布局子规则有 6 项，如图7-3所示。

图7-3 "Placement" 布局规则中的子规则

7.1.2 "Room Defination" 规则设置

"Room Defination" 规则主要用来设置 Room 空间的尺寸及它在 PCB 中所在的工作层面。

选择 "Room Defination" 子规则选项，在子规则选项上右击，弹出如图7-4所示的快捷菜单，允许设计者增加一个新的 "Room Defination" 子规则，或者删除现有的不合理的子规则。

在弹出的快捷菜单中选择"新规则"命令后，系统会在"Room Defination"子规则中建立一个新规则，同时，"Room Defination"选项的前面出现一个田，单击田符号展开，可以看到已经新建了一个"Room Defination"子规则，单击即可在对话框的右边打开如图7-5所示的界面。

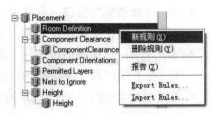

图7-4 规则操作菜单

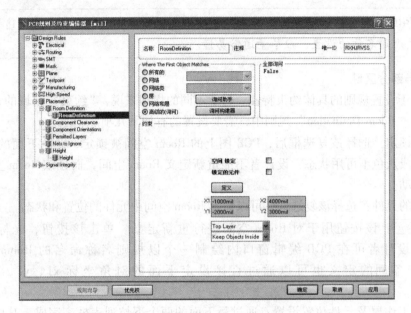

图7-5 "Room Defination"规则设置

该界面主要由上下两部分组成。

1. 上半部分区域

主要用于设置规则的具体名称及适用的范围。在后面各项规则的设置窗口中，上半部分都是基本相同的。其中，有6个单选按钮供设计者选择设置规则匹配对象的范围。

- 所有的：选择该单选按钮，意味着当前设定的规则在整个PCB上有效。
- 网络：选择该单选按钮，意味着当前设定的规则在某个选定的网络上有效，此时在右端的编辑框内可设置网络名称。
- 网络类：选择该单选按钮，意味着当前设定的规则可在全部网络或几个网络上有效。

📖 网络类（Net Class）是多个网络的集合，它的编辑管理在"网表管理器"中进行（选择"设计"→"网络表"→"编辑网络"命令打开），或者在"对象类资源管理器"中进行（选择"设计"→"对象类"命令打开）。系统默认存在的网络类为"All Nets"，不能进行编辑修改。设计者可以自行定义新的网络类，将不同的相关网络加入到某一自定义的网络类中。

- 层：选择该单选按钮，意味着当前设定的规则在选定的工作层上有效，此时在右端的编辑框内可设置工作层名称。
- 网络和层：选择该单选按钮，意味着当前设定的规则在选定的网络和工作层上有效，此时在右端的两个编辑框内可分别设置网络名称及工作层名称。
- 高级的（询问）：选择该单选按钮，即激活 ▭询问助手▭ ，单击 ▭询问助手▭ 按钮，可以打开"Query Helper"对话框来编辑一个表达式，以便自定义规则所适用的范围。

📖 在进行 DRC 校验时，如果电路没有满足该项规则，系统将以规则名称进行违规显示，因此，对于规则名称的设置，应尽量通俗易懂。

---

2. 下半部分区域

主要用于设置规则的具体约束特性。对于不同的规则来说，"约束"区域的设置内容是不同的。在"Room Defination"规则中，需要设置的有如下几项。

- 空间锁定：选择该复选框后，PCB 图上的 Room 空间被锁定，此时下面的 ▭定义▭ 按钮变成灰色不可用状态，设计者不能重新定义 Room 空间，而且该 Room 空间也不能被移动。
- 锁定的元件：选择该复选框，可以锁定 Room 空间中元件的位置和状态。
- ▭定义▭：该按钮用于对 Room 空间进行重新定义。单击该按钮，光标变为十字形，设计者可在 PCB 编辑窗口内绘制一个以规则名称命名的 Room 空间。对 Room 空间的定义也可以通过直接设定下面的对角坐标 x1、y1、x2、y2 来完成。
- 所在工作层及元件位置设置：通过最下面的两个下拉列表框来完成。其中，工作层有两个选项，即"Top Layer"和"Bottom Layer"。元件位置也有两个选项，即"Keep Objects Inside"（位于 Room 空间内）和"Keep Objects Outside"（位于 Room 空间外）。

7.1.3 "Component Clearance"规则设置

"Component Clearance"规则主要用来设置自动布局时元件封装之间的最小间距，即安全间距。

单击"Component Clearance"规则选项下的子规则，即可在对话框的右边打开如图 7-6 所示的界面。

由于间距是相对于两个对象而言的，因此，该界面中相应地有两个规则匹配对象的范围设置，设置方法与前面完全相同。每个对象需要进行设置的内容与方法可参考 7.1.2 节的相关内容进行设置。

在"约束"区域内，设计者可以首先选择元器件垂直间距的约束条件。假如设计中不用顾及元器件在垂直方向的空间，则选择"无限"单选按钮，这样仅仅对元器件之间的水平间距进行设置即可。系统默认的元器件封装间的最小水平间距是 10 mil。

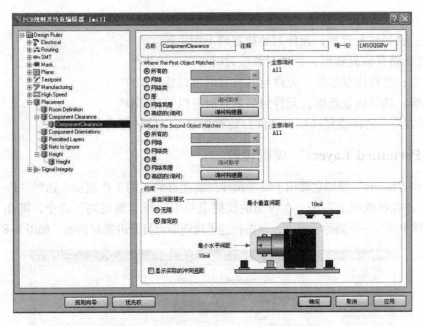

图 7-6 "Component Clearance" 规则设置

7.1.4 "Component Orientations" 规则设置

"Component Orientations" 规则主要用于设置元件封装在 PCB 上的放置方向。选择 "Component Orientations" 选项，并在该选项上右击，在弹出的快捷菜单选择 "新规则" 命令，则在 "Component Orientations" 选项中建立一个新的子规则，单击新建的 "Component Orientations" 子规则即可打开设置对话框，如图 7-7 所示。

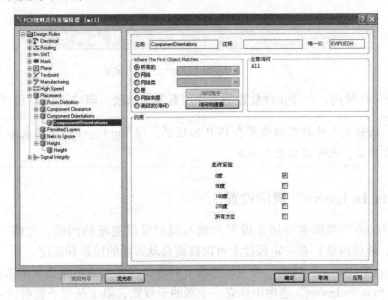

图 7-7 "Component Orientations" 规则设置

在"约束"区域内，系统提供了如下5种放置方向。

- 0度：选择该复选框，元件封装放置时不用旋转。
- 90度：选择该复选框，元件封装放置时可以旋转90°。
- 180度：选择该复选框，元件封装放置时可以旋转180°。
- 270度：选择该复选框，元件封装放置时可以旋转270°。
- 所有方位：选择该复选框，元件封装放置时可以旋转任意角度。

7.1.5 "Permitted Layers"规则设置

"Permitted Layers"规则主要用于设置元件封装能够放置的工作层面。选择"Permitted Layers"选项，并在该选项上右击，在弹出的快捷菜单中选择"新规则"命令，则在"Permitted Layers"选项中建立一个新的子规则，单击新建子规则即可打开设置对话框，如图7-8所示。

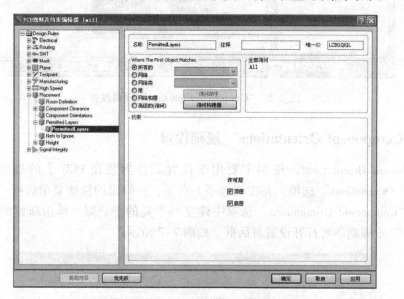

图7-8 "Permitted Layers"规则设置

在"约束"区域内，允许元件放置的工作层有两个选项，即"顶层"和"底层"。

📖 一般来说，插针式元件封装都放置在PCB的顶层，即Top Layer层，而表贴式的元件封装可以放置在顶层，也可以放置在底层。

7.1.6 "Nets To Ignore"规则设置

"Nets To Ignore"规则主要用于设置自动布局时可以忽略的网络。忽略一些电气网络（如电源网络、地线网络）在一定程度上可以提高自动布局的质量和速度。

选择"Nets To Ignore"选项，并在该选项上右击，在弹出的快捷菜单中选择"新规则"命令，则在"Nets To Ignore"选项中建立一个新的子规则，单击新建子规则即可打开设置对话框，如图7-9所示。该规则的"约束"区域内没有任何设置选项，需要的约束可直接通过上面的规则匹配对象适用范围的设置来完成。

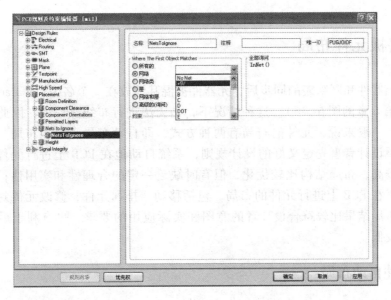

图 7-9 "Nets To Ignore" 规则设置

7.1.7 "Height" 规则设置

"Height" 规则主要用于设置元件封装的高度范围。在"约束"区域内可以设置元件封装的"最小的"、"最大的"及"首选的"高度，如图 7-10 所示。

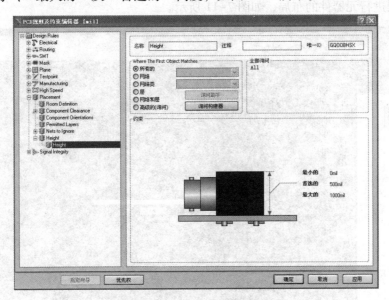

图 7-10 "Height" 规则设置

📖 一般来说，"Height" 规则用于定义元件高度，在一些特殊的电路板上进行布局操作时，电路板的某一区域可能对元件的高度要求很严格，此时就需要设置此规则了。

7.2 电路板元件布局

完成了元器件和网络表的同步后，元器件被混乱地放在一个名为"R Radar"的 Room 空间内（见第6章的图6-36）。这种情况下，是无法进行布线操作的，因此需要先进行合理的布局。一般来说，元件的布局有两种方式，即自动布局和手工布局。所谓自动布局，是指按照设计者事先定义好的设计规则，系统自动地在 PCB 上进行元件的布局，这种方法效率较高，布局结构比较优化，但有时缺乏一定的合理性和实用性；手工布局是指设计者手工在 PCB 上进行元件的布局，包括移动、排列元件，修改元件封装，调整元件序号等，布局结果比较符合设计者的意图和实际应用的要求，也有利于后面的布线操作，但效率较低。

7.2.1 元件自动布局

随着 Altium Designer Summer 09 系统布局规则的越来越严格、越来越完善，其自动布局功能虽然还没有达到完全实用和完美的程度，但是大体上可以完成 PCB 元器件的总体排放，极大地减少了设计者的工作量。

【例 7-1】 元器件的自动布局。

1）在 PCB 设计环境中选择"工具"→"器件布局"→"自动布局"命令，系统开始根据默认规则进行元器件的布局，如图 7-11 所示。

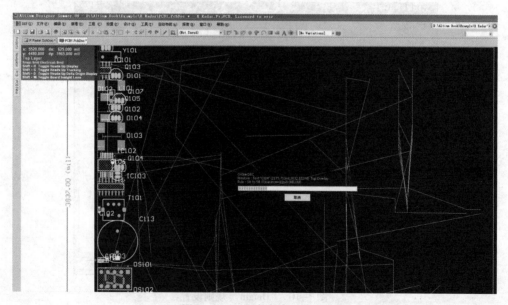

图 7-11 元器件的自动布局

📖 自动布局完成后的元器件被堆放在 PCB 的左侧，显然这样的结果不是我们所需要的。接下来需要对元器件进行"推挤"操作，以便将其均匀地放置在设计好的 PCB 中。

2）选择"工具"→"器件布局"→"设置推及深度"命令，进行推挤深度设置，如图 7-12 所示。

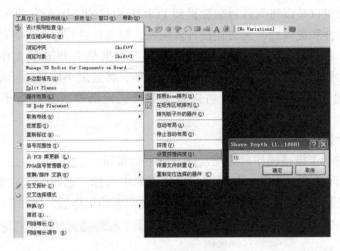

图 7-12　设置推挤深度

3）设置好元器件之间的推挤深度，就可对堆放在 PCB 左侧的"一堆"元器件进行推挤排放了。选择"工具"→"器件布局"→"挤推"命令，系统将按照用户设定的推挤深度对元器件进行推进排列，如图 7-13 所示。

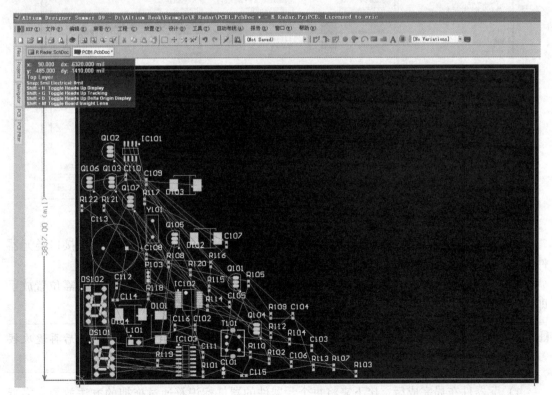

图 7-13　推挤完成后的元器件布局

7.2.2　元件手动布局

由于自动布局仅仅是以将元件封装放置到 PCB 上为目的，因而自动布局之后的 PCB 显然缺乏一定的合理性和美观性，无法让设计者满意，更无法进行下面的布线操作。为了制作出高质量的 PCB，在自动布局完成后，设计者有必要根据整个 PCB 的工作特性、工作环境及某些特殊方面的要求，进一步进行手工调整。例如，将处理小信号的元器件远离大电流器件或晶振等易引起干扰的器件，或者将接口类的接插元器件放置在板子周围，以方便插接等。

【例 7-2】　元器件的手动布局。

对例 7-1 中进行了推挤操作后的元器件进行手动布局。

1）在 PCB 设计环境中右击，在弹出的快捷菜单中选择"选项"→"板层颜色"命令，在打开的"视图配置"对话框中关闭没有使用或者不需要的工作层，如图 7-14 所示。

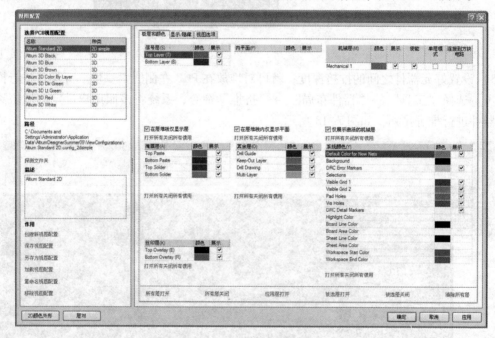

图 7-14　设置工作层面

2）在如图 7-13 所示的推挤后布局的基础上，根据信号流动方向，以及将接口类元器件放置在 PCB 边缘的原则对元器件进行重新布局。

3）元器件的重新布局过程很简单，只需单击需要移动的元器件，拖拽到所需位置放手即可。

> 📖 当需要调整元器件的方向时，使用鼠标选择元器件并按住鼠标左键不放，然后再逐次按空格键进行元器件的旋转操作。

4）元器件布局完成后，接下来将每个元器件的器件标识符通过拖拽的方法放置在靠近元器件的适当位置，方便阅读和查找。

5）通过上述操作后的元器件新的布局如图 7-15 所示。很显然，现在的布局已变得合理很多，而且清晰易读。

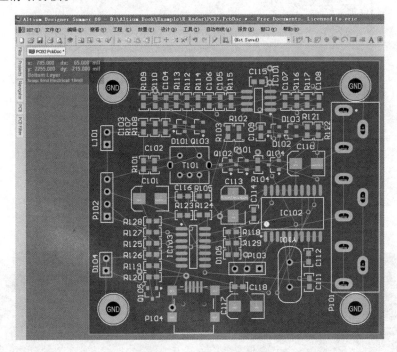

图 7-15　完成手动布局

📖 细心的读者可能发现上图所示的元器件布局图并不完全是"R Radar. SchDoc"所示的电路。这是一款在实际应用中进行了稍微更改后的产品电路。

7.3　3D 效果图

在 3D 效果图上用户可以看到 PCB 的实际效果及全貌，并通过 3D 效果图来察看元件封装是否正确、元件之间的安装是否有干涉和是否合理等。总之，在 3D 效果图上用户可以看到将来的 PCB 的全貌，可以在设计阶段改正一些错误，从而缩短设计周期并降低成本。因此，3D 效果图是一个很好的元器件布局分析工具，设计者在今后的工作中应当熟练掌握。

在 PCB 设计环境中选择"察看"→"切换到 3 维显示"命令，PCB 编辑器内的工作窗口变为三维仿真图形，如图 7-16 所示。生成的三维效果图是以".PCB3D"为扩展名的同名文件。还可修改三维效果图显示和打印属性。

📖 在 PCB 编辑环境中，如果显示效果如图 7-17 所示，移动电路板在电路板中间显示"Action not available in 3d view"，可能是计算机显卡不支持三维显示。选择"工具"→"legacy Tools"→"3D 显示"命令，就可以显示正常的 3D 效果了，如图 7-18 所示。

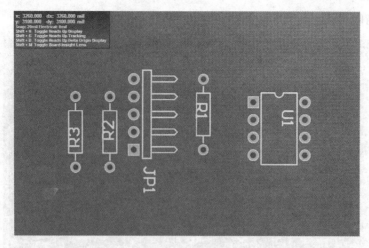

图 7-16　三维显示效果图

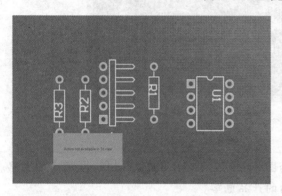

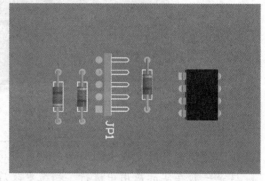

图 7-17　显示"Action not available in 3d view"的效果图　　　图 7-18　显示正常的三维效果图

　　在三维效果图工作窗口中选择"工具"→"优先选项"命令，打开"参数选择"对话框，如图 7-19 所示。此时在该对话框左侧树状目录中选择"PCB Editor"→"PCB Legacy3D"目录节点，将打开"PCB Editor - PCB Legacy 3D"选项卡，如图 7-20 所示。

图 7-19　"参数选择"对话框　　　　　图 7-20　"PCB Editor - PCB Legacy 3D"选项卡

1. "辅助高亮" 区域

该区域用于设置选取高亮度显示的颜色和背景，以及是否动画显示该网络。单击"高亮颜色"后的色块，系统将打开如图7-21所示的"选择颜色"对话框，可设置高亮显示网络的颜色，设置后网络标号将按照颜色设置更新显示。同样，单击"背景颜色"后的色块，可在打开的"选择颜色"对话框中设置背景的颜色。

2. "打印质量" 区域

该区域用于设置三维效果图的质量。

- "草图"：按照草图方式打印（最低打印质量）。
- "正常"：按照一般质量方式打印（中等打印质量）。
- "校样"：按照高质量方式打印。

3. "PCB 3D 文档" 区域

- "总是更新PCB 3D"：随时更新PCB 3D显示效果。
- "总是使用元器件器件体"：执行三维效果图显示时，默认使用元器件器件体。

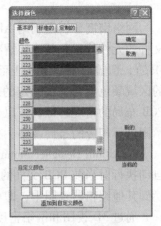

图7-21　"选择颜色"对话框

4. "默认 PCB 3D 库" 区域

该区域用于设置系统PCB 3D库的默认路径，单击"浏览"按钮，可在打开的对话框中指定库文件路径选择库文件，这样系统将把新指定的库文件当成默认PCB 3D库，如图7-22所示。此外，单击三维效果图工作窗口工具栏中的按钮，或者使用〈PageUp〉和〈Page-Down〉键，可缩放或者快速定位显示窗口中的三维效果图。

图7-22　默认PCB 3D库路径

📖 PCB的3D效果显示是一个很好的元器件布局分析工具，用户可以在三维效果图中观察到PCB的全貌，以便检查元器件封装的正确性和元器件之间的安装是否干涉，以及布局是否合理等，尽量在PCB的设计阶段改正问题，从而缩短产品的设计周期并降低成本。

7.4 网络密度分析

网络密度分析是利用 Altium Designer Summer 09 系统提供的密度分析工具，对当前 PCB 文件的元件放置及其连接情况进行分析。密度分析会生成一个临时的密度指示图（Density Map），覆盖在原 PCB 图上面。图中，绿色部分表示网络密度较低。元件较密集、连线较多的区域颜色就会呈现一定的变化趋势，红色表示网络密度较高的区域。密度指示图显示了 PCB 布局的密度特征，可以作为各区域内布线难度和布通率的指示信息。用户根据密度指示图进行相应的布局调整，有利于提高自动布线的布通率，降低布线难度。

在 Altium Designer Summer 09 的 PCB 编辑器中选择"工具"→"密度图"命令，系统自动执行对当前 PCB 文件的密度分析。按〈End〉键刷新视图，或者通过单击文件标签切换到其他编辑器视图中，即可恢复到普通 PCB 文件视图中。

通过 3D 视图和网络密度分析，可以进一步对 PCB 元件布局进行调整。完成上述工作后，就可以进行布线操作了。

7.5 思考与练习

1. 概念题

（1）元件的布局有哪两种方式？各有什么优缺点？

（2）简述元器件自动布局的方法。

（3）简述元器件手动布局的方法。

（4）简述 3D 效果图的操作方法。

2. 操作题

（1）打开一个现有的 PCB 文件，练习设置布局规则。

（2）对第 3 章操作题中所绘制的 LT1568 芯片应用电路原理图进行 PCB 布局设计，如自动布局和手动布局等。

第8章 印制电路板的布线设计

在完成电路板的布局工作以后，就可以开始进行布线操作了。在 PCB 的设计中，布线是完成产品设计的重要步骤，其要求最高、技术最细、工作量最大。其首要任务就是在 PCB 上布通所有的导线，建立起电路所需的所有电气连接，这在高密度 PCB 设计中很具有挑战性。PCB 布线可分为单面布线、双面布线和多层布线。

Altium Designer 的 PCB 布线方式有自动布线和手动布线两种方式。采用自动布线时，系统会自动完成所有布线操作；手动布线方式则要根据飞线的实际情况手工进行导线连接。实际布线时，可以先用手动布线的方式完成一些重要的导线连接，然后再进行自动布线，最后再用手动布线的方式修改自动布线时的不合理连接。

本章将通过具体实例介绍基本布线工具、布线的规则，自动布线和手动布线等。通过本章的学习，读者能够了解整个制板过程和具体操作。

8.1 放置布线工具

把所有的工作全部交给 Altium Designer Summer 09 系统来自行完成是不现实的。绝大多数情况下，设计者还需要手工完成布局、放置、布线、调整等操作。在 PCB 上放置元器件、导线、焊盘、字符串等图元是开展 PCB 设计需要掌握的最基本技能。Altium Designer Summer 09 为用户提供了丰富的图元放置和调整工具，如放置导线、焊盘、过孔、字符串、尺寸标注，或者绘制直线、圆弧等，这些操作可通过使用前面所讲过的"布线"工具栏和"实用工具"栏所提供的快捷操作或命令完成。此外，还可以使用如图 8-1 所示的"放置"菜单进行图元放置。显然，这种方式效率较低。

图 8-1 "放置"菜单

8.1.1 放置焊盘

在 PCB 设计过程中，放置焊盘是 PCB 设计中最基础的操作之一。特别是对于一些特殊形状的焊盘，还需要用户自己定义焊盘的类型并进行放置。

【例 8-1】 放置焊盘操作。

1）在 PCB 设计环境中，选择"放置"→"焊盘"命令，或者单击"布线"工具栏中的按钮，此时光标变成十字形，并带有一个焊盘。

2）移动光标到 PCB 的合适位置，单击即可完成放置。此时 PCB 编辑器仍处于放置焊盘的命令状态，移动到新的位置，可进行连续放置，如图8-2所示。右击或按〈Esc〉键可退出放置状态。

📖 也可以使用快捷键的方式放置焊盘，按〈P + P〉组合键，即激活焊盘放置功能。

3）双击所放置的焊盘，或者在放置过程中按〈Tab〉键，可以打开如图8-3所示的"焊盘"属性对话框。

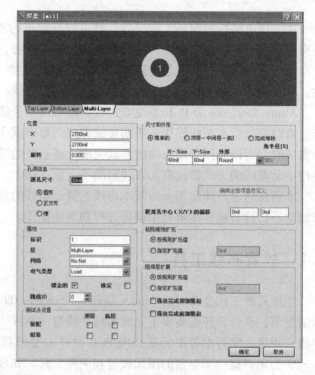

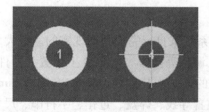

图8-2　放置焊盘　　　　　图8-3　"焊盘"属性对话窗

在该对话框中，可以对焊盘的属性加以设置或修改，具体内容如下。

- 位置：指示焊盘所在PCB图中的X、Y坐标值，以及设置焊盘的旋转角度。
- 孔洞信息：用于设置焊盘的孔径尺寸，即内孔直径。同时可以设置焊盘内孔的形状，有"圆形"、"正方形"和"槽"3种类型可供选择。
- 属性：该区域有"标识"、"层"、"网络"、"电气类型"等选项。

"标识"是焊盘在PCB上的元器件序号，用于在网络表中唯一标注该焊盘，一般是元件的引脚。

"层"用于设置焊盘所需放置的工作层面。一般，需要钻孔的焊盘应设置为"Multi - Layer"，而对于焊接表贴式元件不需要钻孔的焊盘则设置为元件所在的工作层面，如"Top Layer"或者"Bottom Layer"。

"网络"用于设置焊盘所在的网络名称。

"电气类型"用于设置焊盘的电气类型，有3项选择："Load"（中间点）、"Source"（源点）和"Terminator"（终止点），主要对应于自动布线时的不同拓扑逻辑。

"镀金的"：若选择该复选框，则焊盘孔内壁将进行镀金设置。

"锁定"：若选择该复选框，焊盘将处于锁定状态，可确保其不被误操作移动和编辑。

- 测试点设置：用于设置焊盘测试点所在的工作层面，通过在右边选择"顶层"或者"底层"复选框进行确定。
- 尺寸和外形：用于选择设置焊盘的尺寸和形状，有 3 种模式。

"简单的"：选择该单选按钮，意味着 PCB 各层的焊盘尺寸及形状都是相同的，具体尺寸和形状可以在下面的栏内设置。其中，形状有 3 种，分别是"Round"（圆形）、"Rectangle"（方形）和"Octagonal"（八角形）。

"顶层－中间层－底层"：选择该单选按钮，意味着顶层、中间层和底层的焊盘尺寸及形状可以各不相同，分别设置。

"完成堆栈"：选择该单选按钮，将激活 编辑全部焊盘层定义 按钮，单击该按钮，打开如图 8-4 所示的"焊盘层编辑器"对话框，可以对所有层的焊盘尺寸及形状进行详细设置。

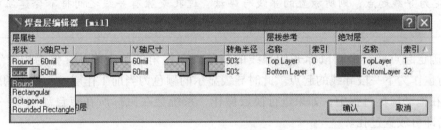

图 8-4 "焊盘层编辑器"对话框

8.1.2 放置导线

放置导线操作在 PCB 设计中使用最为频繁，在进行手工布线或者布线调整时，最主要的工作就是对于导线的放置和调整。导线通常放置在信号层，用来实现不同元件焊盘间的电气连接。

1. 导线的放置

在布线过程中，导线应选择正确的工作层面加以放置。选择需要布线的工作层面，可以单击板层标签中的相应工作层名称切换到导线要放置的工作层，也可以按数字小键盘上的〈*〉键或者〈+〉键和〈-〉键在所有信号层之间循环更换。每按一次键，就由当前层转到下一布线层。

📖 〈*〉号键、〈+〉键和〈-〉键循环切换工作层面的区别在于：按下〈*〉键仅在可布线层进行切换，而按下〈+〉键或者〈-〉键，可在所有显示的 PCB 层间进行切换。

【例 8-2】 导线的放置。

1）设定当前的工作层为顶层，选择"放置"→"Interactive Routing"命令，或者单击"布线"工具栏中的按钮▨都可以激活导线放置命令。此时光标变成十字形，在具有网络连接的元器件起点处或网络起点处单击确定即可，如图 8-5 所示。

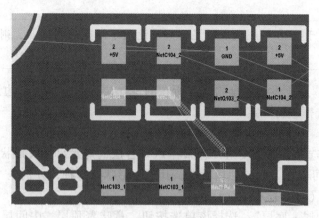

图 8-5　放置导线

📖 以焊盘、过孔、导线等实体为起始端画线时，若十字光标放置在合适的位置处，会出现一个八角形亮环，表明可以进行导线端点的确定操作。如果没有出现八角形提示亮环而被确定为导线起点，则所放置的导线与焊盘、过孔或原有导线之间将不会建立电气连接关系。

2）确定起点后，拖动鼠标开始导线的放置。在拐角处单击确认，作为当前线段的终点，同时也作为下一段导线的起点。此时导线显示的颜色为当前工作层——顶层的颜色。

3）在拖动鼠标过程中，如果进行换层操作，系统会在鼠标所在点自动出现一个过孔，此时单击即可放置过孔。

📖 导线是由一系列线段组成的。单击进行放置，每次改变导线走向，形成新导线，右击结束导线放置。按〈Shift + Space〉组合键可以切换选择导线拐角的模式。有 5 种：任意角度的斜线、45°直线、45°弧线、90°直线和90°弧线。

4）继续拖动鼠标，在终点处单击，完成导线的放置。此时，光标仍为十字形，系统仍处于导线放置状态，可在新的起点继续单击放置导线。右击或按〈Esc〉键可退出放置状态。

2. 导线的属性设置

（1）使用"Interactive Routing For Net"对话框进行设置

在放置导线的过程中，按〈Tab〉键可以打开出"Interactive Routing For Net"对话框，如图 8-6 所示。通过这个对话框可对正在进行放置的导线进行设置。

在这个对话框中，可以直接设置导线宽度、所在层面、过孔直径和过孔孔径大小等。此外，还有宽度规则设置项、过孔规则设置项和菜单项。

- 编辑宽度规则：单击该按钮，可以进入导线宽度规则的设置窗口，进行具体设置。
- 编辑过孔规则：单击该按钮，可以进入过孔规则的设置窗口，进行具体设置。
- 菜单：单击该按钮，则会打开如图 8-7 所示的命令菜单，可以编辑、添加导线宽度或者过孔规则等。选择"网络属性"命令，可对当前网络进行属性编辑。

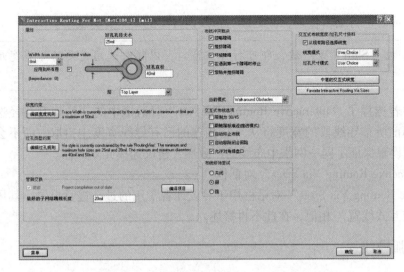

图 8-6 "Interactive Routing For Net" 对话框　　　　图 8-7　命令菜单

📖 如果修改的导线宽度、孔径等各项参数超出了相应规则的设定范围，则所作修改会被自动忽略，系统仍以原有参数布线。此时，设计者可使用上面的操作对规则进行重新设定。

（2）"中意的交互式线宽"对话框

在"Interactive Routing For Net"对话框的右侧，用于对布线操作中的一些模式进行设置，包括交互式布线及智能连接的避免冲突模式、导线宽度，以及过孔尺寸的使用模式等，设置内容与 PCB 编辑器"优先设定"对话框中的"Interactive Routing"选项卡完全相同。

单击 中意的交互式线宽 按钮，打开如图 8-8 所示的"中意的交互式线宽"对话框，对交互式布线线宽进行设置。

英制		公制		系统单位
宽度	单位	宽度	单位	单位
5	mil	0.127	mm	Imperial
6	mil	0.1524	mm	Imperial
8	mil	0.2032	mm	Imperial
10	mil	0.254	mm	Imperial
12	mil	0.3048	mm	Imperial
20	mil	0.508	mm	Imperial
25	mil	0.635	mm	Imperial
50	mil	1.27	mm	Imperial
100	mil	2.54	mm	Imperial
3.937	mil	0.1	mm	Metric
7.874	mil	0.2	mm	Metric
11.811	mil	0.3	mm	Metric
19.685	mil	0.5	mm	Metric
29.528	mil	0.75	mm	Metric
39.37	mil	1	mm	Metric

图 8-8　"中意的交互式线宽"对话框

在该窗口中，以公制（Metric）和英制（Imperial）两种单位对应列出了若干项导线宽度值。在不超出导线宽度规则设定范围的前提下，设计者在放置铜膜导线时可随意选用。设计者可以按照个人的习惯，使用 添加 、 删除 、 编辑 等按钮，随时将自己常用的导线宽度值加入到该窗口中或者进行编辑整理，使之成为布线设计中的一个有力助手。

> 📖 导线的放置状态下，按〈Shift + W〉键，即可打开该窗口，以随时选用需要的导线宽度值，快捷方便。

此外，布线过程中若选择了"Interactive Routing For Net"对话框中的"从现有路径选择线宽"复选框，则当前所布导线段的宽度将从与它相连的已有导线宽度中拾取，而不会随设定值而变化。该项设置保证了同一网络中布线的一致性，建议选择此复选框。

（3）"Favorite Interactive Routing Via Sizes"对话框

"Favorite Interactive Routing Via Sizes"对话框用于对设计者常用的过孔进行设置，其风格和作用与"中意的交互式线宽"相似，在此不再赘述。

8.1.3 放置圆及圆弧导线

圆弧可以作为特殊形状的导线布置在信号层，也可以用来定义边界或绘制一些特殊图形。在 PCB 编辑器中，系统为用户提供了如图 8-9 所示的 4 种放置圆及圆弧的方法，分别是：中心法放置圆弧、边沿法放置 90°圆弧、放置任意角度圆弧和放置圆环。所谓中心法放置圆弧，就是以圆弧中心为起点进行绘制，所谓边沿法放置圆弧，就是通过确定圆弧的起点和终点来放置一个圆弧。

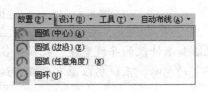

图 8-9　放置圆及圆弧菜单命令

【例 8-3】 边沿法绘制圆弧。

1）选择"放置"→"圆弧（任意角度）"命令，或者单击"实用工具"下拉工具栏中的按钮，此时光标变成十字形，进入放置状态。

2）移动光标，在合适位置处单击，确定圆弧边沿的起点，拖动光标，调整圆弧的半径大小，如图 8-10 所示。

3）单击确定后，光标回到圆弧上，如图 8-11 所示。

图 8-10　确定起点、半径

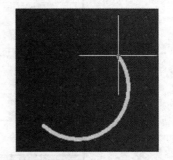

图 8-11　画出任意圆弧

4）拖动光标到适当位置处，单击确定圆弧的终点，如图 8-12 所示。

5）此时，拖动圆弧上的小方块，可以对该圆弧的半径和起点、终点位置进行调整，而拖动圆弧中心的小十字，则可以移动整个圆弧。

6）调整完毕，再次单击确定，完成圆弧的放置，如图 8-13 所示。

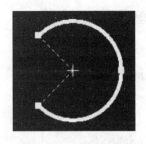

图 8-12　确定圆弧终点　　　　图 8-13　完成圆弧放置

7）双击所放置的圆弧，打开如图 8-14 所示的"Arc"对话框。在该对话框中可以详细设置圆弧的有关属性。

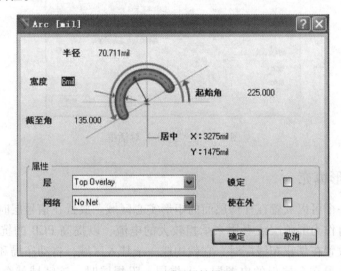

图 8-14　圆弧属性设置

8.1.4　放置过孔

过孔用来连接不同工作层面上的导线，主要用于双面板和多层板的设计中，对于普通的单面板，是不需要放置过孔的。

【例 8-4】　放置过孔操作。

1）选择"放置"→"过孔"命令，或者单击"布线"工具栏中的按钮，此时光标变成十字形，并带有一个过孔，移动光标到合适位置处，单击即可完成放置。

📖 放置过孔的快捷操作方式是顺序按下〈P〉键、〈V〉键。

2）双击所放置的过孔，或者在放置过程中按〈Tab〉键，可以打开如图 8-15 所示的"过孔"对话框。

过孔的放置及属性的设置与焊盘基本相同，需要注意的是，过孔的孔径宜小不宜大，但过小的孔径也会增加 PCB 的制板难度。

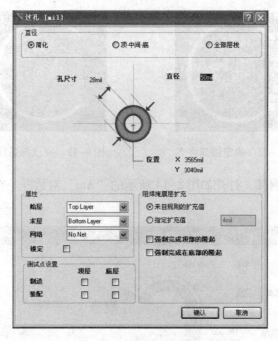

图 8-15 "过孔"对话框

8.1.5 放置矩形填充

矩形填充是一个可以放置在任何层面的矩形实心区域。放置在信号层时，就成为一块矩形的铺铜区域，可作为屏蔽层或者用来承担较大的电流，以提高 PCB 的抗干扰能力；放置在非信号层，如放置在禁止布线层时，它就构成一个禁入区域，自动布局和自动布线都将避开这个区域；而放置在多层板的电源层、助焊层、阻焊层时，该区域就会成为一个空白区域，即不铺电源或者不加助焊剂、阻焊剂等；放置在丝印层时，则成为印制的图形标记。

【例 8-5】 放置矩形填充。

1）选择"放置"→"填充"命令，或者单击"布线"工具栏中的按钮🔲，此时光标变成十字形，进入放置状态。

2）移动光标，在 PCB 中单击确定矩形填充起始点，确定矩形填充的一个顶点，拖动光标，调整矩形填充的尺寸大小，如图 8-16 所示。

3）单击，确定矩形填充的对角顶点，如图 8-17 所示。

4）此时拖动小方块或小十字，可以调整矩形填充的大小、位置、旋转角度等，如图 8-18 所示。

图 8-16 确定一个顶点

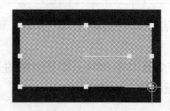

图 8-17 确定对角顶点

图 8-18 放置矩形填充

5）调整完毕，再次单击确定，完成矩形填充的放置。

6）双击所放置的矩形填充，会打开如图 8-19 所示的"填充"对话框。在该对话框中可以详细设置矩形填充的有关属性。

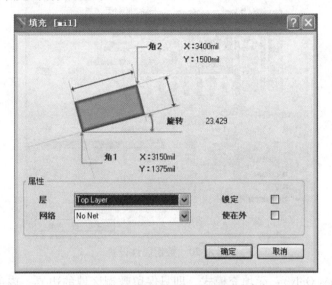

图 8-19　矩形填充属性设置

📖 对于放置在信号层的矩形填充，应设置相应的网络名称，以便与地网络连接。除放置矩形填充外，还可以放置多边形的填充区，通过选择"放置"→"实心区域"命令即可，放置过程及作用与矩形填充基本相同，不同的是它的形状可以是多边的，比矩形填充更加灵活。

8.1.6　放置敷铜

敷铜的放置是 PCB 设计中的一项重要操作，一般在完成了元件布局和布线之后进行，把 PCB 上没有放置元件和导线的地方都用铜膜来填充，以增强电路板工作时的抗干扰性能。敷铜只能放置在信号层，可以连接到网络，也可以独立存在。

与前面所放置的各种图元不同，敷铜在放置之前需要对即将进行的敷铜进行相关属性的设置。

选择"放置"→"多边形敷铜"命令，或者单击"布线"工具栏中的按钮▣，系统弹出"多边形敷铜"对话框，如图 8-20 所示。

该对话框中的设置内容如下。

（1）填充模式

用于选择敷铜的填充模式，有如下 3 种。

- Solid(Copper Regions)：实心填充模式，即敷铜区域内为全铜敷设。选择实心填充模式后，需要设定孤岛的面积限制值，以及删除凹槽的宽度限制值。

- Hatched(Tracks/Arcs)：影线化填充模式，即向敷铜区域内填入网格状的敷铜。选择该单选按钮后，需要设定轨迹宽度、栅格尺寸、包围焊盘宽度，以及网格的孵化模式等。

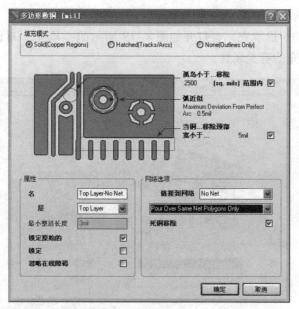

图 8-20　敷铜属性设置

- None(Outlines Only)：无填充模式，即只保留敷铜区域的边界，内部不进行填充。选择该单选按钮后，需要设定敷铜边界轨迹宽度，以及包围焊盘的形状等。

（2）属性

用于设定敷铜块的名称、所在的工作层面和最小图元的长度，以及是否选择锁定敷铜等。

（3）网络选项

用于进行与敷铜有关的网络设置。

- 链接到网络：选择设定敷铜所要连接的网络。系统默认为不与任何网络连接（"No Net"），一般设计中通常将敷铜连接到信号地上（"GND"），即进行地线敷铜。

📖 如果不设置敷铜区域的网络连接属性，则完成的敷铜区域不与任何电路连接，要么根据规则设定被系统去除，要么成为一片敷铜孤岛，不起任何电气屏蔽作用。

- Don't Pour Over Same Net Objects：选中该选项时，敷铜的内部填充不会覆盖具有相同网络名称的导线，并且只与同网络的焊盘相连。
- Pour Over All Same Net Objects：选中该选项时，敷铜的内部填充将覆盖具有相同网络名称的导线，并与同网络的所有图元相连，如焊盘、过孔等。
- Pour Over Same Net Polygons Only：选中该选项时，敷铜将只覆盖具有相同网络名称的多边形填充，不会覆盖具有相同网络名称的导线。

📖 所放置的敷铜与不被覆盖的图元之间会存在一个安全间距，此间距的大小取决于在安全间距规则中所设置的具体值。

- 死铜移除：用于设置是否删除死铜。死铜是指没有连接到指定网络图元上的封闭区域内的小区域敷铜，或者是不符合设定要求的小区域敷铜。若选择该复选框，则可以将这些敷铜去除，使 PCB 更为美观。

【例8-6】 放置敷铜。

本例中将对图8-21所示的PCB进行敷铜操作。

1）选择"放置"→"多边形敷铜"命令，或者单击"布线"工具栏中的按钮█，在打开的对话框中进行敷铜属性的有关设置。本实例中采用实心填充模式，在"TopLayer"上进行敷铜，敷铜连接网络为"GND"，要求去除死铜，敷铜与元器件及其他网络的间距规则设定为15 mil。

2）设置完毕，单击 确定 按钮，关闭对话框，返回编辑窗口中，此时光标变成十字形。

3）单击确定敷铜的起点，移动光标到适当位置处，依次确定敷铜边界的各个顶点，如图8-22所示。

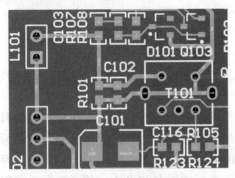
图8-21　敷铜前的PCB

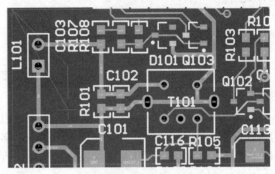
图8-22　确定敷铜区域各个顶点

4）在终点处右击，退出命令状态。同时系统会自动将起点与终点连接起来，形成一个封闭的区域。

5）此时系统显示的是仍可更改大小、形状的敷铜区域，等待设计者最后确认。拖动敷铜区域或者区域周围的小方块，可以移动敷铜区域或者改变其形状和大小。松开鼠标左键，系统会弹出如图8-23所示的重新敷铜确认对话框。

6）单击 Yes 按钮后，系统将按照调整重新敷铜。如图8-24所示是最终完成的敷铜结果显示。

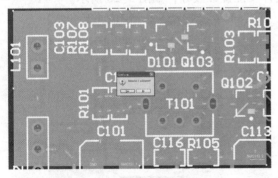
图8-23　确认重新敷铜

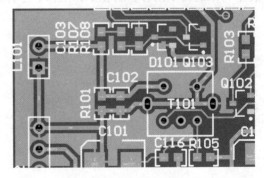
图8-24　最终敷铜结果

📖 敷铜与填充有很大的区别。填充是填充整个设定区域，完全覆盖了原有的电气连接关系，而敷铜则可以自动避开同层上已有的网络布线、焊盘、过孔和其他图元，保持原有的电气连接关系。

8.1.7 放置直线

这里的直线一般多指与电气网络无关的线，可以放置在不同的工作层面，例如，在机械层绘制 PCB 的外形轮廓、在禁止布线层绘制电气边界、在丝印层绘制说明图形等。

选择"放置"→"直线"命令，或者单击"实用工具"下拉工具栏中的"放置直线"按钮▨，都可以开始直线的放置操作，具体过程及属性的设置与上面介绍的导线基本相同。

📖 直线与铜膜导线的最大区别在于，直线不具有网络标识，而且它的属性也不必受制于设计规则。

8.1.8 放置字符串

字符串主要用于标注一些说明文字，以增加 PCB 的可读性，所以设计时应将所有的字符串放置在 PCB 的丝印层上。

在 Altium Designer Summer 09 整个系统中，包括原理图编辑环境和 PCB 编辑环境，都可以使用 True Type 字体。该字体系统基于 Unicode 字符串，支持中文、日文等多种语言及符号，可用于各种文本的标注，并实现了全面的 Gerber/ODB++ 输出和打印支持。这意味着设计者可以按照自己的语言和需要，选择希望使用的字体符号，直接放置在 PCB 上，或者选择"工程"→"工程参数"→"ECO Generation"命令，将原理图文件的符号信息同步到 PCB 文件中。

【例 8-7】 放置字符串。

1）选择"放置"→"字符串"命令，或者单击"布线"工具栏中的"放置字符串"按钮▲，光标变成十字形，并带有一个"String"的字符串，如图 8-25 所示。

2）移动光标到合适位置处，单击即可完成放置。重复操作，可在 PCB 上连续放置其他字符串。放置字符串完毕，右击或按〈Esc〉键退出放置状态。

3）在放置字符串的过程中，按〈Tab〉键，将打开"串"对话窗。在该对话框中可设置字符串的文本内容、所在工作层面、字体及各项位置参数等，如图 8-26 所示。

图 8-25 放置字符串的命令状态　　　　　图 8-26 "串"对话框

4）双击放置好的字符串，同样会打开"串"对话框。在该对话框中选择"True Type"单选按钮后，在下面的"字体名"下拉列表框中列出了各种 True Type 字体的名称，设计者可选择使用，并可以进行加粗、斜体及文本转换等显示设置。

在"参数选择"对话框的"True Type Fonts"选项卡中，设计者如果选择了"嵌入 True Type 字体到 PCB 文档"复选框，即可在所设计的 PCB 文件中嵌入 True Type 字体，以便在没有指定字体的系统中使用。

5）设置完毕，单击 确定 按钮关闭对话框。

8.1.9　放置位置坐标

位置坐标是用来将光标当前的位置（即与坐标参考原点之间的距离）在工作平面上标注出来，以供用户设计时参考。放置位置坐标的方法与放置字符串的方法类似。

选择"放置"→"坐标"命令，或者单击"实用工具"下拉工具栏中的按钮 ，此时光标变成十字形，并带有一个位置坐标，随光标的移动而变化，移动光标到需要放置坐标的位置，单击即可进行放置，如图 8-27 所示。

双击所放置的位置坐标，或者在放置过程中按〈Tab〉键，可以打开如图 8-28 所示的"调整"对话框，可对位置坐标的各项属性进行设置。其中，在"单位格式"下拉列表框系统提供了 3 种可选的单位标注格式，分别是"None"（不标注单位）、"Normal"（单位直接分别跟随在 X，Y 坐标值后）及"Brackets"（单位由小括号括起，标注在坐标值后）。

图 8-27　放置位置坐标的命令状态

图 8-28　位置坐标属性设置

8.1.10　放置尺寸标注

为了方便后续的 PCB 设计或者满足制板的需要，用户在设计中应对 PCB 尺寸或者某些特殊对象的尺寸进行必要的标注。

Altium Designer Summer 09 系统为用户提供了多种形式的尺寸标注，如图 8-29 所示，可分别应用于不同的标注对象，放置操作基本相同。下面就以放

图 8-29　尺寸标注命令

置直线尺寸标注为例进行说明。

【例8-8】 放置直线尺寸标注。

1）选择"放置"→"尺寸"→"线性的"标注命令，或者单击"放置尺寸"下拉工具栏中的按钮，可进行线性尺寸标注。此时光标变成十字形，并带有一个尺寸为"0.00"的标注点。

2）移动十字光标到需要尺寸标注的起始点，单击确定起点位置。此后随着光标的滑动，尺寸开始实时跟随光标滑动的距离而变动。滑动光标到尺寸标注终点位置处，如图8-30所示。

图8-30　放置直线尺寸标注

3）单击确定。此时，上下移动光标，可以调整标注引出线的长度。

4）再次单击确定，即完成了该直线尺寸标注的放置，可以继续放置其他的直线尺寸标注，也可以右击或按〈Esc〉键退出放置状态。

5）双击所放置的尺寸标注，或者在放置过程中按〈Tab〉键，可打开如图8-31所示的"线尺寸"对话框，可详细设置各项属性及参数，包括所在的层面、显示格式、位置、单位、精确度、字体等。

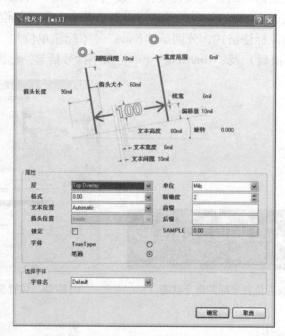

图8-31　直线尺寸标注属性设置

6）设置完毕，单击 确定 按钮关闭对话框。

8.1.11　放置元件封装

PCB编辑器为用户提供了两种放置元件封装的方法：一种就是前面所说的通过同步来自动调入元件封装，另一种是直接使用手工进行元件封装的放置。Altium Designer Summer

09 系统中虽然集成了大量的元器件封装，但往往仍旧无法满足众多设计者的不同需要，即使同一种封装有时也需要根据产品情况进行修改，因此，在很多情况下都需要手动放置元器件封装。

进入放置元件封装的命令状态可以通过如下几种方法：

● 选择"放置"→"元件"命令。

● 单击"布线"工具栏中的按钮。

● 使用快捷键〈P+C〉。

● 使用"库"面板，在元器件库中进行元器件选择，选定元件后，双击元件名称或者单击右上角的放置按钮。

【例8-9】 放置元件封装

1）进入元件放置的命令状态后，系统会弹出如图8-32所示的"放置元件"对话框。

2）在"放置类型"选项区域选择"封装"单选按钮，之后，在下面的"封装"文本框中直接输入要放置的封装名称，已加库文件中第一个符合该名称的元件封装将被使用。

3）如果用户不能确定封装名称，或者希望从特定的库中调用元件封装，可以单击该栏后面的按钮，打开如图8-33所示的"浏览库"对话框。在该对话框中可以浏览所有已加载的可用库文件，从中选择合适的元件封装。

图8-32 "放置元件"对话框

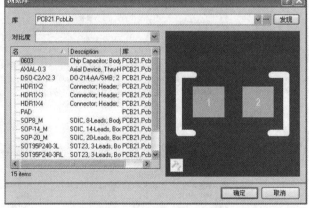

图8-33 "浏览库"对话框

4）若目前所加载的库文件中没有符合要求的元件封装，则需要重新加载库文件。单击发现前的按钮进行查找，如图8-34所示。

📖 发现按钮用来在目前已装载的库文件中进行元件的查找。

5）安装所需的库文件后就可以选定元件封装进行放置了，单击图8-33中的确定按钮，返回编辑窗口。此时，将会看到选定元件的封装外形跟随光标而移动，在指定位置处，单击进行放置。

📖 放置过程中，按空格键可以使封装旋转或镜像。

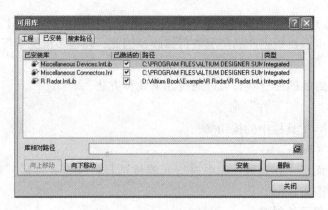

图 8-34　安装库文件

6）双击所放置的元件封装，或者在放置过程中按〈Tab〉键，打开如图 8-35 所示的"元件"对话框，可对元件属性进行设置。

图 8-35　元件封装属性设置

📖 元件的标识符及注释同样可选择使用 True Type 字体。

8.2　自动布线规则设置

完成了 PCB 元件布局规则的设置之后，还需要对自动布线规则进行设置。同自动布局一样，在启动自动布线器，进行自动布线之前，同样需要对相关的布线规则进行合理的设置，即针对不同的操作对象，去定义灵活的设计约束，以获得更高的布线效率和布通率。

自动布线的规则设置在 Altium Designer Summer 09 的 PCB 编辑器中，选择"设计"→"规则"命令，即可打开"PCB 规则及约束编辑器"对话框。也可以在 PCB 设计环境中右击，在弹出的快捷菜单中选择"设计"→"规则"命令，打开"PCB 规则及约束编辑器"对话框，如图 8-36 所示。

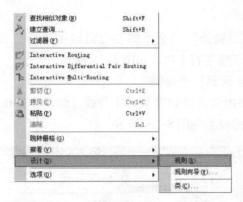

图 8-36　打开"PCB 规则及约束编辑器"

"PCB 规则及约束编辑器"对话框如图 8-37 所示。该对话框中包含了许多 PCB 设计规则和约束条件。

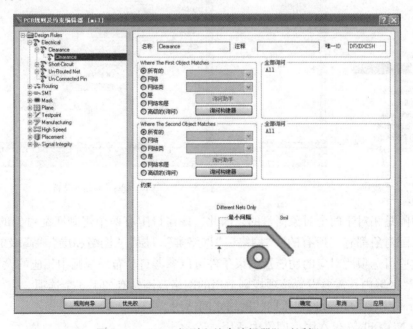

图 8-37　"PCB 规则和约束编辑器"对话框

在"PCB 规则和约束编辑器"对话框的左边窗格中，系统列出了所提供的 10 大类设计规则（Design Rules），分别是："Electrical"（电气规则）、"Routing"（布线规则）、"SMT"（表贴式元件规则）、"Mask"（屏蔽层规则）、"Plane"（内层规则）、"Testpoint"（测试点规则）、"Manufacturing"（制板规则）、"High Speed"（高频电路规则）、"Placement"（布局规则）和"Signal Integrity"（信号完整性分析规则）。在每一类规则中，又分别包含若干项具体的子规则。设计者可以单击各规则类前面的⊞符号展开，查看每类中具体的设计规则。在所有规则中，与布线有关的主要是"Electrical"（电气规则）和"Routing"（布线规则）。

8.2.1 电气规则设置

在"PCB规则及约束编辑器"对话框的左边窗格中单击"Electrical"前面的⊞符号，可以看到需要设置的电气子规则有4项，如图8-38所示。

1. "Clearance"（安全间距）子规则

"Clearance"规则主要用来设置PCB设计中导线、焊盘、过孔，以及敷铜等导电对象之间的最小安全间隔，相应的设置如图8-39所示。

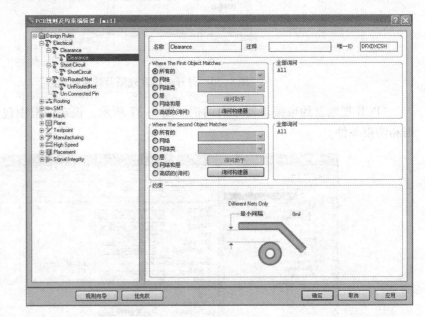

图8-38　电气子规则　　　　　图8-39　"Clearance"规则设置

由于间隔是相对于两个对象而言的，因此，该窗口中有两个规则匹配对象的范围设置。每个规则匹配对象都有"所有的""网络""网络类""层""网络和层""高级的（询问）"可选项，这些可选项所对应的功能及约束条件可以参考自动布局规则中相应的设置。

"约束"区域内，需要设置该项规则适用的网络范围，有如下3个选项。

- Different Nets Only：仅在不同的网络之间适用。
- Same Net Only：仅在同一网络中适用。
- Any Net：适用于所有的网络。

"最小间隔"应根据实际设计情况进行设定。系统默认的安全间距为8 mil，对一般的数字电路设计来说基本可以。如果PCB面积允许，安全间距的设置应尽可能大一些。一般来说，对象之间的间隔值越大，制作完毕的PCB面积就越大，成本也会越高；反过来间隔过小，又极有可能产生干扰或短路。

2. "Short – Circuit"（短路）子规则

"Short – Circuit" 规则主要用于设置 PCB 上的不同网络间的导线是否允许短路，如图 8-40 所示。

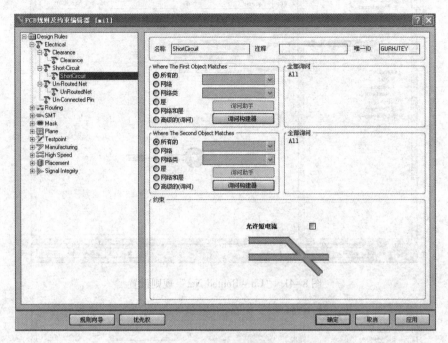

图 8-40 "Short – Circuit" 规则设置

"Short – Circuit" 规则针对两个匹配对象间进行设置。在该窗口中的两个规则匹配对象分别由用户在"所有的"、"网络"、"网络类"、"层"、"网络和层"、"高级的（询问）"选项内设置。在"约束"区域内，只有一个"允许短电流"复选框，若选择该复选框，则意味着允许上面所设置的两个匹配对象中的导线短路，若不选择，则不允许。系统默认状态为不选择。

📖 通常情况"Short – Circuit"规则应设置为禁止短电流，除非有特殊的要求（如需要将几个地网络短接到一点），才能允许短路。

3. "Un – Routed Net"（未布线网络）子规则

"Un – Routed Net" 规则主要用于检查 PCB 中用户指定范围内的网络是否自动布线成功，对于没有布通或者未布线的网络，将使其仍保持飞线连接状态。该规则不需要设置其他约束，只需创建规则，为其命名并设定适用范围即可，如图 8-41 所示。

📖 该规则在 PCB 布线时是用不到的，只是在进行 DRC 校验时，若本规则所设置的网络没有布线，则将显示违规。

4. "Un – Connected Pin"（未连接引脚）子规则

"Un – Connected Pin" 规则主要用于检查指定范围内的元件引脚是否均已连接到网络，对于未连接的引脚，给予警告提示，显示为高亮状态。该规则也不需要设置其他的约束，只需创建规则，为其命名并设定适用范围即可，如图 8-42 所示。

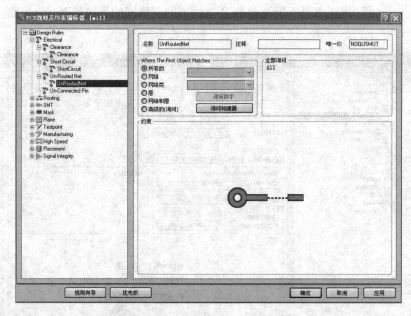

图 8-41 "Un - Routed Net" 规则设置

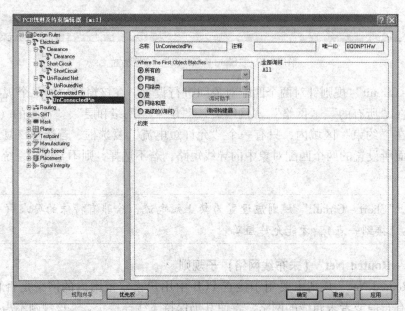

图 8-42 "Un - Connected Pin" 规则设置

📖 系统默认状态下未加该规则。由于电路中通常都会存在一些不连接的元件引脚，如引脚悬空等。因此，该规则可以不设置，由设计者自己来保证引脚连接与否的正确性。

8.2.2 布线规则设置

布线规则是自动布线器进行自动布线时所依据的重要规则，设置是否合理将直接影响到自动布线质量的好坏和布通率的高低。

单击"Routing"前面的⊞符号，展开布线规则，可以看到有 8 项子规则，如图 8-43 所示。

其中，"Width"规则主要用于设置 PCB 布线时允许采用的导线宽度，有最大、最小和优选之分。最大宽度和最小宽度确定了导线的宽度范围，而优选尺寸则为导线放置时系统默认采用的宽度值。在自动布线或手动布线时，对导线宽度的设定和调整不能超出导线最大宽度和最小宽度。这些设置都是在"约束"区域内完成的，如图 8-44 所示。

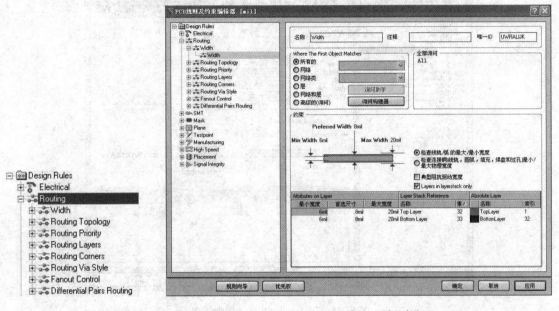

图 8-43 布线子规则   图 8-44 "Width"规则设置

"约束"区域有两个复选框，含义如下。

- 典型阻抗驱动宽度：选择该复选框后，将显示铜膜导线的特征阻抗值，设计者可以对最大、最小及优选阻抗进行设置。
- Layers in layerstack only：选择该复选框后，意味着当前的宽度规则仅应用于在图层堆栈中所设置的工作层，否则将适用于所有的电路板层。系统默认为选择。

8.2.3 导线宽度规则及优先级的设置

同 Altium 的前期版本一样，Altium Designer Summer 09 的设计规则系统有着强大的功能。例如，针对不同的目标对象，在规则中可以定义同类型的多重规则，系统将使用预定义等级来决定将哪一个规则具体应用到哪一个对象上。在上述导线宽度规则定义中，设计者可以定义一个适用于整个 PCB 的导线宽度约束规则（即所有的导线都必须是这个宽度），但由于希望接地网络的导线与一般的连接导线不同，需要尽量地粗一些，因此，设计者还需要定义一个宽度约束规则，该规则将忽略前一个规则。除此之外，在接地网络上往往根据某些特殊的连接还需要定义第 3 个宽度约束规则，此时该规则将忽略前两个规则。所定义的规则将根据优先级别顺序显示。

【例8-10】 导线宽度规则及优先级的设置。

本例中将定义两个导线宽度规则，一个适用于整个PCB，另一个则适用于电源网络和接地网络。

1）在打开的"Width"子规则设置窗口中，首先设置第一个宽度规则。根据制版需要，将导线的"Max Width"、"Min Width"、"Preferred Width"宽度值均设为"8mil"，在"名称"文本框中输入"All"以便记忆。规则匹配对象范围设置为"所有的"，单击 应用 按钮，完成第一个导线宽度规则设置，如图8-45所示。

图8-45 第1个导线宽度规则设置

2）将鼠标移到左侧窗口栏中，选中左侧窗口中的"Width"规则，右击，在弹出的快捷菜单中选择"新建规则"命令，增加一个新的导线宽度规则，规则名默认名为"Width"，如图8-46所示。

3）单击新建的"Width"导线宽度规则，打开设置窗口。在"名称"文本框中输入"GND"字符串用做提示，在"Where the First Object Matches"栏中定义规则匹配对

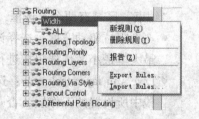

图8-46 建立新的导线宽度规则

象为"网络"，并单击按钮 ∨，在下拉列表框中选择"GND"网络，此时右边的"全部询问"区域中显示"InNet（'GND'）"，如图8-47所示。

4）选择"Where the First Object Matches"栏中的"高级的（询问）"单选按钮，此时会激活 询问助手 按钮。单击此按钮，将打开"Query Helper"对话框。此时，在"Query Helper"区域中显示的内容为"InNet（'GND'）"。

5）单击"Query Helper"中部按钮栏中的 Or 按钮，"Query"区域中显示的内容变为"InNet（'GND'）Or"。

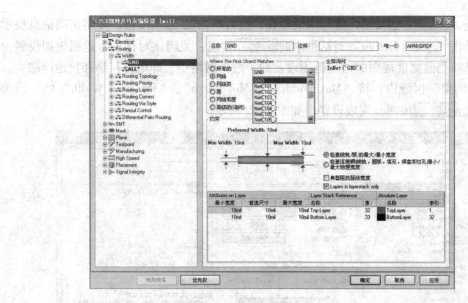

图 8-47　第 2 个导线宽度规则设置

6) 在左下侧的"Categories"栏中选择"PCB Functions"目录，并选中此目录中的"Membership Checks"选项栏，完成后在右边显示框中的"Name"栏中找到"InNet"选项。双击该选项，"Query"区域中显示的内容变为"InNet( ) Or InNet('GND')"，接下来单击左下侧的"Categories"栏中"PCB Objects Lists"目录下的"Nets"选项栏，在打开的网络列表中双击选择"+5V"网络，将"+5V"网络加入条件中。此时，"Query"区域中显示内容变为"InNet('+5V')Or InNet('GND')"，如图 8-48 所示。

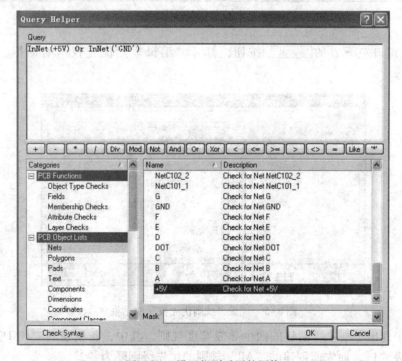

图 8-48　设置规则适用的网络

7）单击 Check Syntax 按钮，进行语法检查，然后单击 OK 按钮，关闭正确信息提示框。并再次单击"Query Helper"对话框中的 OK 按钮，关闭该对话框，返回规则设置窗口中。此时已将当前宽度规则的适用范围设置到了两个网络中，即电源网络和接地网络。

8）在"约束"区域内，将"Max Width"、"Min Width"、"Preferred Width"的值设为"20 mil"，单击 应用 按钮，完成设置，如图 8-49 所示。

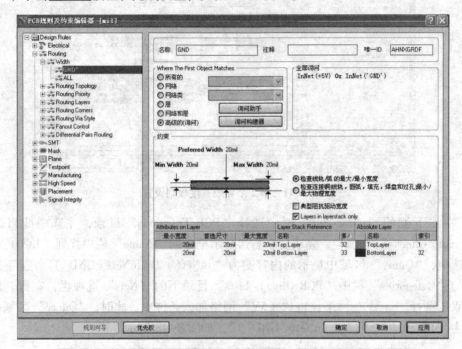

图 8-49　完成第 2 个导线宽度规则设置

9）单击窗口左下方的 优先权 按钮，打开"编辑规则优先权"对话框，如图 8-50 所示。

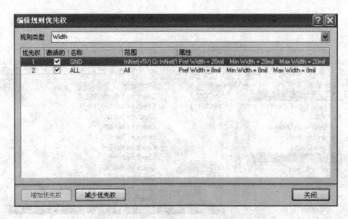

图 8-50　"编辑规则优先权"对话框

对话框中列出了刚才所创建的两个导线宽度规则，其中，新创建的"GND"规则被赋予了高优先级"1"，而先前创建的"All"规则的优先级则降为"2"。

📖 同类规则中，新建规则总是被系统默认赋予最高的优先级别（通常为"1"）。单击对话框下面的 [增加优先权] 或 [减少优先权] 按钮，即可更改所列规则的优先级别。

8.2.4 布线拓扑子规则设置

"Routing Topology"（布线拓扑）规则主要用于设置自动布线时导线的拓扑网络逻辑，即同一网络内各节点间的走线方式。拓扑网络的设置有助于自动布线的布通率，"Routing Topology"规则设置对话框如图 8-51 所示。

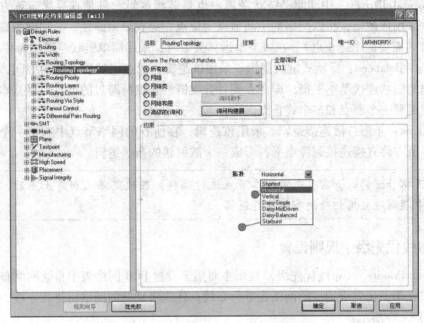

图 8-51 "Routing Topology"规则设置

在"PCB 规则及约束编辑器"对话框的拓扑类型选择区域内，系统提供了多种可选的拓扑逻辑，设计者可根据 PCB 的复杂程度选择不同的拓扑类型进行自动布线，如图 8-52 所示。

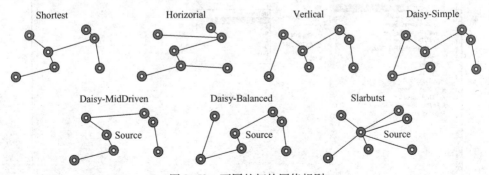

图 8-52 不同的拓扑网络规则

这些拓扑类型的含义分别如下。

- Shortest：连接线总长最短逻辑，是系统默认的拓扑逻辑。采用该逻辑，系统将保证各网络节点之间的布线总长度最短。

225

- Horizontal：优先水平布线逻辑。采用该逻辑布线时，系统将尽可能地选择水平方向的走线，网络内各节点之间水平连线的总长度与竖直连线的总长度比值控制在5:1左右。若元件布局时，水平方向上的空间较大，可考虑采用该拓扑逻辑进行布线。
- Vertical：优先竖直布线逻辑。与上一种逻辑相反，采用该逻辑布线时，系统将尽可能地选择竖直方向的走线。
- Daisy – Simple：简单链状连接逻辑。采用该逻辑，系统布线时会将网络内的所有节点连接起来成为一串，在源点（Source）和终止点（Terminator）确定的前提下，其中间各点（Load）的走线以总长度最短为原则。
- Daisy – MidDriven：中间驱动链状逻辑。也是链状逻辑，只是其寻优运算方式有所不同。采用该逻辑，将以网络的中间节点为源点，寻找最短路径，分别向两端进行链状连接（需要两个终止点）。在该逻辑运算失败时，采用简单链状逻辑作为替补。
- Daisy – Balanced：平衡式链状逻辑。采用该逻辑，源点仍然置于链的中间，只是要求两侧的链状连接基本平衡，即源点到各分支链终止点所跨过的节点数目基本相同。该逻辑需要一个源点和多个终止点。
- Starburst：星形扩散连接逻辑。采用该逻辑，在所有的网络节点中选定一个源点，其余各节点将直接连接到源点上，形成一个散射状的布线逻辑。

📖 使用上述拓扑逻辑时，需要先对网络节点进行编辑，在确定源点和终止点后，才能在自动布线中顺利地应用相应的布线拓扑逻辑。

8.2.5 布线优先级子规则设置

"Routing Priority"（布线优先级）规则主要用于设置 PCB 网络表中布通网络布线的先后顺序，设定完毕，优先级别高的网络先进行布线，优先级别低的网络后进行布线，规则设置对话框如图 8-53 所示。

图 8-53 "Routing Priority" 规则设置

在"Where The First Object Matches"区域内选择"所有的"单选按钮，则不对网络进行优先级设置。需要进行优先级设定时，可在"网络"、"网络类"、"层"、"网络和层"及"高级的（询问）"中根据需要进行选择设置。

在规则的"约束"区域内只有一项"行程优先权"，用于设置指定网络的布线优先级，级别取值范围为 0 ~ 100，数字越大，相应的优先级别就越高，系统默认的布线优先级为 0。

8.2.6　布线层子规则设置

"Routing Layers"（布线层）规则主要用于设置在自动布线过程中允许进行布线的工作层，一般情况下用在多层板中，规则设置窗口如图 8-54 所示。

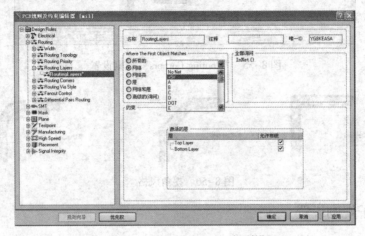

图 8-54　"Routing Layers"规则设置

在"约束"区域内列出了在 PCB 制版时设计者在"图层堆栈管理器"中定义的所有层，根据布板需要，若某层可以进行布线，则在相应布线层上选择右边的复选框即可。同样，在"Where The First Object Matches"区域内，可以设置特定的电气网络在指定的层面进行布线。选择"所有的"则不对网络进行设置。需要进行电气网络设定时，可在"网络"、"网络类"、"层"、"网络和层"及"高级的（询问）"中根据需要进行设置。

8.2.7　布线拐角子规则设置

"Routing Corners"（布线拐角）规则主要用于设置自动布线时的导线拐角模式，通常情况下，为了提高 PCB 的电气性能，在 PCB 布板时应尽量减少"直角导线"的存在，这个规则的设置对话框如图 8-55 所示。

在"约束"区域内，系统提供了 3 种可选的拐角风格："90°"、"45°"和"圆弧形"，如图 8-56 所示。

其中，在"45°"和"圆弧形"两种拐角风格中，需要设置拐角尺寸的范围，在"退步"栏中输入拐角的最小值，在"to"栏中输入拐角的最大值。一般来说，为了保持整个电路板的导线拐角大小一致，在这两栏中应输入相同的数值。

📖 整个 PCB 布线时，应采用统一的拐角风格，以免给人杂乱无章的感觉。因此，该规则适用对象的范围应选择为"所有的"。

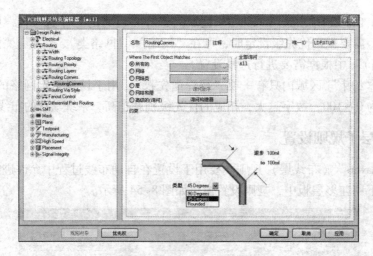

图 8-55 "Routing Corners" 规则设置

图 8-56 拐角风格

8.2.8 过孔子规则设置

"Routing Via Style"（过孔）规则主要用于设置自动布线时采用的过孔尺寸，设置对话框如图 8-57 所示。

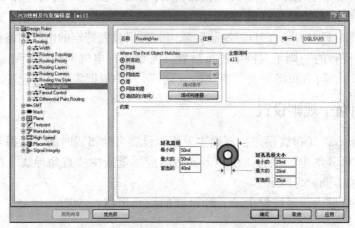

图 8-57 "Routing Via Style" 规则设置

"约束"区域内，需要定义过孔直径及孔径大小，过孔直径及孔径大小分别有"最大的"、"最小的"和"首选的"3 项设置。"最大的"和"最小的"是设置的极限值，而"首选的"将作为系统放置过孔时使用的默认尺寸。

📖 过孔直径与过孔孔径的差值不宜太小，一般应在 10 mil 以上，否则不便于制板加工。

8.2.9 扇出布线子规则设置

"Fanout Control"（扇出布线）规则是一项用于针对表贴式元件进行扇出式布线的规则。所谓扇出式布线，就是把表贴式元件的焊盘通过导线引出并加以过孔，使其可以在其他层面上能够继续走线。扇出布线大大提高了系统自动布线成功的几率。

Altium Designer 在扇出布线规则中提供了几种默认的扇出规则，分别对应于不同封装的元件，分别是"BGA"封装的表贴元件、"LCC"封装的表贴元件、"SOIC"封装的表贴元件、"Small"引脚数小于 5 的表贴封装元件和"Default"选项（所有元件），如图 8-58 所示。

名称	优先权	激活的	类型	种类	范围	属性	
Fanout_BGA	1	✔	Fanout Control	Routing	IsBGA	Style - Auto	Direction - Alternating In and
Fanout_Default	5	✔	Fanout Control	Routing	All	Style - Auto	Direction - Alternating In and
Fanout_LCC	2	✔	Fanout Control	Routing	IsLCC	Style - Auto	Direction - Alternating In and
Fanout_Small	4	✔	Fanout Control	Routing	(CompPinCor	Style - Auto	Direction - Out Then In Via C
Fanout_SOIC	3	✔	Fanout Control	Routing	IsSOIC	Style - Auto	Direction - Alternating In and

图 8-58 "Fanout Control" 规则

系统列出的这几种扇出规则，除了规则适用的范围不同以外，其余的设置内容基本相同。如图 8-59 所示是"Fanout_BGA"规则的设置对话框。

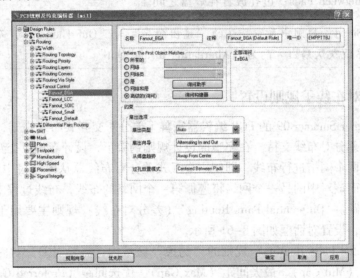

图 8-59 "Fanout_BGA" 规则设置

"Fanout BGA"规则"约束"区域内的"扇出选项"有"扇出类型"、"扇出向导"、"从焊盘趋势"、"过孔放置模式"4 个可选设置项，每个可选设置项均是下拉式菜单选项，其中"扇出类型"下拉列表框中有 5 个选项，如图 8-60 所示。

- Auto：自动扇出。
- Inline Rows：同轴排列。
- Staggered Rows：交错排列。
- BGA：BGA 形式。
- Under Pads：从焊盘下方扇出。

"扇出向导"下拉列表框中有 6 个选项，各选项含义如下。

图 8-60 "扇出类型"下拉菜单

229

- Disable：不设定扇出方向。
- In Only：输入方向。
- Out Only：输出方向。
- In Then Out：先进后出。
- Out Then In：先出后进。
- Alternating In and Out：交互式进出。

"从焊盘趋势"下拉列表框中有6个选项，各选项含义如下。

- Away From Center：偏离焊盘中心扇出。
- North-East：焊盘的东北方扇出。
- South-East：焊盘的东南方扇出。
- South-West：焊盘的西南方扇出。
- North-West：焊盘的西北方扇出。
- Towards Center：正对焊盘中心扇出。

"过孔放置模式"下拉列表框中有两个选项，各选项含义如下。

- Close To Pad（Follow Rules）：遵从规则的前提下，过孔靠近焊盘放置。
- Centered Between Pads：过孔放置在焊盘之间。

在"Fanout_Small"规则中系统默认的"扇出向导"为"Out Then In"，而在其余几种扇出规则中，系统默认扇出方向为"Alternating In and Out"。

8.2.10　差分对布线子规则设置

Altium Designer Summer 09 的 PCB 编辑器完善了差分对交互式布线规则，为设计者提供了更好的交互式差分对布线支持。在完整的设计规则约束下，设计者可以交互式地同时对所创建差分对中的两个网络进行布线，即使用交互式差分对布线器从差分对中选取一个网络，对其进行布线，而该对中的另一个网络将遵循第一个网络的布线，布线过程中，将保持指定的布线宽度和间距。"Differential Pairs Routing"（差分对布线）规则主要用于对一组差分对设置相应的参数，设置对话框如图 8-61 所示。

在"Differential Pairs Routing"规则的"约束"区域内，需要对差分对内部的两个网络之间的最小间距（Min Gap）、最大间距（Max Gap）、优选间距（Preferred Gap），以及最大非耦合长度（Max Uncoupled Length）进行设置，以便在交互式差分对布线器中使用，并在DRC 校验中进行差分对布线的验证。

在"约束"区域的右下角有一个"仅层堆栈里"复选框，选择该复选框后，在"约束"区域下面的列表中只显示图层堆栈中定义的工作层。

要进行差分对布线，必须先对需要进行差分对布线的网络进行创建定义。差分对既可以在原理图编辑器中创建，也可以在 PCB 编辑器中创建。

至此，对于布线过程中涉及的主要规则的介绍便告一段落了，其他规则的设置方法与此基本相同。此外，Altium Designer Summer 09 系统还为设计者提供了一种建立新规则的简便方法，那就是直接使用设计规则向导。

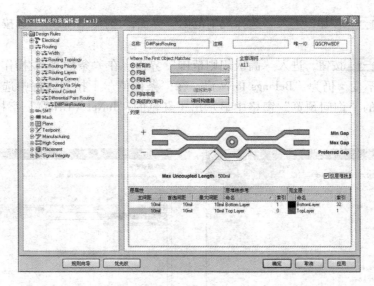

图 8-61 "Differential Pairs Routing"规则设置

8.2.11 规则设置向导

在 PCB 编辑器选择"设计"→"规则向导"命令,即可启动规则向导,如图 8-62 所示。启动后的规则向导画面如图 8-63 所示。

【例 8-11】 利用"设计规则向导"建立"Routing Topology"规则。

本例将以为"GND"网络新建一个"Routing Topology"规则为例,介绍设计规则向导的功能及操作过程。

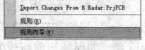

图 8-62 "规则向导"命令

1)在如图 8-63 所示的设计规则向导对话框中单击 下一步 按钮,进入"选择规则类型"界面。选择"Routing"规则中的"Routing Topology"子规则,在"名称"文本框中输入新建规则名称"Topology_1",如图 8-64 所示。

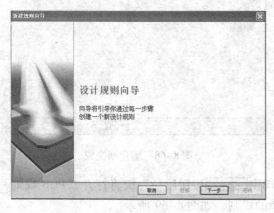

图 8-63 设计规则向导

图 8-64 选择规则的类型并命名

📖 新规则的名称最好填写,否则系统会命名为默认的名称。这样,若设置规则较多的话,会给设计者的查找带来不便。

2) 单击 下一步 按钮，进入"选择规则范围"界面，选择"1Net"单选按钮，如图 8-65 所示。

3) 单击 下一步 按钮，进入"高级规则范围"界面。在"条件类型/操作员"栏中保持原有规则内容不变，仍为"Belongs to Net"。在"条件值"下拉列表框中选择网络标号为"GND"，右侧的"询问预览"窗格中显示出了红色的"InNet（GND）"字样，如图 8-66 所示。

图 8-65　选择规则范围

图 8-66　精选规则的适用对象

4) 单击 下一步 按钮，进入"选择规则优先权"界面。该界面中列出了原有的"Routing Topology"规则和新建的"Topology_1"规则，用于设置它们之间的优先权顺序。这里不改变设置，即保持当前新建的规则为最高级别，如图 8-67 所示。

5) 单击 下一步 按钮，进入"新规则完成"界面，如图 8-68 所示。

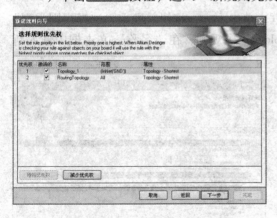

图 8-67　选择规则优先权

图 8-68　新规则完成

6) 选择"开始主设计规则对话"复选框，单击 完成 按钮后，系统将打开"PCB 规则及约束编辑器"对话框，在编辑器中显示了新建的规则，如图 8-69 所示。

📖 使用设计规则向导，每次只能新建一条规则，而且只能设定该规则的适用范围和优先权，具体的约束设置还需要在"PCB 规则及约束编辑器"对话框中才能完成。

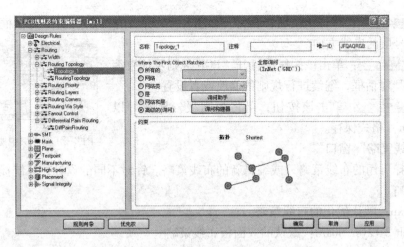

图 8-69 "PCB 规则及约束编辑器"对话框

8.3 自动布线策略设置

对与布线有关的规则进行了适当设置之后,在自动布线开始之前,还需要对 Situs 拓扑逻辑自动布线器的布线策略进行设置。

选择"自动布线"→"设置"命令,打开如图 8-70 所示"Situs 布线策略"对话框。

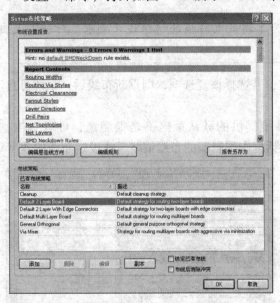

图 8-70 "Situs 布线策略"对话框

该对话框分为上下两部分,分别是"布线设置报告"和"布线策略"。

1. "布线设置报告"

用于对布线规则的设置及其受影响的对象进行汇总报告。其中列出了详细的布线规则,汇总了各个规则影响到的对象数目,并以超链接的方式将列表链接到相应的规则设置栏,设计者可随时进行查看和修正。

在"布线设置报告"下方有 编辑层走线方向 、 编辑规则 和 报告另存为 按钮。

233

- 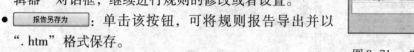 单击该按钮，会打开如图 8-71 所示的"层说明"对话框，用于设置各信号层的走线方向。
- 编辑规则 ：单击该按钮，打开"PCB 规则及约束编辑器"对话框，继续进行规则的修改或者设置。
- 报告另存为 ：单击该按钮，可将规则报告导出并以".htm"格式保存。

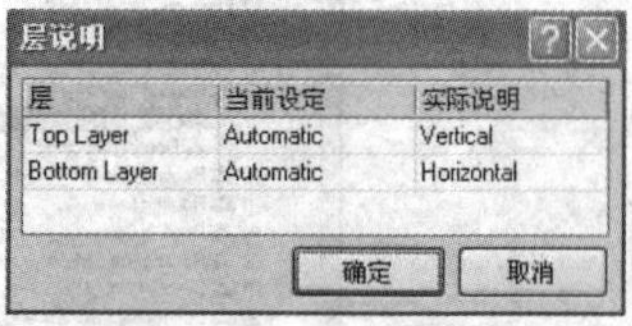

图 8-71 "层说明"对话框

2. "布线策略"窗口

用于选择可用的布线策略，或编辑新的布线策略。针对不同的设计，系统提供了 6 种默认的布线策略。

- Cleanup：默认优化的布线策略。
- Default 2 Layer Board：默认的双面板布线策略。
- Default 2 Layer With Edge Connectors：默认的具有边缘连接器的双面板布线策略。
- Default Multi Layer Board：默认的多层板布线策略。
- General Orthogonal：默认的常规正交布线策略。
- Via Miser：默认的尽量减少过孔使用的多层板布线策略。

除此以外，"Situs 布线策略"窗口下方还有两个复选框，含义如下。

- 锁定已有布线：若选择该复选框，可以将 PCB 上原有的预布线锁定，在自动布线过程中不会被自动布线器重新布线。

📖 所谓预布线，是指为了满足电路板的特殊设计要求，对一些关键网络采取的预先布线措施。

- 布线后消除冲突：若选择该复选框，则重新布线后，系统可自动删除原有的布线，避免布线的重叠。

如果设计者对于系统提供的默认策略不是很满意，可以单击 添加 按钮，在弹出的"Situs 策略编辑器"对话框中编辑新的布线策略，或设定布线的速度等，如图 8-72 所示。

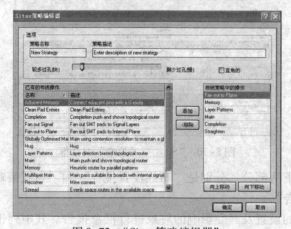

图 8-72 "Situs 策略编辑器"

选定布线策略后，单击"确定"按钮，保存设置，关闭"Situs 策略编辑器"对话框，就可以准备自动布线了。

8.4 PCB 自动布线

自动布线是 Altium Designer Summer 09 最重要的功能之一。目前的 Summer 版本的布通率较高，能为设计者带来 PCB 设计上的方便。

自动布线的命令全部集中在"自动布线"子菜单中，如图 8-73 所示。使用这些命令，设计者可以指定自动布线的不同范围，并且可以控制自动布线的有关进程，如终止、暂停、重置等。

为了便于自动布线的顺利进行，先对菜单中的各命令功能进行简单的介绍。

从自动布线下拉菜单中的命令可以看到，Altium Designer Summer 09 为设计者提供了多种指定范围内的自动布线，设计者可以根据设计过程中的实际需要，选择最佳的布线方式。

图 8-73 "自动布线"命令菜单

1. 指定范围的自动布线

- 全部对象：用于对整个 PCB 进行全局自动布线。
- 网络：用于对指定的网络进行自动布线。执行该命令后，光标变为十字形，在 PCB 上选取欲布线网络中的某一对象，如焊盘、飞线等，单击确定后，该网络内的所有连接将被自动布线。该网络布线完毕，光标仍为十字形，系统仍处于布线命令状态，可以继续选取网络进行自动布线，否则，右击或按〈Esc〉键退出。
- 网络类：用于对指定的网络类进行自动布线。执行该命令后，系统会弹出"Choose Net Classes to Route"对话框，列出了当前文件中已有的网络类，选择要布线的网络类，单击"确认"按钮，系统即开始对该网络类内的所有网络自动布线。
- 连接：用于为两个相互连接的焊盘进行自动布线。执行该命令后，光标变为十字形，在 PCB 上选取欲布线的焊盘或者飞线，单击确定后，此段导线将被自动放置。
- 区域：用于对完整包含在选定区域内的连接进行自动布线。执行该命令后，光标变成十字形，在 PCB 上单击选取矩形区域，系统将对完整包含在矩形区域内的连接自动布线。

📖 所谓完整包含即连接的起始点和终止点都包含在选定区域内，非完整包含的连接，系统将不进行布线操作。

- Room：用于对指定 Room 空间内的连接进行自动布线，该命令只适用于完全位于 Room 空间内部的内连接，即 Room 边界线以内的连接，不包括压在边界线上的部分。执行该命令后，光标变成十字形，在 PCB 上选取 Room 空间后即可进行自动布线。
- 元件：用于对指定元件的所有连接进行自动布线。执行命令后，用十字光标单击选取欲布线的元件，则所有从该元件的焊盘引出的连接将都被自动布线。
- 元件类：用于对指定元件类内的所有元件的连接进行自动布线。执行该命令后，系统会弹出"Choose Component Classes to Route"对话框，如图 8-74 所示。列出了当前文件中的元件类（不包括"All Components"元件类），选取要布线的元件类及"布局连接模式"后，单击"确认"按钮，系统即开始对该元件类内的所有元件连接自动布线。

元件类是多个元件的集合，其编辑管理在"对象类资源管理器"中进行（选择"设计"→"对象类"命令后打开），系统默认存在的元件类是"All Components"，该元件类不能被编辑修改。设计者可以使用"元件类生成器"自行建立元件类。另外，在放置 Room 空间时，包含在其中的元件也自动生成一个元件类。

- 选择对象的连接：用于对指定的某一个或几个元件的所有连接进行自动布线。使用该命令前，应先选取预布线的元件。
- 选择对象之间的连接：用于对选定的多个元件间的连接进行自动布线。使用该命令前，至少应先选取两个元件。

2. 扇出操作

在"扇出"命令下，系统提供了如图 8-75 所示的子菜单项。

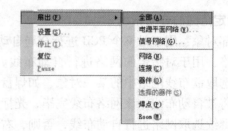

图 8-74　选择元件类　　　　图 8-75　"扇出"命令子菜单项

- 全部：用于对当前 PCB 设计内所有连接到内电层或信号层网络的表贴式元件执行扇出操作。
- 电源平面网络：用于对当前 PCB 设计内所有连接到内电层网络的表贴式元件执行扇出操作。
- 信号网络：用于对当前 PCB 设计内所有连接到信号层网络的表贴式元件执行扇出操作。
- 网络：用于对指定网络内的所有表贴式元件的焊盘进行扇出。执行该命令后，用十字光标单击选取指定网络内的焊盘，或者在空白处单击，在弹出的"Net Name"对话框中输入网络标号，系统即自动为选定网络内的所有表贴式元件的焊盘进行扇出。
- 连接：用于对指定连接内的表贴式元件的焊盘进行扇出。执行该命令后，用十字光标选取指定连接内的焊盘或者飞线，系统即自动进行扇出。
- 器件：用于对选定的表贴式元件进行扇出。
- 选择的器件：执行该命令前，先选中要扇出的元件，执行该命令后，系统自动为选定的元件进行扇出。
- 焊点：用于对指定的焊盘进行扇出。
- Room：用于对指定的 Room 空间内的所有表贴式元件进行扇出。

3. 自动布线进程控制

在"自动布线"命令栏中，还有如下几个命令，用于控制自动布线的进程。

- 停止：用于终止 PCB 的自动布线。
- 复位：重新设置自动布线的规则及参数，并再次开始自动布线。
- Pause：暂停当前的自动布线。

4. 全局自动布线

在对电路板设置好自动布线规则、选择好自动布线策略之后，就可以开始自动布线的实际操作了。由上面的菜单命令可知，自动布线可以对整个电路板全局进行，也可以只对指定的网络或元件等局部进行。

【例 8-12】 全局自动布线。

下面以对 PCB 文件"Example. PcbDoc"进行全局自动布线为例，介绍一下自动布线的运行过程。

1）根据前面的介绍，在打开的"PCB 规则及约束编辑器"对话框中，对布线的有关规则进行设置。由于采用双面板布线，大部分规则采用系统的默认设置即可，实际仅对导线的宽度规则和布线过孔规则进行了约束，设置好的规则如图 8-76 所示。

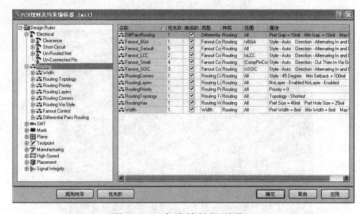

图 8-76 布线前的规则设置

2）设置完毕，单击 确定 按钮关闭对话框。

3）选择"自动布线"→"全部"命令，系统弹出"Situs 布线策略"对话框，选择布线策略为"Default 2 Layer Board"（Default strategy for routing two–layer boards），并选择"布线后消除冲突"复选框。

4）完成以上设置后，单击 Route All 按钮，系统开始进行自动布线。布线过程中，"Message"面板打开，逐条显示出当前布线的状态信息，如图 8-77 所示。由最后一条提示信息可知，此次自动布线已全部布通。

5）关闭"Message"面板，自动布线完成后的 PCB 如图 8-78 所示。

当元件排列比较密集或者布线规则设置过于严格时，自动布线可能无法一次全部布通，此时可对元件布局或布线规则进行适当的调整，之后重新进行自动布线，直到获得比较满意的结果。

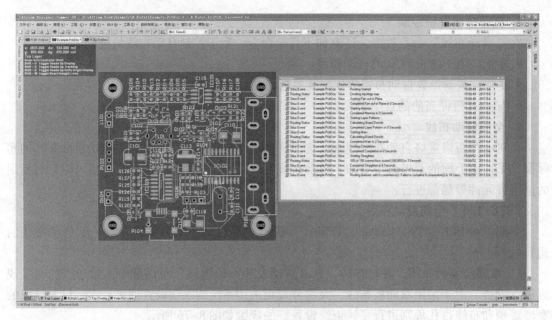

图 8-77　自动布线的状态

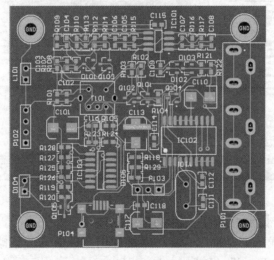

图 8-78　全局自动布线结果

8.5　手工调整布线

由于自动布线仅仅是以实现电气网络的连接为目的的,因此,布线过程中,系统很少考虑到 PCB 实际设计中的一些特殊要求,如散热、抗电磁干扰等,很多情况下会导致某些布线结构非常不合理,即便是完全布通的 PCB 中仍有可能存在绕线过多、走线过长等现象,这就需要设计者进行手工调整了。

1. 手工调整的内容

手工调整布线所涉及的内容比较多。由于实际设计中,不同的 PCB,其设计要求是不同的,而针对不同的设计要求,需要调整的内容自然也是不一样的。一般来说,经常用到的有如下几项：

- 修改拐角过多的布线。引脚之间的连线应尽量短是 PCB 布线的一项重要原则，而自动布线由于算法的原因，导致布线后的拐角过多，许多连线往往走了不必要的路径。
- 移动放置不合理的导线。例如，在芯片引脚之间穿过的电源线和地线、在散热器下方放置的导线等，为了避免发生短路，应尽量调整它们的位置。
- 删除不必要的过孔。自动布线过程中，系统有时会使用过多的过孔来完成布线，而过孔在产生电容的同时，往往也会因加工过程中的毛刺而产生电磁辐射，因此，应尽量减少过孔。

此外，还应调整布线的密度、加粗大电流导线的宽度、增强抗干扰的性能等，需要设计者根据 PCB 的具体工作特性和设计要求逐一进行调整，以达到尽善尽美的目的。

2. 手工调整的方法

手工调整可以采用系统提供的相关菜单命令，如取消布线命令、清除网络命令等，也可以直接使用一些编辑操作，如选中、删除、复制等。值得一提的是，对于某些不需要删除但需要移动的布线，系统特为设计者提供了拖动时保持角度这一新增功能，以便在拖动现有布线时，能够保持相邻线段的角度，保证布线的质量。

【例 8-13】　保持角度的布线拖动。

1）在已经完成的自动布线的基础上右击，在弹出的快捷菜单中选择"选项"→"优先选项"命令，打开 PCB 编辑器的"参数选择"对话框。在"PCB Editor"的"General"选项卡中，根据手动编辑需要，在"编辑选项"选项区域进行不同的设置，如图 8-79 所示。

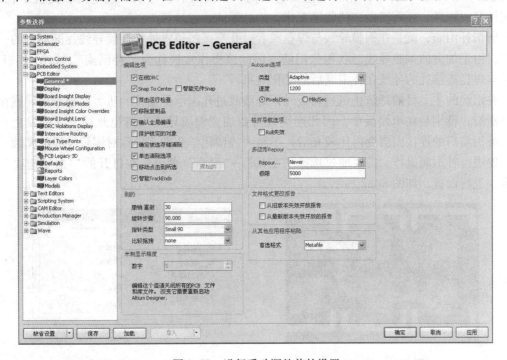

图 8-79　进行手动调整前的设置

2）完成设置后，在 PCB 编辑窗口中单击选中需要拖动的导线，进行合理的调整，最终完成布线，如图 8-80 所示。

239

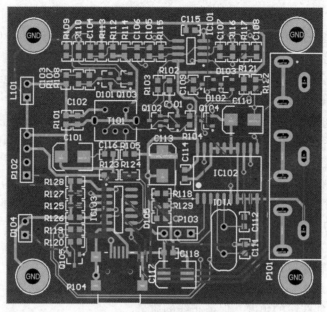

图 8-80　手动调整后的布线

8.6　补泪滴和包地

在实际的 PCB 设计中，完成了主要的布局、布线之后，为了增强电路板的抗干扰性、稳定性及耐用性，还需要做一些收尾工作，如补泪滴、包地等。

所谓补泪滴，就是在铜膜导线与焊盘或者过孔交接的位置处将铜膜导线逐渐加宽的一种操作，由于加宽的铜膜导线形状很像泪滴，因此该操作常被称为"补泪滴"。如图 8-81 所示是与焊盘连接处的导线在补泪滴后的变化效果。

补泪滴的主要目的是防止机械制板时，焊盘或过孔因承受钻针的压力而与铜膜导线在连接处断裂，特别是在单面板中，因此连接处需要加宽铜膜导线来避免此种情况的发生。此外，补泪滴后的连接面会变得比较光滑，不易因残留化学药剂而导致对铜膜导线的腐蚀。

要进行补泪滴操作，需要通过选择"工具"→"泪滴"命令，在打开的"泪滴选项"对话框中进行设置，如图 8-82 所示。

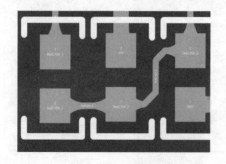

图 8-81　补泪滴

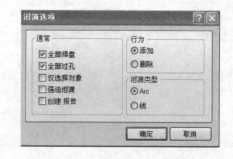

图 8-82　"泪滴选项"对话框

该对话框中有如下 3 个设置区域。

- 通常：该区域内的"全部焊盘"、"全部过孔"和"仅选择对象"3 个选项用于设置泪滴操作的适用范围；"强迫泪滴"选项是忽略规则约束，强制为焊盘或过孔加泪滴，此操作有可能导致 DRC 违规；"创建报告"选项则用于设置是否建立补泪滴的报告文件。

- 行为：该区域用于选择设置是添加还是删除相应范围内的泪滴。
- 泪滴类型：该区域用于选择泪滴的形式，即设置由焊盘向导线过渡的阶段是添加直线还是圆弧。

8.7 思考与练习

1. 概念题

（1）敷铜的放置与其他各种图元的放置有何不同？

（2）如何设置自动布线中的设计规则？

（3）简述自动布线操作步骤。

2. 操作题

（1）新建一个 PCB 文件，练习使用自动布局和自动布线。

（2）对第 3 章操作题中所绘制的 LT1568 芯片应用电路原理图进行 PCB 布线。

第9章 印制电路板的后续制作

在 PCB 设计的最后阶段，要通过设计规则检查来进一步确认 PCB 设计的正确性。完成了 PCB 项目的设计后，Altium Designer Summer 09 的印制电路板设计系统提供了生成各种报表的功能，可以为用户提供有关设计过程及设计内容的详细资料。这些资料主要包括设计过程中的电路板状态信息、引脚信息、元件封装信息、网络信息及布线信息等。完成了电路板的设计后，还需要生成 NC 钻孔文件，用于 PCB 数控加工，打印输出图形，以备焊接元件和各种文件的汇总。

本章将介绍 Altium Designer Summer 09 在 PCB 编辑器中的交互验证设计技巧，以及不同类型文件的生成和输出操作方法，包括交互式导航工具、设计规则检查、报表文件、PCB 文件和 PCB 制造文件等。用户通过本章内容的学习，会对 Altium Designer Summer 09 形成更加系统的认识。

9.1 原理图与 PCB 图之间交互验证

在 Altium Designer 中原理图和 PCB 图是配套出现的，原理图体现 PCB 图线路设计的规则分布，而 PCB 真实显示电路板中的元器件和线路分布状况。因此，在修改原理图或 PCB 图时，还应进行必要的验证操作，从而确保电路板的准确性、有效性。

9.1.1 PCB 设计变化在原理图上的反映

在设计过程中，如果对 PCB 图进行必要的修改，如流水号和参考值等，可能也希望将该修改反映到原理图中去。Altium Designer 系统的同步设计工具使得用户可以很方便地实现该功能。

【例 9-1】 PCB 设计变化反映在原理图上。

1) 打开工程 "example. PrjPCB" 的原理图和 PCB 图，如图 9-1 和图 9-2 所示。

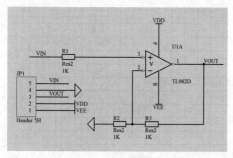

图 9-1 原理图

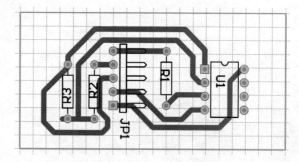

图 9-2 PCB 图

2) 在 PCB 设计环境中，分别将 PCB 图中的 R1、R2、R3 的流水号更改。即双击电阻流水号，将打开"标识"对话框，如图9-3所示。在该对话框的"文本"文本框中输入新的流水号，然后单击"确定"按钮确认操作，修改效果如图9-4所示。

图9-3 "标识"对话框

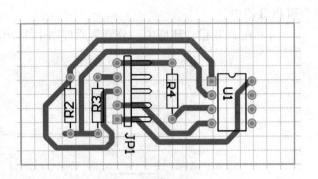

图9-4 修改电阻流水号

3）将改动后的电路板保存，以更新PCB图中元器件的数据信息。然后进行原理图的更新，在PCB设计系统的窗口中选择"设计"→"Update Schematics in example. PrjPCB"命令，将打开"工程更改顺序"对话框，如图9-5所示。

4）依次单击"生效更改"按钮和"执行更改"按钮，即可将PCB的变化更新到原理图中，此时在"状态"列中显示出了检测和运行效果，如图9-6所示。

图9-5 "工程更改顺序"对话框

图9-6 "工程更改顺序"对话框状态效果

5）单击"关闭"按钮完成原理图的更新，更新后的原理图如图9-7所示。

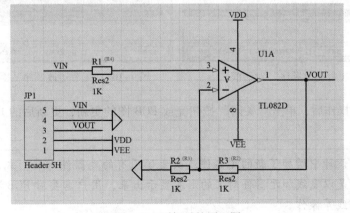

图9-7 更新后的原理图

9.1.2 原理图设计变化在 PCB 图上的反映

【例 9-2】 原理图设计变化反映在 PCB 图上。

由原理图到 PCB, 其实就是由原理图生成 PCB。本次仍以 "example. PrjPCB" 工程文件中的一个原理图和由原理图生成的 PCB 图为例, 在设计过程中将原理图局部改动直接反映到 PCB 图中。

1) 在 PCB 设计环境中, 分别将原理图中 3 个电阻的流水号更改, 效果如图 9-8 所示。

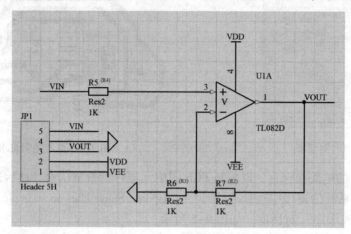

图 9-8 更改后的原理图流水号

2) 将改动后的电路板保存, 以更新原理图中的元器件的数据信息。然后进行 PCB 图的更新, 在原理图设计系统的窗口中选择 "设计"→"Update Schematics in example. PrjPCB" 命令, 将打开 "工程更改顺序" 对话框, 如图 9-9 所示。

3) 依次单击 "生效更改" 按钮和 "执行更改" 按钮, 即可将原理图的变化更新到 PCB 中, 此时在 "状态" 列中显示出了检测和运行效果, 如图 9-10 所示。

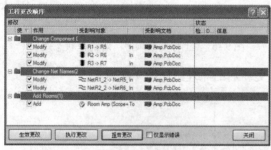

图 9-9 "工程更改顺序" 对话框

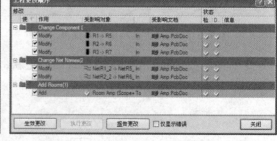

图 9-10 "工程更改顺序" 对话框执行更改

4) 完成上述操作后, 单击 "关闭" 按钮完成 PCB 图的更新, 更新后的 PCB 图如图 9-11 所示。

> 如果在原理图设计中增加了新的元器件或改变了原有的元器件封装形式, 则反映到 PCB 中的变化一般是以飞线加元器件封装的形式显示出来, 用户需要对 PCB 布局和布线进行重新调整、布线等操作。

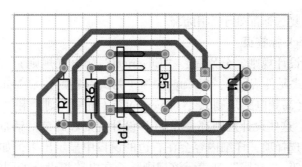

图 9-11　更新后的 PCB 图

9.2　PCB 验证和错误检查

电路板设计完成之后，为了保证所进行的设计工作，如组件的布局、布线等符合所定义的设计规则，Altium Designer 提供了设计规则检查功能 DRC（Design Rule Check），可对 PCB 的完整性进行检查。

9.2.1　PCB 图设计规则检查

设计规则检查可以测试各种违反走线规则的情况，如安全错误、未走线网络、宽度错误、长度错误、影响制造和信号完整性的错误。启动设置规则检查 DRC 的方法是：选择"工具"→"设计规则检查"命令，将打开"设计规则检测"对话框，如图 9-12 所示。该对话框中左边是设计项，右边为具体的设计内容。

图 9-12　"设计规则检测"对话框

1. Report Options 标签页

该页设置生成的 DRC 报表将包括哪些选项、由创建报告文件、创建违反事件和校验校短敷铜等选项来决定。"当…停止"选项用于限定违反规则的最高选项数，以便停止报表生成。系统默认所有的复选框都处于启用状态。

2. Rules To Check 标签页

该页列出了 8 项设计规则，分别是："Electrical"（电气规则）、"Routing"（布线规则）、"SMT"（表贴式元件规则）、"Testpoint"（测试点规则）、"Manufacturing"（制板规则）、"High Speed"（高频电路规则）、"Placement"（布局规则）和"Signal Integrity"（信号完整性分析规则）。这些设计规则都是在 PCB 设计规则和约束对话框中定义的设计规则。选择对话框左边的各选择项，详细内容会在右边的窗口中显示出来，如图 9-13 所示，这些显示包括规则、种类等。"在线"列表示该规则是否在电路板设计的同时进行同步检查，即在线方法的检查。而"批量"列表示在运行 DRC 检查时要进行检查的项目。

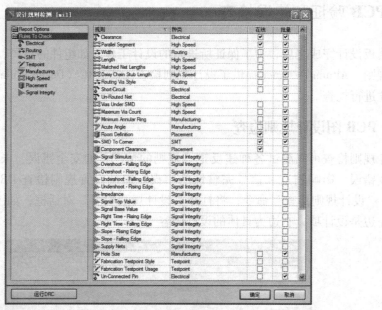

图 9-13 选择设计规则页

9.2.2 生成检查报告

对要进行检查的规则设置完成之后，分析器将生成 Filename. drc 文件，详细列出所设计的板图和所定义的规则之间的差异。设计者通过此文件，可以更深入了解所设计的 PCB 图。

在"设计规则检查"对话框中单击"运行 DRC"按钮，将进入规则检查。系统将打开"Messages"信息框，在这里列出了所有违反规则的信息项。其中包括所违反的设计规则的种类、所在文件、错误信息、序号等，如图 9-14 所示。

图 9-14 "Messages"信息框

同时在 PCB 电路图中以绿色标志标出不符合设计规则的位置，用户可以回到 PCB 编辑状态下相应位置对错误的设计进行修改。然后重新运行 DRC 检查，直到没有错误为止。DRC 设计规则检查完成后，系统将生成设计规则检查报告，文件扩展名为 . DRC，如图 9-15 所示。

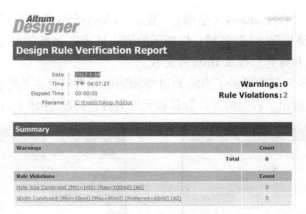

图 9-15　设计规则检查报告

📖 设计规则检查（DRC）是一个有效的自动检查手段，既能够检查用户设计的逻辑完整性，也可以检查物理完整性。在设计任何 PCB 时该功能均应该运行，对涉及的规则进行检查，以确保设计符合安全规则，并且没有违反任何规则。

9.3　生成 PCB 报表

PCB 报表是了解印制电路板详细信息的重要资料。该软件的 PCB 设计系统提供了生成各种报表的功能，它可以向用户提供有关设计过程及设计内容的详细资料。这些资料主要包括设计过程中的电路板状态信息、引脚信息、元件封装信息、网络信息及布线信息，等等。此外，当完成了电路板的设计后，还需要打印输出图形，以备焊接元件和存档。PCB 设计中的报表文件主要包括电路板报表文件、元件清单报表文件、网络状态报表文件、距离测量报表文件，以及制作 PCB 所需要的底片报表文件、钻孔报表文件等。这些报表文件，主要是通过在 PCB 编辑环境下执行"报告"菜单命令来实现的，如图 9-16 所示。

图 9-16　"报告"菜单命令

9.3.1　生成电路板信息报表

电路板报表文件用于提供 PCB 的大小、元件、焊盘、导孔、走线等相关信息。

【例 9-3】　生成电路板信息报表。

下面将以对 PCB 文件"example. PcbDoc"进行生成 PCB 报表为例，介绍一下生成电路板信息报表的运行过程。

1）选择"报告"→"板子信息"命令，系统将打开图 9-17 所示的"PCB 信息"对话框，其包括 3 个选项卡："概要"选项卡、"元件"选项卡和"网络"选项卡。

- "概要"选项卡。其中显示了 PCB 文件的主要电气信息。"原始的"区域显示了电气对象的数目，主要有"Arcs（圆弧）"数、"Fills（填充区域）"数、"Pads（焊盘）"数、"Strings（字符）"数、"Tracks（导线）"数、"Vias（导孔）"数、"Polygons

（敷铜）"数、"Coordinates（坐标）"数、"Dimensions（尺寸）"数等。"Board Dimensions（电路板尺寸）"区域：以图示的形式显示电路板的尺寸。"Other（其他）"区域显示焊盘和导孔总数及 DRC 冲突数。

- "元件"选项卡。其中显示了当前 PCB 中所有的元件信息，并将各种元件按所在层的不同来分类，给出了各层的元件数目和元件名称，如图 9-18 所示。

图 9-17 "PCB 信息"对话框

图 9-18 "元件"选项卡

- "网络"选项卡。其中显示了当前 PCB 文件的网络名称，并将这些网络名称按所在层的不同来分类，如图 9-19 所示。

2）在任何一个选项卡中单击"报告"按钮，将电路板信息生成相应的报表文件。单击该按钮后将打开"板报告"对话框，其中列出了所有需要生成文字报表的电路板信息选项，如图 9-20 所示。

图 9-19 "网络"标签页

图 9-20 "板报告"对话框

3）选择"板报告"对话框中的报告条款复选框，也可以单击"打开所有"按钮启用所有复选框。设置完成后，单击该对话框中的"报告"按钮，系统将以网页的形式在当前窗口显示板报告信息，如图 9-21 所示。

248

图 9-21 板报告信息

9.3.2 生成网络状态报表

网络状态表反映的是 PCB 中的网络信息，其中包含网络所在的电路板层和网络的长度，用于列出电路板中每一个网络导线的长度。

生成网络状态表可选择"报告"→"网络表状态"命令，系统将进入文本编辑器产生相应的网络状态表，该文件以"．html"为扩展名。以 PCB 文件"example.PcbDoc"为例，执行上述菜单命令后，系统将自动生成网络状态表，如图 9-22 所示。

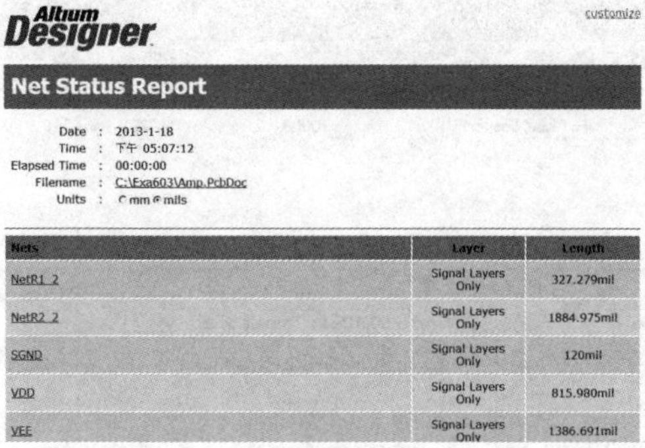

图 9-22 网络状态表信息

9.3.3 生成元器件报表

元器件报表功能可以用来整理一个电路或一个项目中的元件，形成一个元件列表，以供用户查询和购买元器件。

在 PCB 图设计工作窗口中，选择"报告"→"Bill of Materials"命令，系统将打开图 9-23 所示的"Bill of Materials For PCB Document"对话框。该对话框与原理图生成的元器件列表完全相同，这里不再赘述。

可以将对话框中的元器件进行分类显示，例如，单击"LibRef"列后的按钮▼，并在打开的下拉菜单中选择某种封装形式，则该对话框中将仅仅显示该封装的元器件，如图 9-24 所示。

还可以采用另一种分组控制方法：可以将"Bill of Materials For PCB Document"对话框中的"全部纵列"栏中某一项拖放到上面的"聚合的纵列"栏中，在右侧的窗口中的元件将按照某种特定的方式进行分组。例如，将 Description 拖放到"聚合的纵列"栏中，右侧创建的元器件就会按照元器件的封装进行分组显示，单击每组的加号展开分组，就可以查看每组中所包含的元器件，如图 9-25 所示。

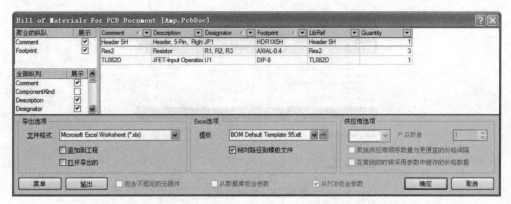

图 9-23　"Bill of Materials For PCB Document"对话框

图 9-24　指定封装类型

图 9-25　另一种分组控制

　　单击"菜单"按钮，将打开下拉菜单，在该菜单中可以选择各种输出方式，用户可以获得不同的输出列表，如执行"报告"命令，将打开图 9-26 所示的"报告预览"对话框，

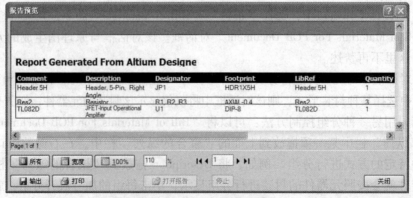

图 9-26　"报告预览"对话框

在该元器件清单上也有各种用于控制显示的按钮，从而控制清单显示的比例或者报表的输出。

9.3.4 测量距离

在 PCB 的设计过程中，可以精确测量 PCB 中任意两个点之间的距离。

【例 9-4】 测量 PCB 长和宽。

下面将以对 PCB 文件"example1. PcbDoc"进行生成 PCB 报表为例，介绍一下测量 PCB 长和宽的运行过程。

1）选择"报告"→"测量距离"命令，系统进入两点间距离的测量状态。

2）在需要测量起点位置单击，在终点位置再单击，便可以获得如图 9-27 所示的测量信息，其中显示了两个测量点之间的距离和 X，Y 方向的距离。

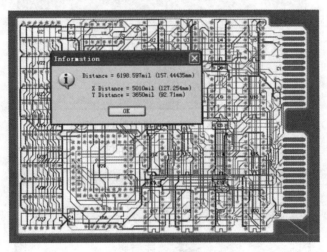

图 9-27　距离测量

9.3.5 生成 Gerber 光绘报表

Gerber 文件是一种符合 EIA 标准，由 Gerber Scientific 公司定义用于驱动光绘机的文件。Gerber 文件能把 PCB 图中的布线数据转换为能被光绘机处理的文件格式——光绘数据，被光绘机用于生产 1∶1 高精度胶片。由于该文件格式符合 EIA 标准，因此各种 PCB 设计软件都有支持生成该文件的功能，而一般的 PCB 生产厂商就用这种文件来进行 PCB 的制作。实际设计中，有经验的 PCB 设计者通常会将 PCB 文件按自己的要求生成 Gerber 文件，之后再交给 PCB 厂商制作，以确保制作出来的 PCB 符合个人定制的设计需要。

【例 9-5】 生成 Gerber 光绘文件。

下面将以对 PCB 文件"example1. PcbDoc"进行生成 PCB 报表为例，介绍一下生成 Gerber 光绘文件的运行过程。

1）选择"文件"→"制造输出"→"Gerber Files"命令，系统弹出"Gerber 设置"对话框，如图 9-28 所示。

"概要"选项卡中的内容用于设定在输出的 Gerber 文件中使用的单位和格式。"格式"区域中有 3 项选择，即 2∶3、2∶4 和 2∶5，分别代表了文件中使用的不同数据精度，如 2∶3 就表示数据中含 2 位整数、3 位小数，相应的，另外两个分别表示数据中含有 4 位和 5 位小数。设计者根据自己在设计中用到的单位精度可进行选择设置。设置的格式精度越高，对 PCB 制造设备的要求也就越高。

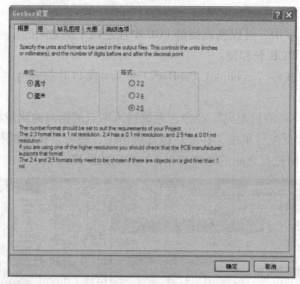

图 9-28　"Gerber 设置" 对话框

2）选择"层"选项卡，选中"画线的层"区域的整个"画线"列，如图 9-29 所示。

图 9-29　"层"选项卡

3）其他选项卡选择默认，设置完毕，单击 确定 按钮，系统即按照设置生成各个图层的 Gerber 文件，并加入到"Projects"面板中当前项目的"Generated"文件夹中。同时，系统启动 CAMtastic 编辑器，将所有生成的 Gerber 文件集成在"CAMtastic1. CAM"图形文件，并显示编辑窗口中，如图 9-30 所示。在这里，设计者可以进行 PCB 制作板图的校验、修正、编辑等工作。

252

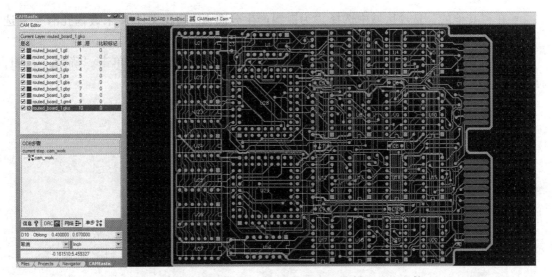

图 9-30　距离测量 CAMtastic 编辑器及生成的 Gerber 文件

4）在单击标准工具栏中的 工具按钮，保存生成的文件。

> 📖 对应于 PCB 的不同工作层，所生成的 Gerber 文件有着不同的扩展名，如 "Top Layer" 对应的扩展名为 "gtl"，"Bottom Layer" 对应的扩展名为 "gbl"，而 "Top Overlay" 对应的扩展名则为 "gto" 等。

9.3.6　生成 NC 钻孔报表

钻孔是 PCB 加工过程的一道重要工序，生产商需要设计者提供数控钻孔文件，以控制数控钻床完成 PCB 的钻孔工作。钻孔设备需要读取 NC Drill 类型的钻孔文件，文件中包含每个孔的坐标和使用的钻孔刀具等信息。通常有 3 种类型钻孔文件，分别是 "DRR" 文件、"TXT" 文件和 "DRL" 文件。对于多层带有盲孔和埋孔的 PCB，每层均对应一个带有唯一扩展名的钻孔文件。

Altium Designer 提供了由 PCB 文档自动生成钻孔文件的功能，输出 NC Drill 文件的具体步骤如下。

【例 9-6】　生成 NC 钻孔文件。

下面将以对 PCB 文件 "Example. PcbDoc" 进行生成 PCB 报表为例，介绍一下生成 NC 钻孔文件的运行过程。

1）选择 "文件"→"制造输出"→"NC Drill Files" 命令，系统弹出 "NC 钻孔设置" 对话框，如图 9-31 所示。

- 在 "NC 钻孔格式" 区域内设置输出数控钻孔文件的格式。其中的选项意义与 Gerber 文件相同，系统要求生成的 NG Drill 文件应和 Gerber 文件具有相同的格式和精度。
- 在 "Leading/Trailing Zeroes" 区域选择 "Suppress leading zeroes" 项，设置压缩数据文件中多余的零字符。
- 在 "坐标位置" 区域选择 "Reference to absolute origin" 单选按钮，设置使用绝对原点，"Reference to relative origin" 单选按钮表示使用用户设置的相对原点。

- 在"其他的"选项区域中选择"为镀锡产生分离 NC 钻孔文件 & 未镀锡孔洞"复选项，设置单独生成镀金孔和非镀金孔的钻孔文件。

2）在"NC 钻孔设置"对话框中完成 NC Drill 文件参数设置后，单击"确定"按钮，打开如图 9-32 所示的"输入钻孔数据"对话框。

图 9-31　"NC Drill Setup"对话框

图 9-32　"输入钻孔数据"对话框

3）在"输入钻孔数据"对话框中设置长度单位和默认孔的尺寸，单击"确定"按钮，生成钻孔 NC Drill 文件，如图 9-33 所示。

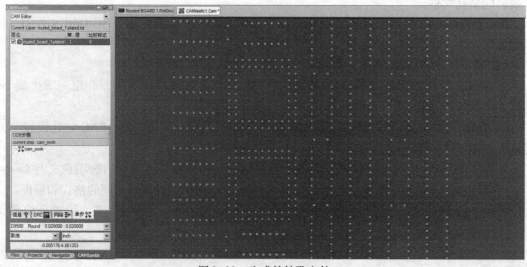

图 9-33　生成的钻孔文件

📖 生成的钻孔文件保存在与项目文件同路径的"Generated Text Files"文件夹下。系统自动进入"CAMtastic"界面，并加载输出文件。在 CAM 中用户可进一步检查钻孔数据信息。

4）单击标准工具栏中的按钮 🔲，保存生成的文件。

9.4 打印输出 PCB 图

完成了 PCB 图的设计后，需要将 PCB 图输出以生成印制板和焊接元器件。这就需要首先设置打印机的类型、纸张的大小和电路图的设定等，然后进行后续的打印输出。

1. 页面设计

要执行布局窗口打印设置，首先需要进行必要的页面设置操作，即检查页面设置是否符合要求。这是因为对页面设置的改变将很可能影响布局，因此最好在打印前检查所做的改变对布局的影响。

首先激活 PCB 图为当前文档，然后选择"文件"→"页面设计"命令，将打开"Composite Properties"对话框，如图 9-34 所示。可以在该对话框中指定页面方向（纵向或横向）和页边距，还可以指定纸张大小和来源，或者改变打印机属性。

1）"打印纸"设置：在"打印纸"选项区域单击尺寸列表框后的 ▾ 按钮，在弹出的下拉列表框中选择打印纸张的尺寸，如图 9-35 所示。"肖像图"和"风景图"单选按钮用来设置纸张的打印方式是水平还是垂直。

图 9-34 "Composite Properties"对话框

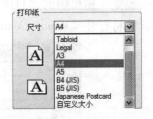

图 9-35 打印纸张的尺寸

2）"页边"设置：在该选项区域可设置打印页面到图框的距离，单位是英寸。页边距分水平和垂直两种。

3）"缩放比例"设置：该选项区域用于设置打印比例，可以对图纸进行一定比例的缩放，缩放的比例可以是 50% ~ 500% 之间的任意值。在"缩放模式"下拉列表框中选择"Fit Document On Page"选项，表示充满整页的缩放比例，系统会自动根据当前打印纸的尺寸计算合适的缩放比例，使打印输出时原理图充满整页纸。如果选择"Scaled Print"选项，则"缩放"列表框将被激活，可以设置 X 和 Y 方向的尺寸，以确定 X 和 Y 方向的缩放比例。

　　4)"颜色"设置：该选项区域用来设置颜色。其中有3个单选按钮，"单色"表示将图纸单色输出；"彩色"表示将图纸彩色输出；"灰色"表示将图纸以灰度值输出。

　　5)"高级选项"设置：单击"Composite Properties"对话框中的"高级设置"按钮，将打开"PCB Printout Properties"对话框，如图9-36所示。在该对话框中可设置要输出的工作层面的类型，设置好输出层面后，单击"OK"按钮确认操作。

　　6)"预览"设置：在进行上述页面设置和打印设置后，可以首先预览一下打印时的效果，单击"Composite Properties"对话框中的"预览"按钮，即可获得打印预览效果，如图9-37所示。

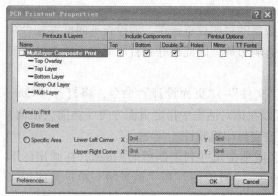

图9-36　"PCB Printout Properties"对话框

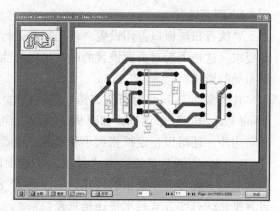

图9-37　打印预览

2. 打印输出

　　无论是否进行页面设置，都可在布局窗口激活时打印该窗口。因此在打印时，首先确认布局窗口是当前活动窗口。

　　单击"预览"窗口中的"打印"按钮，或单击"Composite Properties"对话框中的"打印"按钮，都将打开"Printer Configuration for"对话框，如图9-38所示。

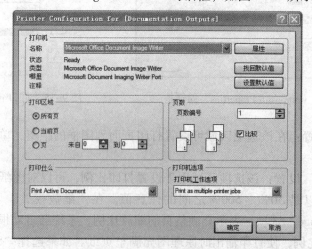

图9-38　"Printer Configuration for"对话框

📖 在对话框中可选择要打印哪些页和打印份数，还可以指定打印机属性，同时也可以指定是否输出到一个文件中，然后单击"确定"按钮确认操作，即可打印输出 PCB 文件。

9.5 智能建立 PDF 文档

Altium Designer 系统中内置了智能的 PDF 生成器，用以生成完全可移植、可导航的 PDF 文件。设计者可以把整个工程或选定的某些设计文件打包成 PDF 文档，使用 PDF 浏览器即可进行查看、阅读，充分实现了设计数据的共享。

【例 9-7】 使用智能 PDF 建立 PDF 文档。

本例将使用智能 PDF，为工程"Audio AMP. PrjPCB"建立可移植的 PDF 文档。

1）打开工程"Audio AMP. PrjPCB"及有关原理图。

2）选择"文件"→"智能 PDF"命令，启动智能 PDF 生成向导，如图 9-39 所示。

3）单击 Next 按钮，进入如图 9-40 所示的"选择导出目标"对话框。可设置是将当前工程输出为 PDF，还是只将当前文件输出为 PDF，系统默认为"当前项目（Audio AMP. PrjPcb)"。同时可设置输出 PDF 文件的名称及保存路径。

图 9-39 智能 PDF 生成向导

图 9-40 选择导出目标

4）单击 Next 按钮，进入如图 9-41 所示的"导出项目文件"对话框，用于选择要导出的文件，系统默认为全部选择，用户也可以单击选择其中的一个。

5）单击 Next 按钮，进入如图 9-42 所示的"导出 BOM 表"对话框，用于选择设置是否导出 BOM 表，并可设置相应模板。

6）单击 Next 按钮，进入如图 9-43 所示的打印设置对话框。

● 缩放：用于设置在 PDF 浏览器书签窗口中选中元件或网络时，相应对象显示的变焦程度，可通过滑块进行控制。

● 原理图：用于设置生成 PDF 文件的颜色及所包含的原理图信息，如 No - ERC 标号、

257

探针等。

- Additional Bookmark：设置 PDF 文件中的附加书签。

图 9-41　选择导出文件

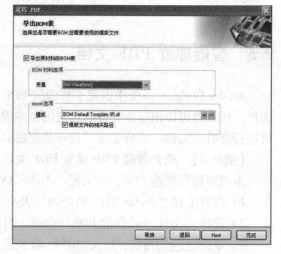

图 9-42　导出 BOM 表设置

📖 生成的附加书签用来提供完全的设计导航，可以在原理图页面和 PCB 图上浏览、显示元件、端口、网络、引脚等。

7）单击　Next　按钮，进入如图 9-44 所示的结构设置对话框。选择"使用物理结构"复选框后，可勾选需要显示的物理名字。

图 9-43　打印设置

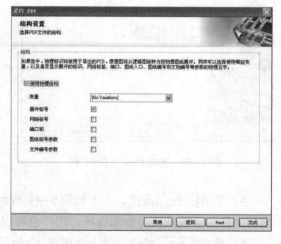

图 9-44　结构设置

8）单击　Next　按钮，进入如图 9-45 所示的对话框，可设置生成 PDF 文件后是否默认打开，以及是否保存设置到批量输出文件"Audio AMP. OutJob"。

9）设置完毕，单击　完成　按钮，系统开始生成 PDF 文件，并默认打开，显示在工作窗口中，如图 9-46 所示。在"书签"窗口中单击某一选项即可使相应对象变焦显示。

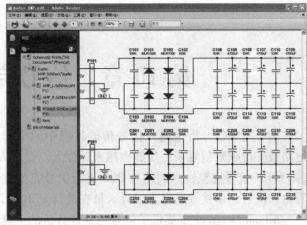

<table>
<tr><td>图 9-45　最后步骤</td><td>图 9-46　生成 PDF 文件</td></tr>
</table>

10）同时，批量输出文件"Audio AMP. OutJob"也被默认打开，显示在输出工作文件编辑窗口中，如图 9-47 所示，相应设置可直接用于以后的批量工作文件输出。

图 9-47　批量输出文件"Audio AMP. OutJob"

9.6　思考与练习

1. 概念题

（1）简述原理图和 PCB 之间交互验证的方法。

（2）概述各种 PCB 报表的生成方法。

（3）简述智能建立 PDF 文档的操作过程。

2. 操作题

（1）对第 7 章操作题中所绘制的 PCB 图使用设计规则检查操作，生成检查报告。

（2）对第 7 章操作题中所绘制的 PCB 图使用生成 PCB 报表操作，生成电路板信息报表、网络状态报表、Gerber 光绘报表和 NC 钻孔报表。

第 10 章　信号完整性分析

信号完整性分析是研究信号传输过程中的变形问题。随着电子技术的飞速发展，PCB 电路板变得越来越复杂，功能也越来越强大。设计人员想要设计出优秀的电路板，就必须考虑 PCB 的信号完整性。因此对 PCB 进行信号完整性分析就显得十分必要，传输延迟、信号质量、反射、串扰等是每个设计人员在进行 PCB 设计时必须考虑的问题。

Altium Designer 中提供了信号完整性分析的工具，系统自带的信号分析算法采用了验证的方法进行计算，保证了分析结果的可靠性。对电路板进行信号完整性分析，可以尽早发现电路板潜在的问题，在设计产品投入生产之前就发现高速电路设计时比较棘手的 EMC/EMI 等问题。在 Altium Designer 中集成了信号完整性工具，帮助用户利用信号完整性分析获得一次性成功并消除盲目性，以缩短研制周期和降低开发成本。

10.1　信号完整性简介

如今的 PCB 设计日趋复杂，高频时钟和快速开关逻辑意味着 PCB 设计已不止是放置元件和布线。网络阻抗、传输延迟、信号质量、反射、串扰和 EMC（电磁兼容）是每个设计者必须考虑的因素，因而进行制板前的信号完整性分析更加重要。本章主要讲述如何使用 Altium Designer 进行 PCB 信号完整性分析。

Altium 公司引进了世界 EMC 专业公司 INCASES 的先进技术，在 Altium Designer 中集成了信号完整性工具，帮助用户利用信号完整性分析获得一次性成功，消除盲目性，以缩短研制周期和降低开发成本。

Altium Designer 包含一个高级的信号完整性仿真器，能分析 PCB 设计和检查设计参数，测试过冲、下冲、阻抗和信号斜率。如果 PCB 上任何一个设计要求（设计规则指定）有问题，即可对 PCB 进行反射或串扰分析，以确定问题所在。

Altium Designer 的信号完整性分析与 PCB 设计过程为无缝连接，该模块提供了极其精确的板级分析，能检查整板的串扰、过冲/下冲、上升/下降时间和阻抗等问题。在 PCB 制造前，用最小的代价来解决高速电路设计带来的 EMC/EMI（电磁兼容/电磁抗干扰）等问题。

（1）Altium Designer 的信号完整性分析模块具有如下特性

- 设置简便，可以和在 PCB 编辑器中定义设计规则一样，定义设计参数（阻抗等）。
- 通过运行 DRC（设计规则检查），快速定位不符合设计要求的网络。
- 无须特殊经验要求，可在 PCB 中直接进行信号完整性分析。
- 提供快速的反射和串扰分析。
- 利用 I/O 缓冲器宏模型，无须额外的 Spice 或模拟仿真知识。
- 完整性分析结果采用示波器形式显示。
- 成熟的传输线特性计算和并发仿真算法。

- 用电阻和电容参数值对不同的终止策略进行假设分析，并可对逻辑系列快速替换。

（2）Altium Designer 的信号完整性分析模块中的 I/O 缓冲器模型具有如下特性

- 宏模型逼近，使仿真更快更精确。
- 提供 IC 模型库，包括校验模型。
- 模型同 INCASES EMC – WORKBENCH 兼容。
- 自动模型连接。
- 支持 I/O 缓冲器模型的 IBIS2 工业标准子集。
- 利用完整性宏模型编辑器可方便、快速地自定义模型。
- 引用数据手册或测量值。

10.2　信号完整性模型

信号完整性分析是建立在元件模型基础之上的，这种模型称为 Signal Integrity 模型，简称 SI 模型。

很多元件的 SI 模型与相应的原理图符号、封装模型、仿真模型等一起，被系统存放在集成库文件中，包括 IC（集成电路）、Resistor（电阻类元件）、Capacitor（电容类元件）、Connector（连接器类元件）、Diode（二极管类元件）及 BJT（双极性三极管类元件）等。需要进行信号完整性分析时，用户应为设计中所用到的每一个元件设置正确的 SI 模型。

为了简化设定 SI 模型的操作，并且在进行反射、串扰、振荡和不匹配阻抗等信号完整性分析时能够保证适当的精度和仿真速度，很多厂商为 IC 类的元件提供了现成的引脚模型供设计者选择使用，这就是 IBIS（Input/Output Buffer Information Specification）模型文件，扩展名为"ibs"。

IBIS 模型是反映芯片驱动和接收电气特性的一种国际标准。采用简单直观的文件格式提供了直流的电压和电流曲线，以及一系列的上升和下降时间、驱动输出电压、封装的寄生参数等信息，但并不泄露电路内部构造的知识产权细节，因而获得了很多芯片生产厂家的支持。此外，由于该模型比较简单，仿真分析时的计算量较少，但仿真精度却与其他模型（如 SPICE 模型）相当，这种优势在 PCB 的密度越来越高、需要仿真分析的设计细节越来越多的趋势下显得尤为重要。

Altium Designer Summer 09 系统的信号完整性分析中就采用了 IC 器件的 IBIS 模型，通过对信号线路的阻抗计算，得到信号响应及失真等仿真数据来检查设计信号的可靠性。

在系统提供的集成库中已包含了大量的 IBIS 模型，用户可对相应的元件进行添加，必要时还可到元件生产商网站免费下载相关联的 IBIS 模型文件。对于实在找不到的 IBIS 模型，设计者还可以采用其他的方法，如依据芯片引脚的功能选用相似的 IBIS 模型，或通过实验测量建立简化的 IBIS 模型等。

【例 10–1】　IBIS 模型文件的下载及添加。

本例将为设计中所用到的某一元件"EPM240F100C4N"添加下载的 IBIS 模型文件，该元件在系统提供的集成库"Altera MAX Ⅱ. IntLib"中，是 Altera 公司的产品。

1）登录 Altera 公司的网站 http://www.altera.com.cn，在其下载中心下载相应的 IBIS 模型文件"max2. zip"。

2）双击所放置的元件"EPM240F100C4N"，打开"元件属性"对话框。在"Models"栏中，可以看到没有信号完整性模型。单击下面的 添加 ▾ 按钮，在弹出的"添加新模型"对话框中选择"Signal Integrity"选项，如图 10-1 所示。

3）单击 确定 按钮后，打开如图 10-2 所示的"Signal Integrity Model"对话框，该对话框中显示了元件的 IBIS 模型文件有关信息："File not found"。

图 10-1　添加新模型　　　　　　　　　图 10-2　IBIS 模型文件不存在

4）单击对话框中的 Update IBIS File 按钮，系统弹出"打开"对话框，供设计者查找所需的 IBIS 模型文件"Max2.ibs"，如图 10-3 所示。

5）单击 打开(0) 按钮后，该 IBIS 模型文件被成功添加，系统弹出相应的更新提示框。同时，在"Signal Integrity Model"对话框中显示出了添加的 IBIS 模型文件有关信息，如图 10-4 所示。

图 10-3　打开下载的 IBIS 模型文件　　　　图 10-4　添加了 IBIS 模型文件

6）单击 OK 按钮关闭提示框。单击 OK 按钮关闭"Signal Integrity Model"对话框，返回原理图编辑环境。可以看到在"元件属性"对话框的"Models"栏中，信号完整性模型已被添加。选择"设计"→"Update PCB Document"命令，可将该更新同步到 PCB 文件中。

10.3 信号完整性分析的环境设定

在复杂、高速的电路系统中，所用到的元件数量及种类都比较多，由于各种原因的限制，在信号完整性分析之前，用户未必能逐一进行相应的 SI 模型设定。因此，执行了信号完整性分析的命令之后，系统会首先进行自动检测，给出相应的状态信息，以帮助用户完成必要的 SI 模型设定与匹配。

【例 10-2】 分析过程中的 SI 模型设定。

1）打开一个要进行信号完整性分析的工程。

📖 无论是在原理图环境还是在 PCB 编辑器中，进行信号完整性分析时，设计文件都必须在某一工程中。若作为自由文件出现，则不能运行信号完整性分析。

2）在原理图编辑环境中，选择"工具"→"信号完整性"命令，或者在 PCB 编辑环境中，选择"工具"→"信号完整性"命令，开始运行信号完整性分析器，若设计文件中存在没有设定 SI 模型的元件，则系统会弹出如图 10-5 所示的错误信息提示框。

3）单击 [Model Assignments...] 按钮，会打开 SI 模型配置的显示对话框，显示每一元件的 SI 模型及其所对应的配置状态，供用户查看或修改，如图 10-6 所示。

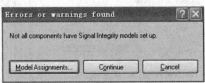

图 10-5 错误信息提示框

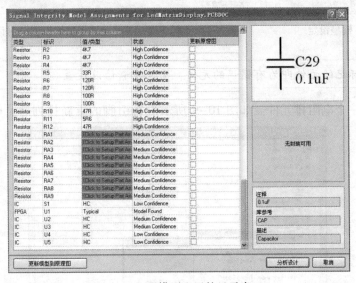

图 10-6 SI 模型配置的显示窗口

📖 系统为一些没有设定模型的元件添加了 SI 模型，但可信度有高、中、低之分，显示在"状态"栏中。此外，"状态"栏中可显示的状态信息还有："Model Found"（与元件相关联的 SI 模型已存在）、"No Match"（没有匹配的 SI 模型）、"User Modified"（用户已修改）、"Model added"（创建了新的模型）等。

4）双击某一元件标识，会打开相应的"Signal Integrity Model"对话框，如图 10-7 所示。用户可进行元件 SI 模型的重新设定，包括模型名称、描述、类型、技术、数值，并可编辑引脚模型、设置元器件排列或导入 IBIS 模型文件等。

5）在"类型"栏或"值/类型"栏中单击，可直接进行单项编辑。如在本例中，选择某一元件 RA1，单击其被红色高亮标记的"值/类型"栏，会打开如图 10-8 所示的"元器件排列编辑器"对话框。

图 10-7　SI 模型设定　　　　　　　　图 10-8　"元器件排列编辑器"对话框

📖 被红色高亮标记的元件即为有错误的元件，需要重新修改设置。

6）RA1 是一个电阻排元件。如图 10-9 所示进行引脚的重新排列后，单击 确定 按钮

图 10-9　信号完整性分析的规则

返回显示窗口。此时，对应的"状态"栏中显示出"User Modified"的信息，同时右边的"更新原理图"复选框也被选中，等待用户更新原理图。

7）单击窗口左下方的 <kbd>更新模型到原理图</kbd> 按钮，即可将修改后的模型信息更新到原理图中，此时对应的"状态"栏中会显示"Model Saved"（模型已保存）的状态信息。

10.4 信号完整性的设计规则

与自动布局和自动布线的过程类似，在 PCB 上进行信号完整性分析之前，也需要先对有关的规则加以合理设置，以便准确检测出 PCB 上潜在的信号完整性问题。

信号完整性分析的规则设置是通过"PCB 规则及约束编辑器"对话框来进行的。选择"设计"→"规则"命令，打开"PCB 规则及约束编辑器"对话框。在左边目录区中，单击"Signal Integrity"前面的⊞符号展开，可以看到信号完整性分析的规则共有 13 项。设置时，在相应项上右击，添加新规则，之后可在新规则界面中进行具体设置，如图 10-9 所示。

1. Signal Stimulus（激励信号）

该规则主要用于设置信号完整性分析中的激励信号特性，设置界面如图 10-10 所示。

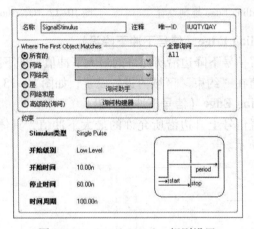

图 10-10　Signal Stimulus 规则设置

"约束"区域内，需要设置的有如下几项。

- Stimulus 类型：激励信号类型设置。有 3 种选择，"Constant Level"（常数电平即直流信号）、"Single Pulse"（单脉冲信号）和"Periodic Pulse"（周期性脉冲信号），系统默认设置为"Single Pulse"。
- 开始级别：激励信号初始电平设置。有两种选择，"Low Level"（低电平）和"High Level"（高电平）。
- 开始时间：激励信号开始时间设置。
- 停止时间：激励信号停止时间设置。
- 时间周期：激励信号周期设置。

> 📖 设置与时间有关的参数时，如开始时间、停止时间、周期等，在输入数值的同时，要注意添加时间单位，以免设置出错。

2. Overshoot – Falling Edge（信号过冲下降沿）

该规则主要用于设置信号下降边沿所允许的最大过冲值，即低于信号基值的最大阻尼振荡，设置界面如图10-11所示。

"约束"区域内，只需要设置最大过冲值的具体数值，即"最大〔Volts〕"，系统默认单位是伏特。

3. Overshoot – Rising Edge（信号过冲上升沿）

该规则与上面的"Overshoot-Falling Edge"规则相对应，主要用于设置信号上升边沿所允许的最大过冲值，即高于信号基值的最大阻尼振荡。在"约束"区域内，同样只需设置最大过冲值的具体数值即可，设置界面如图10-12所示。

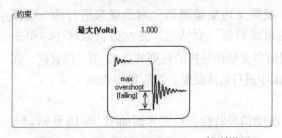

图10-11　Overshoot – Falling Edge 规则设置　　　　图10-12　Overshoot – Rising Edge 规则设置

4. Undershoot – Falling Edge（信号下冲下降沿）

该规则主要用于设置信号下降边沿所允许的最大下冲值，即下降边沿上高于信号基值的最大阻尼振荡，具体数值在"约束"区域内进行设置，如图10-13所示。

5. Undershoot – Rising Edge（信号下冲上升沿）

该规则主要用于设置信号上升边沿所允许的最大下冲值，具体数值在"约束"区域内进行设置，如图10-14所示。

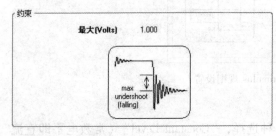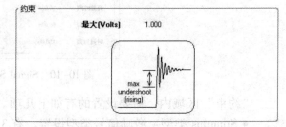

图10-13　Undershoot – Falling Edge 规则设置　　　　图10-14　Undershoot – Rising Edge 规则设置

6. Impedance（阻抗）

该规则用于设置电路允许阻抗的最大值和最小值，如图10-15所示。

7. Signal Top Value（信号高电平）

该规则用于设置信号在高电平状态下所允许的最小稳定电压值，如图10-16所示。

8. Signal Base Value（信号基准）

该规则用于设置信号基值电压的最大值，如图10-17所示。

9. Flight Time – Rising Edge（飞行时间上升沿）

该规则用于设置信号上升边沿的最大延迟时间，一般指上升到信号设定值的50%时所需要的时间，具体数值可在"约束"区域内进行设置，系统默认单位为秒，如图10-18所示。

266

图 10-15　Impedance 规则设置

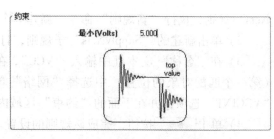

图 10-16　Signal Top Value 规则设置

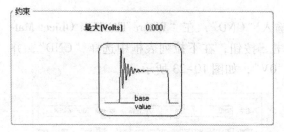

图 10-17　Signal Base Value 规则设置

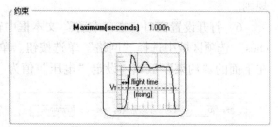

图 10-18　Flight Time – Rising Edge 规则设置

10. Flight Time – Falling Edge（飞行时间下降沿）

该规则用于设置信号下降边沿的最大延迟时间，一般指实际的输入电压到阈值电压之间的时间，具体数值在"约束"区域内进行设置，如图 10-19 所示。

11. Slope – Rising Edge（上升沿斜率）

该规则用于设置信号的上升沿从阈值电压上升到高电平电压所允许的最大延迟时间，如图 10-20 所示。

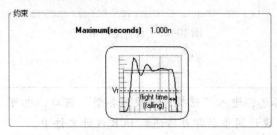

图 10-19　Flight Time – Falling Edge 规则设置

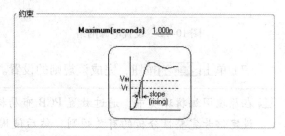

图 10-20　Slope – Rising Edge 规则设置

12. Slope – Falling Edge（下降沿斜率）

该规则用于设置信号的下降沿从阈值电压下降到低电平电压所允许的最大延迟时间，如图 10-21 所示。

13. Supply Nets（电源网络）

该规则用于设置 PCB 中电源网络或地网络的电压值，是在 PCB 编辑环境下进行信号完整性分析时必须设定的规则。

【例 10-3】　电源网络及地网络的设置。

1）在"PCB 规则及约束编辑器"对话框中选中"Signal Integrity"下的"Supply

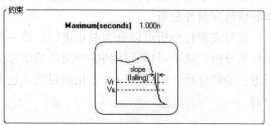

图 10-21　Slope – Falling Edge 规则设置

Nets" 规则, 执行 "新规则" 命令, 新建一个 "SupplyNets" 子规则。

2) 单击新建的 "SupplyNets" 子规则, 打开相应的设置窗口。

3) 在 "名称" 文本框中输入 "VCC", 在 "Where The First Object Matches" 选项区域 (第一个匹配对象的位置) 中选择 "网络" 单选按钮。单击☑按钮, 在下拉列表框中选择 "VCCINT" 选项, 并在下面的 "约束" 区域内设定 "电压" 值为 "5V", 如图 10-22 所示。

4) 单击 应用 按钮, 完成该规则的设置。

5) 再次选中 "Supply Nets" 规则, 执行 "新规则" 命令, 新建一个 "SupplyNets" 子规则。

6) 打开设置窗口, 在 "名称" 文本框中输入 "GND", 在 "Where The First Object Matches" 选项区域中选择 "网络" 单选按钮。单击☑按钮, 在下拉列表框中选择 "GND", 并在下面的 "约束" 区域内设定 "电压" 值为 "0V", 如图 10-23 所示。

图 10-22　设置电源网络

图 10-23　设置地网络

7) 单击 应用 按钮, 完成该规则的设置。

> 📖 在原理图编辑环境中, 通过放置 PCB 布局标志, 进入 "选择设计规则类型" 窗口, 也可设定信号完整性分析的有关规则, 然后使用设计同步器即可传递到 PCB 设计文件中。

10.5　进行信号完整性的分析

在初步了解了信号完整性分析的基本概念及有关的规则以后, 下面来看一下如何进行基本的信号完整性分析。

信号完整性分析可以分为两步进行: 第一步是对所有可能需要进行分析的网络进行一次初步的分析, 从中可以了解到哪些网络的信号完整性最差; 第二步是筛选出一些关键信号进行进一步的分析, 以达到设计优化的目的, 这两步的具体实现都是在信号完整性分析器中进行的。

10.5.1 信号完整性分析器

Altium Designer Summer 09 提供了一个高效的信号完整性分析器,采用成熟可靠的传输线计算方法及 IBIS 模型进行仿真,可进行布线前和布线后的信号完整性分析,能够产生准确的仿真结果,并能以波形直观显示在图形界面下。同时,针对不同的信号完整性问题,Altium Designer 系统还提供了有效的终端补偿方式,以帮助设计者获得最佳的解决方案。

【例 10-4】 启动信号完整性分析器。

1)在 PCB 编辑环境中,设置了信号完整性分析的有关规则之后,选择"工具"→"信号完整性"命令,系统开始运行信号完整性分析器,弹出如图 10-5 所示的提示框。

2)单击该提示框中的 Model Assignments... 按钮,打开如图 10-6 所示的 SI 模型配置显示窗口,根据提示,进行元件 SI 模型的设定或修改。

3)更新到原理图中之后,单击 SI 模型配置显示窗口中的 分析设计 按钮,则打开如图 10-24 所示的"SI 设置选项"对话框。同时,在工作窗口的右下角面板标签处将会出现一个 信号完整性 标签,意味着已启动了信号完整性分析器。

该对话框中有两个选项设置"布线阻抗"和"Average Track Length"(平均布线长度)。"布线阻抗"适用于没有设置布线阻抗的全部网络,设置了布线阻抗的网络则使用设定的阻抗规则进行信号完整性分析;"Average Track Length"适用于全部未布线的网络,选择"使用曼哈顿长度"复选框后,将使用曼哈顿布线的长度。

图 10-24 "SI 设置选项"对话框

📖 在图 10-5 所示的提示框中,若单击 Continue 按钮,即无论 SI 模型的设置如何,都继续进行信号完整性的分析,将直接进入"SI 设置选项"对话框中,此时分析结果可能会出现较大的误差。

4)单击"SI 设置选项"对话框中的 设计分析 按钮,系统即开始进行信号完整性分析。分析完毕会打开如图 10-25 所示的"信号完整性"对话框。

在该窗口的左侧显示了进行信号完整性初步分析的结果,包括各网络的状态及是否通过了相应的规则,如上冲幅度、下冲幅度等。在右侧窗口中进行相应的设置,可以对设计进行进一步分析和优化。

📖 单击工作窗口右下角的 信号完整性 标签,同样可以打开"信号完整性"界面,但是两种操作略有不同。选择"工具"→"信号完整性"命令,在启动信号完整性分析器的同时,系统会自动进行一次分析操作,并在窗口中显示当前的结果;而单击 信号完整性 标签,则不会进行新的分析,在界面窗口中显示的是前一次的分析结果。

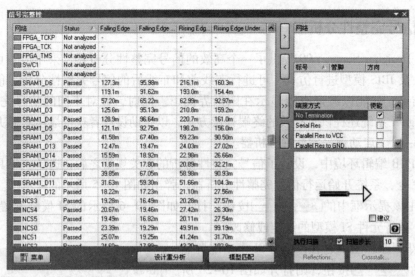

图 10-25　"信号完整性"对话框

10.5.2　状态窗口介绍

1. 左侧显示内容

在"信号完整性"状态窗口中，左侧的显示内容在默认状态下主要有如下几项。

（1）网络

列出了设计文件中所有可能需要进一步分析的网络。在分析之前，选中某一网络，单击 ▷ 按钮，可将其添加到右侧的"网络"区域中。同时，在"标号"区域中会显示相应网络的连接元件引脚及信号的方向。

（2）Status

显示网络进行信号完整性分析后的状态，有如下 3 种。

● Passed：分析通过，没有问题。

● Not analyzed：不进行分析。

● Failed：分析失败。

📖 "Not analyzed" 状态的网络一般都是连接网络，不需要进行分析。

（3）Falling Edge Overshoot

显示过冲下降沿时间的分析结果。

（4）Falling Edge Undershoot

显示下冲下降沿时间的分析结果。

（5）Rising Edge Overshoot

显示过冲上升沿时间的分析结果。

（6）Rising Edge Undershoot

显示下冲上升沿时间的分析结果。

2. 终端补偿

在右侧的"端接方式"区域中，Altium Designer 系统给出了 8 种不同的终端补偿策略以消除或减小电路中由于反射和串扰所造成的信号完整性问题。

（1）No Termination

无终端补偿，如图10-26所示。该方式中，直接进行信号的传输，对终端不进行补偿，是系统的默认方式。

（2）Serial Res

串阻补偿，如图10-27所示。即在点对点的连接方式中，直接串入一个电阻以减小外来的电压波形幅值，合适的串阻补偿将使得信号正确终止，消除接收器的过冲现象。

 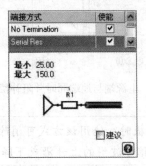

图10-26　无终端补偿　　　　　图10-27　串阻补偿

（3）Parallel Res to VCC

电源VCC端阻补偿，如图10-28所示。对于线路的信号反射，这是一种比较好的补偿方式。在电源VCC输入端并联的电阻是和传输线阻抗相匹配的，只是由于不断有电流流过，因此会增加电源的功率消耗，导致低电平电压的升高，该电压将根据电阻值的变化而变化。

（4）Parallel Res to GND

接地端并阻补偿，如图10-29所示。与电源VCC端并阻补偿方式类似，这也是终止线路信号反射的一种比较好的方法。同样，由于有电流流过，会导致高电平电压的降低。

 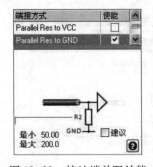

图10-28　电源VCC端并阻补偿　　　　图10-29　接地端并阻补偿

（5）Parallel Res to VCC& GND

电源端与地端同时并阻补偿，如图10-30所示。该方式将电源端并阻补偿与接地端并阻补偿结合起来使用，适用于TTL总线系统，而对于CMOS总线系统则一般不建议使用。

> 📖 该方式相当于在电源与地之间直接接入了一个电阻，会有较大的直流电流通过。为了防止电流过大，应仔细选择两个并联电阻的阻值。

（6）Parallel Cap to GND

地端并联电容补偿，如图 10-31 所示。在接收输入端对地并联一个电容，对于电路中信号噪声较大的情况，是一种比较有效的补偿方式。

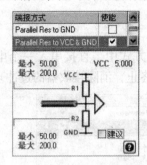
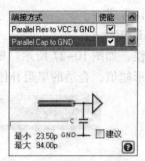

图 10-30　电源端与地端同时并阻补偿　　　　图 10-31　地端并联电容补偿

📖 制作 PCB 印制板时，使用该方式可消除铜膜导线在走线的拐弯处所引起的波形畸变，但同时也会导致信号波形的上升沿或下降沿变得太平坦，导致上升时间或下降时间增加。

（7）Res and Cap to GND

地端并阻、并容补偿，如图 10-32 所示。即在接收输入端对地并联一个电容和一个电阻，与地端仅仅并联电容的补偿效果基本一样，只不过在终结网络中不再有直流电流流过。一般情况下，当时间常数 RC 大约为延迟时间的 4 倍时，这种补偿方式可以使传输线上的信号被充分终止。

（8）Parallel Schottky Diode

并联肖特基二极管补偿，如图 10-33 所示。在传输线终结的电源和地端并联肖特基二极管可以减少接收端信号的过冲和下冲值。大多数标准逻辑集成电路的输入电路都采用了这种补偿方式。

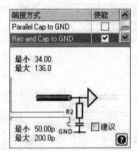
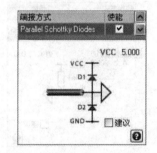

图 10-32　地端并阻、并容补偿　　　　图 10-33　并联肖特基二极管补偿

10.5.3　串扰分析

1. 菜单命令

对于信号完整性分析器的设置主要通过"信号完整性"状态窗口中的菜单命令来完成。单击 菜单 按钮或在左侧窗口中右击，都会打开如图 10-34 所示的命令菜单。

- Select Net：选择网络。执行该命令，会将左侧窗口中某一选中的网络添加到右侧的"网络"区域中。

- Details：详细。执行该命令，系统会打开如图 10-35 所示的对话框，用于显示某一选中网络的详细分析结果，包括元件数量、导线长度，以及根据所设定的分析规则得出的各项数值等。

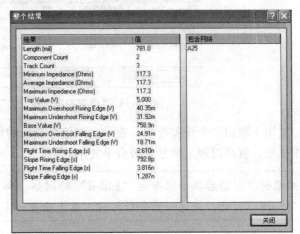

图 10-34　命令菜单　　　　　　　　图 10-35　网络详细分析结果显示

- Find Coupled Nets：查找相关联网络。执行该命令后，所有与选中网络有关联的网络会在左侧窗口中以选中状态显示出来。
- Cross Probe：交叉探测。包括两个子命令，即"To Schematic"和"To PCB"，分别用于在原理图中或者在 PCB 文件中查找所选中的网络。
- Copy：复制。用于复制某一选中网络或全部网络。
- Show/Hide Columns：显示/隐藏纵向栏。该命令用于选择设置左侧窗口中的显示内容，如图 10-36 所示。对于不需要的内容，选择隐藏即可。
- Preferences：优先设定。执行该命令，用户可以在打开的"信号完整性参数选项"对话框中设置信号完整性分析的相关选项。该对话框中有若干选项卡，不同的选项卡中设置内容是不同的。在信号完整性分析中，用到的主要是"配置"选项卡，如图 10-37 所示，可设置信号完整性分析的总时间、步长，以及串扰分析时传输线间相互影响的距离。

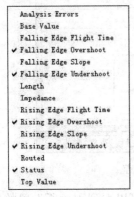

图 10-36　显示内容设置　　　　　图 10-37　"信号完整性参数选项"对话框

- Set Tolerances：设置公差。执行该命令后，系统会弹出如图 10-38 所示的"设置扫描分析公差"对话框。

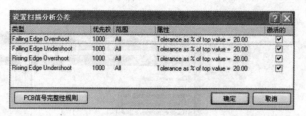

图 10-38 "设置扫描分析公差"对话框

公差用于限定一个误差范围，表示允许信号变形的最大值和最小值。将实际信号与这个范围相比较，就可以确定信号是否合乎要求。

📖 一般来说，分析后显示状态为"Failed"的网络，部分原因就是由于信号超出了公差限定的范围。因此，在进一步分析之前，应先检查一下公差的限定是否太过严格。

【例 10-5】 在规则中设置公差。

在如图 10-38 所示的"设置扫描分析公差"对话框中添加一条规则，以便在进行信号完整性分析时，将下降沿下冲值超过 100 mV 的信号挑选出来。

1）单击"设置扫描分析公差"对话框中的 PCB信号完整性规则 按钮，打开"PCB 规则及约束编辑器"对话框。

2）选中"Signal Integrity"下的"Undershoot – Falling Edge"规则，执行"新规则"命令，新建一个"UndershootFalling"子规则。

3）单击新建的"UndershootFalling"子规则，打开相应的设置窗口，进行设置，如图 10-39 所示。

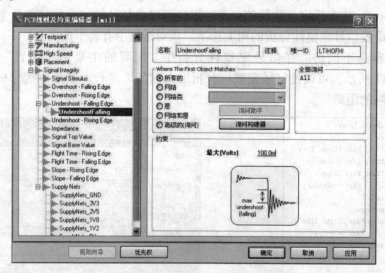

图 10-39 设置下降沿下冲的信号容差

4）设置完毕，返回"设置扫描分析公差"对话框中。可以看到刚才所设置的规则及优先权，如图 10-40 所示。

图 10-40　添加 1 条新规则

📖 规则优先权数越小，说明优先级越高。这里的规则优先权不能直接进行修改，但是可利用右边的复选框来禁用某个优先权较高的规则。

- "Display Report"：显示报告。执行该命令，系统会在当前工程的"Generated"文件夹下生成文本形式的信号完整性分析报告，同时显示在工作窗口中。

2．功能按钮

除了上述的菜单命令以外，在如图 10-25 所示的"信号完整性"对话框中还有若干个功能按钮，供用户操作使用。

- 设计重分析：单击该按钮，将重新进行一次信号完整性分析。
- 模型匹配：单击该按钮，系统将返回到 SI 模型配置的显示窗口中。
- Reflection Waveforms...：用于进行反射分析。单击该按钮，将进入仿真器的编辑环境中，并显示相应的信号反射波形。
- Crosstalk Waveforms...：用于对选中的网络进行串扰分析，结果同样会以波形形式显示在仿真器编辑环境中。
- "执行扫描"：选择该复选框，系统分析时会按照用户所设置的参数范围，对整个设计的信号完整性进行扫描，类似于电路原理图仿真中的参数扫描方式，扫描步数可以在后面进行设置，系统默认选择。
- "建议"：选择该复选框，有关的参数值将由系统根据实际情况自行设置，用户不能更改；若不选中，则可自由进行设定。
- ❷：单击该按钮，系统会对用户所选择的终端补偿策略进行简短的说明。

【例 10-6】　串扰分析的波形显示。

1）在"信号完整性"状态窗口中选择两个网络，如"NCS3"和"NCS4"，分别双击将其移入右侧的"网络"区域中。

2）在"NCS4"上右击，在弹出的快捷菜单中选择"Set Aggressor"命令，将其设置为干扰源，如图 10-41 所示。

3）单击 Crosstalk Waveforms... 按钮，系统开始进行串扰分析，如图 10-42 所示。

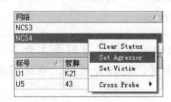

图 10-41　设置串扰源

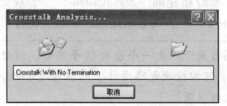

图 10-42　进行串扰分析

4）分析结束，系统自动进入仿真编辑环境中，相应串扰分析的波形被显示在窗口中，如图 10-43 所示。

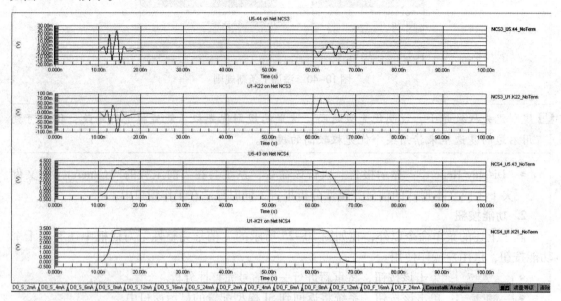

图 10-43　串扰分析波形显示

📖 选用不同的终端补偿策略，会得到不同的分析结果，用户可依此从中选择最佳方案。串扰的大小与信号的上升时间、线间距，以及并行长度等密切相关，实际高速电路设计中，可采用增加走线间距、尽量减少并行长度、对信号线包地等措施来抑制串扰的产生。

10.5.4　反射分析

下面将以系统自带的工程"Mixer. PrjPCB"为例，进行有关网络的反射分析，并采用适当的端接策略，对设计进行进一步的优化。

【例 10-7】　信号完整性中的反射分析。

1）打开工程"Mixer. PrjPCB"中 PCB 设计文件"Mixer_Routed. PCBDOC"，进入 PCB 设计环境中。

2）选择"设计"→"规则"命令，打开"PCB 规则及约束编辑器"对话框。选中"Signal Integrity"下的"Signal Stimulus"规则，执行"新规则"命令，新建一个"SignalStimulus"子规则。

3）单击新建的"SignalStimulus"子规则，打开设置窗口，设置"Stimulus 类型"为"Periodic Pulse"，其余采用系统的默认设置，如图 10-44 所示。

📖 激励源用于产生一个激励信号波形，通过查看相应的响应波形（特别是上升沿与下降沿），可以检测电路设计中的信号完整性问题。若不设置，进行分析时，系统将使用默认的激励源。

4）选中"Signal Integrity"下的"Supply Nets"规则，执行"新规则"命令，新建一个

276

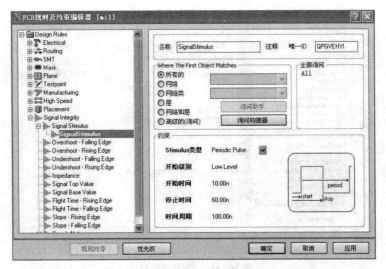

图 10-44 设置激励源

"SupplyNets"子规则。打开设置窗口，在"Where The First Object Matches"选项区域选择"网络"单选按钮，单击☑按钮，在下拉列表框中选择"+15V"，在"约束"区域内设定"电压"值为"15V"，如图 10-45 所示。

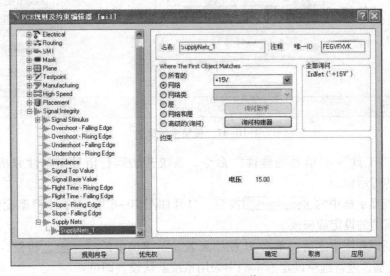

图 10-45 设置电源网络

5）新建一个"SupplyNets"子规则，在"约束"区域内设定"电压"值为"-15V"。再新建一个"SupplyNets"子规则设置接地网络，如图 10-46 所示。

6）选择"设计"→"层叠管理"命令，打开"层堆栈管理器"对话框，进行 PCB 层结构及参数的有关设置，如工作层面的厚度、导线的阻抗特性等。如图 10-47 所示。这里采用系统的默认设置即可。

📖 PCB 的板层结构决定了 PCB 材的电参数，这也是评定系统性能的一个标准。此外，信号完整性分析要求有连续的电源参考平面，分割电源平面将无法得到正确的分析结果。

图 10-46　设置地网络

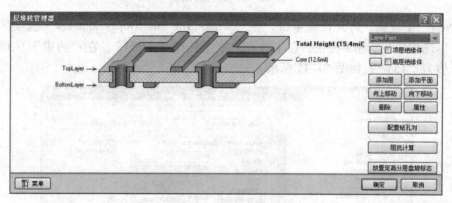

图 10-47　板层参数设置

7）选择"工具"→"信号完整性"命令，系统开始运行信号完整性分析器，弹出如图 10-5 所示的提示框。

8）单击该提示框中的 Model Assignments... 按钮，打开如图 10-6 所示的 SI 模型配置显示窗口，进行元件 SI 模型的设定或修改。

9）更新到原理图中之后，单击 SI 模型配置显示窗口中的 分析设计 按钮，打开"SI 设置选项"对话框，进行选项设定。本例中采用系统默认设置即可。

10）单击"SI 设置选项"对话框中的 设计分析 按钮，系统即开始进行信号完整性分析。

11）分析完毕，"信号完整性"状态窗口被打开。选中某一网络，右击，在弹出的快捷菜单中选择"Details"命令，可以查看相关的详细信息，如图 10-48 所示。

12）双击网络"NetC5_1"，将其移入右边的"网络"区域中。单击 Reflection Waveforms... 按钮，系统开始运行反射分析，反射分析后的波形如图 10-49 所示。

　　为清晰起见，在这里只以网络"NetC5_1"中的一个信号波形为例进行分析。可以看到，由于阻抗不匹配而引起的反射，导致信号的上升沿和下降沿都有一定的过冲。虽然是在限定范围以内，但为了减小这种影响，可选择一定的端接策略进一步优化。

图 10-48　信号完整性的初步分析

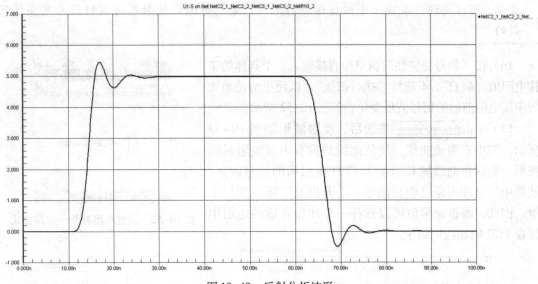

图 10-49　反射分析波形

13）单击窗口右下角面板标签处的 Editor 按钮，在弹出的菜单中选择"信号完整性"，返回"信号完整性"窗口中。

14）在"端接方式"区域中选择"Serial Res"复选框，并设置电阻的阻值范围，最小为"25Ω"，最大为"100Ω"。选择"执行扫描"，扫描步数采用系统的默认值"10"，如图 10-50 所示。

15）单击 Reflection Waveforms... 按钮后，分析波形如图 10-51 所示。

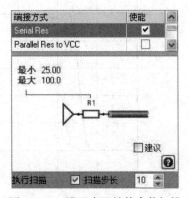

图 10-50　设置串阻补偿参数扫描

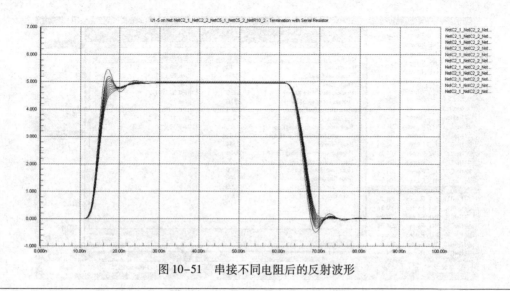

图 10-51　串接不同电阻后的反射波形

📖 逐一单击窗口右边列出的波形名称，对应的电阻值会显示。比较串接不同电阻后的波形变化，可以看到，串接一个阻值适当的电阻，是能够减小反射所造成的信号完整性问题的。

16）在"信号完整性"窗口中直接输入一个具体的串接电阻值"47 Ω"，不选择"执行扫描"，以便更清楚地比较串接电阻前后的信号波形变化，如图 10-52 所示。

17）单击 Reflection Waveforms... 按钮后，反射波形如图 10-53 所示。图中有两条曲线，浅色曲线是没有串接电阻时的波形，而深色曲线则是串接了 47 Ω 电阻后的信号波形，波形中的过冲现象已明显减小，上升沿及下降沿变得平滑。因此，根据此阻值可以选择一个比较合适的电阻串接在 PCB 的相应网络上。

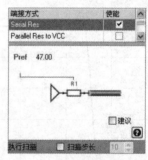

图 10-52　设置串阻补偿不扫描方式

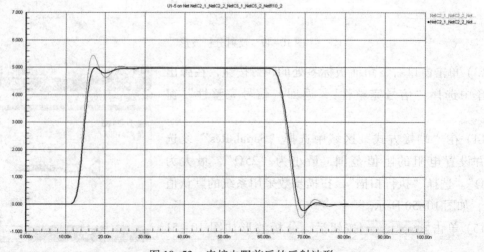

图 10-53　串接电阻前后的反射波形

10.6 思考与练习

1. 概念题

（1）什么叫做信号完整性？其主要表现形式有哪几种？

（2）简要介绍添加信号完整性模型的方法。

（3）信号完整性设计规则有哪些？

（4）为了消除或减小电路中由于反射和串扰所造成的信号完整性问题，Altium Designer 系统提供了哪几种不同的终端补偿策略？

2. 操作题

（1）了解信号完整性分析的各项规则内容并练习设置。

（2）打开 "C：\Program Files\Altium Designer Summer 09\Examples\Signal Integrity\ Simple FPGA"目录下的工程 "SimpleFPGA_SI_Demo. PrjPCB"，查看其信号完整性分析，并比较不同的端接策略对于减少反射的影响所起的作用有何不同。

第11章 综合实例——U盘电路的设计

U盘是应用广泛的便携式存储器件，其原理简单，所用芯片数量少，价格便宜，使用方便，可以直接插入计算机的USB接口。

本章以网上公布的一种U盘电路为例，介绍其电路原理图和PCB图的绘制过程。首先针对K9F080U0B元件、IC1114元件和AT1201电源芯片，给出元件编辑制作和添加封装的详细过程，然后采用制作完成的元件，绘制U盘的电路原理图，完成U盘PCB图的设计。

11.1 电路工作原理说明

U盘的电路原理图如图11-1所示，其中包括两个主要的芯片，即K9F080U0B Flash存储器和IC1114 USB桥接芯片。

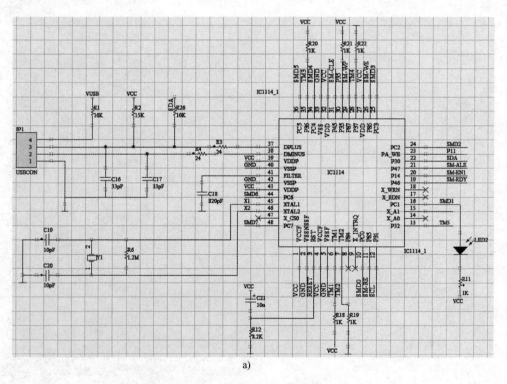

a)

图11-1 U盘的电路原理图

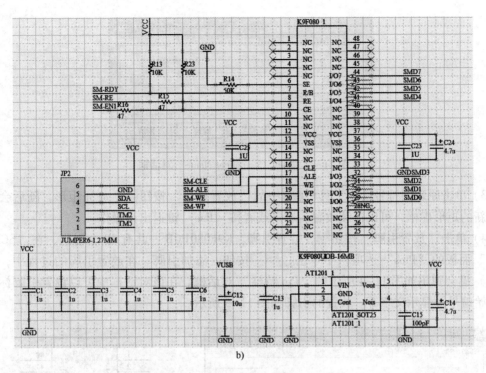

b)

图 11-1　U 盘的电路原理图（续）

11.2　创建项目文件

1）选择"文件"→"新建"→"工程"→"PCB 工程"命令，新建一个项目文件。然后选择"文件"→"保存工程为"命令，将新建的项目文件保存在 Example 文件夹中，并命名为"USB. PrjPCB"。

2）选择"文件"→"新建"→"原理图"命令，新建一个原理图文件。然后选择"文件"→"保存为"命令，将新建的原理图文件保存在"example"文件夹中，并命名为"USB. SchDoc"。"Projects"面板如图 11-2 所示。

图 11-2　"Projects"面板

11.3　制作元件

下面制作 K9F080U0B Flash 存储器、IC1114 USB 桥接芯片和 AT1201 电源芯片。

11.3.1　制作 K9F080U0B 元件

1）选择"文件"→"新建"→"库"→"原理图库"命令，新建元件库文件，名称为"Schlib1. SchLib"。

2）切换到"SCH Library"面板，选择"工具"→"新器件"命令，弹出"New Component Name"对话框。输入新元件名称为"Flash"，如图 11-3 所示。单击 确定 按钮，进入库元件编辑器界面。

283

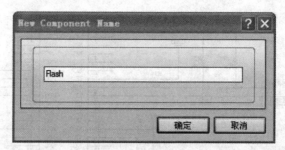

图 11-3 "New Component Name" 对话框

3）单击原理图符号绘制工具栏 中的"放置矩形"按钮 ，放完矩形，随后会出现一个新的矩形虚框，可以连续放置。右击或者按〈Esc〉键退出该操作。

4）单击"放置引脚"按钮 ，放置引脚。K9F080U0B 一共有 48 个引脚，在"SCH Library"面板的"Pins"选项栏中单击 添加 按钮，添加引脚。在放置引脚的过程中，按下〈Tab〉键会弹出如图 11-4 所示的"Pin 特性"对话框。在该对话框中可以设置引脚标识符的起始编号及显示文字等。放置的引脚如图 11-5 所示。

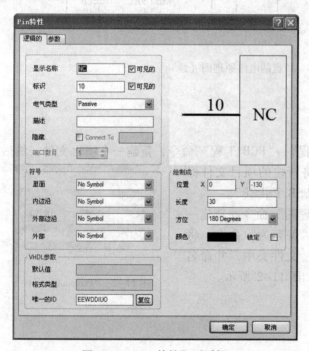

图 11-4 "Pin 特性"对话框

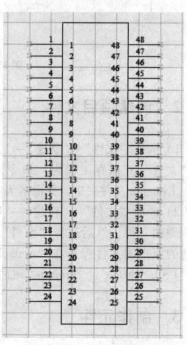

图 11-5 放置引脚

📖 由于元件引脚较多，分别修改很麻烦，可以在引脚编辑器中修改引脚的属性，这样比较方便、直观。

5）在"SCH Library"面板中选定刚创建的 Flash 元件，然后单击右下角的 编辑 按钮，弹出如图 11-6 所示的"Library Component Properties"对话框。单击其中的 编辑Pin 按钮，弹出"元件引脚编辑器"对话框。在该对话框中可以同时修改元件引脚的各种属性，包括标识、名、类型等。修改后的"元件引脚编辑器"对话框如图 11-7 所示。修改引脚属性后的元件如图 11-8 所示。

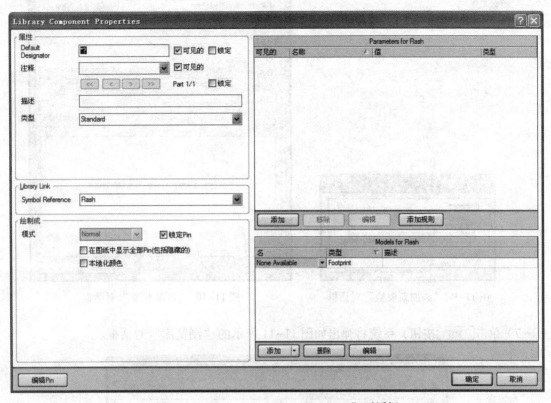

图 11-6 "Library Component Properties"对话框

6）单击"SCH Library"面板中"模型"选项栏中的 添加 按钮，系统将弹出如图 11-9 所示的"添加新模型"对话框，选择"Footprint"为 Flash 添加封装。打开"PCB 模型"对话框，如图 11-10 所示。

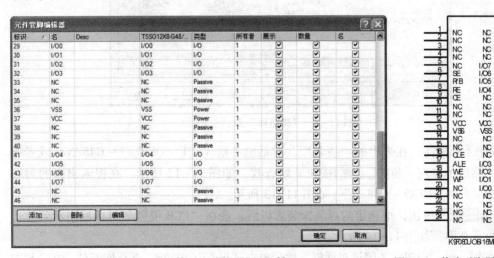

图 11-7 "元件引脚编辑器"对话框

图 11-8 修改引脚属性后的元件

图 11-10 "PCB 模型"对话框

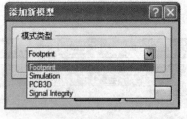

图 11-9 "添加新模型"对话框

7）单击 浏览 按钮，系统将弹出如图 11-11 所示的"浏览库"对话框。

图 11-11 "浏览库"对话框

8）单击 发现 按钮，在弹出的"搜索库"对话框中输入"F－QFP7X7－G48/N"或者查询字符串，然后单击左下角的 搜索 按钮开始查找，如图 11-12 所示。在搜索出来的封装类型中选择"F－QFP7X7－G48/N"，如图 11-13 所示。

9）单击 确定 按钮，把选定的封装库装入以后，会在"PCB 模型"对话框中看到被选定的封装的示意图，如图 11-14 所示。

10）单击 确定 按钮，关闭该对话框。然后单击"保存"按钮，保存库元件。在"SCH Library"面板中单击"元件"选项栏中的 放置 按钮，将其放置到原理图中。

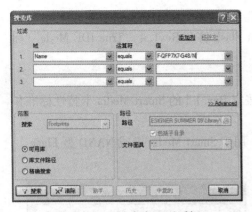

图 11-12 "搜索库"对话框

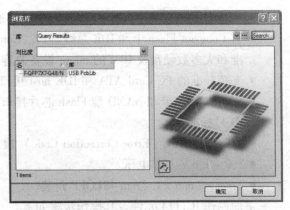

图 11-13 在搜索结果中选择 F-QFP7X7-G48/N

图 11-14 "PCB 模型"对话框

11.3.2 制作 IC1114 元件

IC1114 是 ICSI IC11XX 系列带有 USB 接口的微控制器之一，主要用于 Flash Disk 的控制器，具有以下特点：

- 采用 8 位高速单片机实现，每 4 个时钟周期为一个机器周期。
- 工作频率为 12 MHz。
- 兼容 Intel MCS-51 系列单片机的指令集。
- 内嵌 32 KB Flash 程序空间，并且可通过 USB、PCMCIA、I^2C 在线编程（ISP）。
- 内建 256 B 固定地址、4608 B 浮动地址的数据 RAM 和额外 1 KB CPU 数据 RAM 空间。
- 多种节电模式。
- 3 个可编程 16 位的定时器/计数器和看门狗定时器。
- 满足全速 USB 1.1 标准的 USB 口，速度可达 12 Mbits/s，一个设备地址和 4 个端点。
- 内建 ICSI 的 in-house 双向并口，在主从设备之间实现快速的数据传送。

- 主从 I^2C、UART 和 RS – 232 接口供外部通信。
- 有 Compact Flash 卡和 IDE 总线接口。Compact Flash 符合 Rev1.4 "True IDE Mode" 标准和大多数硬盘及 IBM 的 micro 设备兼容。
- 支持标准的 PC Card ATA 和 IDE host 接口。
- Smart Media 卡和 NAND 型 Flash 芯片接口，兼容 Rev.l.1 的 Smart Media 卡特性标准和 ID 号标准。
- 内建硬件 ECC（Error Correction Code）检查，用于 Smart Media 卡或 NAND 型 Flash。
- 3.0～3.6 V 工作电压。
- 7 mm ×7 mm ×1.4 mm 48LQFP 封装。

下面制作 IC1114 元件，其操作步骤如下。

1）打开库元件设计文档"Schlib1.SchLib"，单击"实用"工具栏中的"新建元件"按钮，或在"SCH Library"面板中单击"元件"选项栏中的 添加 按钮，系统将弹出"New Components Name"对话框，输入"IC1114"，如图 11-15 所示。

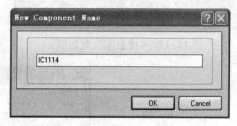

图 11-15 "New Components" 对话框

2）选择"放置"→"矩形"命令，绘制元件边框，元件边框为正方形，如图 11-16 所示。

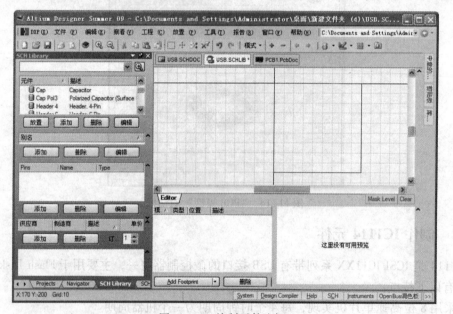

图 11-16 绘制元件边框

3）选择"放置"→"引脚"命令，或者在"SCH Library"面板中单击"Pins"选项栏中的 添加 按钮，添加引脚。在放置引脚的过程中，按下〈Tab〉键会弹出引脚属性对话框，在该对话框中可以设置引脚的起始编号及显示文字等。IC1114 共有 48 个引脚，引脚放置完毕的元件图如图 11-17 所示。

4）在"SCH Library"面板的"元件"选项栏中选中 IC1114，单击 编辑 按钮，系统将弹出如图 11-6 所示的"Library Component Properties"对话框。单击其中的 编辑Pin 按钮，修改引脚属性。修改好的 IC1114 元件如图 11-18 所示。

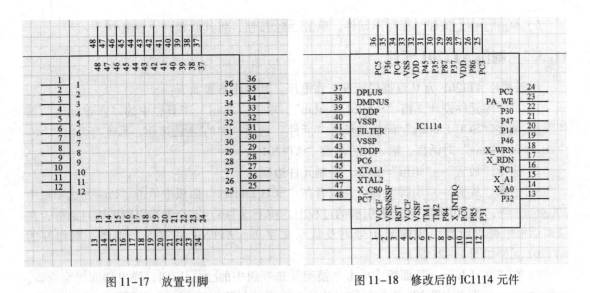

图 11-17　放置引脚　　　　　　　　　图 11-18　修改后的 IC1114 元件

📖 在制作引脚较多的元件时，可以使用复制和粘贴的方法来提高工作效率。粘贴过程中，应注意引脚的方向，可按空格键来进行旋转。

5）在"SCH Library"面板中单击"模型"选项栏中的 添加 按钮，系统将弹出如图 11-19 所示的"添加新模型"对话框，选择"Footprint"为 IC1114 添加封装。此处，选择的封装为"F-QFP7X7-G48/N"，单击 浏览 和 发现 按钮查找该封装，添加完成后的"PCB模型"对话框如图 11-20 所示。

图 11-19　"添加新模型"对话框

图 11-20　添加完成后的"PCB 模型"对话框

6）单击 确定 按钮，保存库元件。单击 放置 按钮，将其放置到原理图中。

11.3.3 制作 AT1201 元件

电源芯片 AT1201 为 U 盘提供标准工作电压。其操作步骤如下：

1）打开库元件设计文档"Schlib1. SchLib"，单击"实用"工具栏中的"新建元件"按钮 ，或在"SCH Library"面板中单击"元件"选项栏中的 添加 按钮，系统将弹出"New Components Name"对话框，输入元件名称"AT1201"。

2）选择"放置"→"矩形"命令，绘制元件边框。

3）选择"放置"→"引脚"命令，或者在"SCH Library"面板中单击"Pins"选项栏中的 添加 按钮，添加引脚。在放置引脚的过程中，按下〈Tab〉键会弹出引脚属性对话框，在该对话框中可以设置引脚的起始号码及显示文字等。AT1201 共有 5 个引脚，制作好的 AT1201 元件如图 11-21 所示。

4）在"SCH Library"面板中单击"模型"选项组中的 添加 按钮，弹出添加模型窗口，选择"Footprint"为 AT1201 添加封装。此处，选择的封装为"SO-G5/P. 95"，"PCB 模型"对话框设置如图 11-22 所示。

5）单击确定按钮，保存库元件。在"SCH Library"面板中单击"元件"选项栏中的放置按钮将其放置到原理图中。

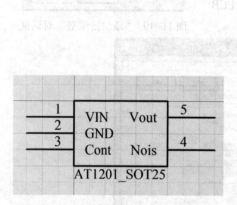

图 11-21　制作好的 AT1201 元件

图 11-22　"PCB 模型"对话框

11.4　绘制原理图

电路原理图设计是印制电路板设计的基础。一般情况下，只有先设计好电路原理图，才能通过网络表文件来确定元器件的电器特性和电路连接信息，从而设计出印制电路板。为了更清晰地说明原理图的绘制过程，本书采用模块法绘制电路原理图。

11.4.1 U 盘接口电路模块设计

打开"USB. SchDoc"文件，选择"库"面板，在自建库中选择 IC1114 元件，将其放置在原理图中；再找出电容元件、电阻元件并放置好；在"Miscellaneous Devices. IntLib"（常用分立元件库）中选择晶体振荡器、发光二极管（LED）、连接器 Header4 等放入原理图中。接着对元件进行属性设置，然后进行布局。电路组成元件的布局如图11-23所示。

单击"布线"工具栏中的"放置线"按钮，将元件连接起来。单击"布线"工具栏中的"放置网络标号"按钮，在信号线上标注电气网络标号。连线后的电路原理图如图11-24所示。

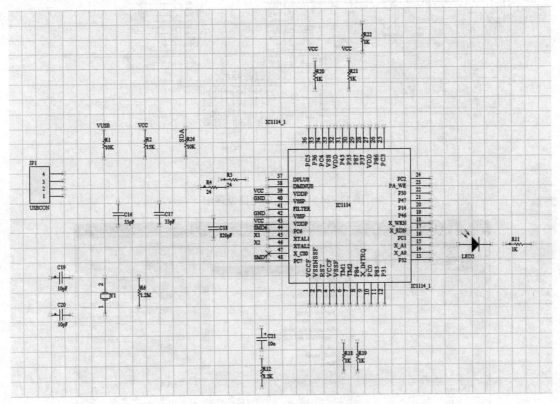

图11-23　电路组成元件的布局

11.4.2　滤波电容电路模块设计

1）在"Miscellaneous Devices. IntLib"（常用分立元件库）中选择一个电容，修改为 1 µF，放置到原理图中。

2）选中该电容，单击"原理图标准"工具栏上的"复制"按钮，选好放置元件的位置，然后选择"编辑"→"灵巧粘贴"命令，弹出"智能粘贴"对话框。选择右侧的"选择粘贴阵列"复选框，然后在下面的文本框中设置粘贴个数为5、水平间距为30、垂直间距为0，如图11-25所示，单击 确定 按钮关闭对话框。

3）选择粘贴的起点为第一个电容右侧30的地方，单击完成5个电容的放置。

4）单击"布线"工具栏中的"放置线"按钮，执行连线操作，接上电源和地，完成滤波电容电路模块的绘制，如图11-26所示。

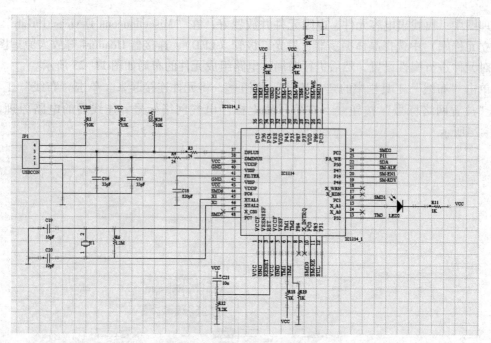

图 11-24　连线后的电路原理图

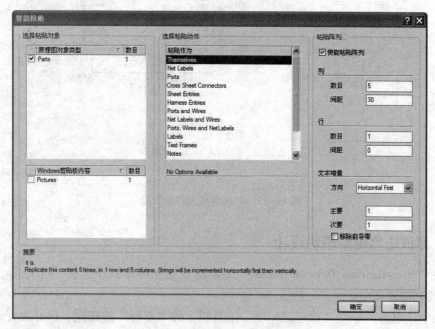

图 11-25　"智能粘贴"对话框

11.4.3　Flash 电路模块设计

1）放置好电容元件、电阻元件，并对元件进行属性设置，然后进行布局。

2）单击"布线"工具栏中的"放置线"按钮 ，进行连线。单击"布线"工具栏中的"放置网络标号"按钮 ，标注电气网络标号。至此，Flash 电路模块设计完成，其电路原理图如图 11-27 所示。

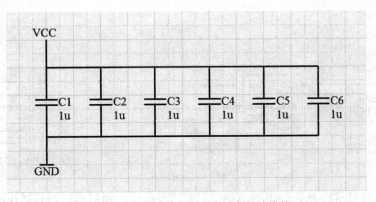

图 11-26 绘制完成的滤波电容电路模块

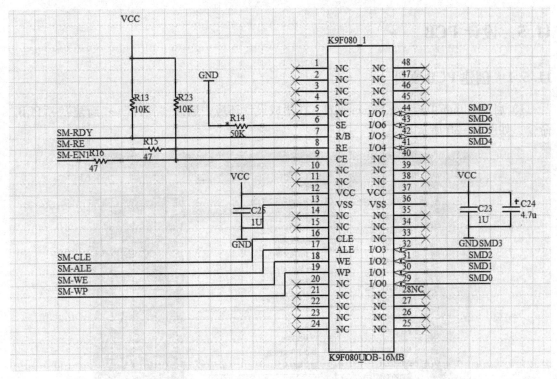

图 11-27 设计完成的 Flash 电路模块的电路原理图

11.4.4 供电模块设计

选择"SCH Library"面板,在自建库中选择 AT1201 电源芯片,在"Miscellaneous Devices. IntLib"(常用分立元件库)中选择电容,放置到原理图中,然后单击"布线"工具栏中的"放置线"按钮,进行连线。连线后的供电模块如图 11-28 所示。

11.4.5 连接器及开关设计

在"Miscellaneous Connectors. IntLib"(常用接插件库)中选择连接器 Header6,并完成其电路连接,如图 11-29 所示。

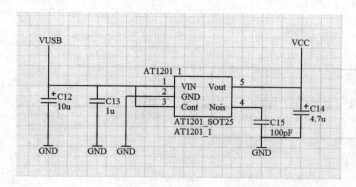

图 11-28　连线后的供电模块

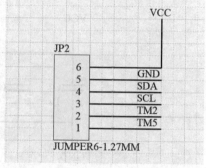

图 11-29　连接器 Header6 的连接电路

11.5　设计 PCB

11.5.1　创建 PCB 文件

1）启动 Altium Designer Summer 09，在集成设计环境中选择"文件"→"新建"→"PCB"命令，如图 11-30 所示。

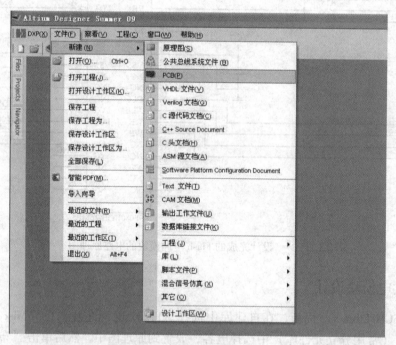

图 11-30　使用菜单新建 PCB 文件

2）系统在当前工程中新建了一个默认名为"PCB1. PcbDoc"的 PCB 文件，同时启动了"PCB Editor"，进入 PCB 设计环境，如图 11-31 所示。

3）选择"设计"→"板子形状"→"重新定义板子外形"命令，重新定义 PCB 的尺寸。

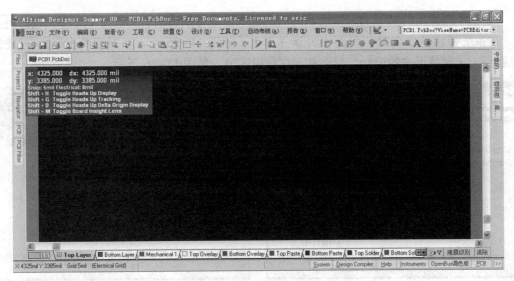

图 11-31　新建一个 PCB 文件

11.5.2　编辑元件封装

虽然前面已经为自己制作的元件指定了 PCB 封装形式，但对于一些特殊的元件还可以自己定义封装形式，这会给设计带来更大的灵活性。下面以 IC1114 为例制作 PCB 封装形式，其操作步骤如下：

1）选择"文件"→"新建"→"库"→"PCB 库文件"命令，建立一个新的封装文件，命名为"IC1113.PcbLib"。

2）选择"工具"→"元器件向导"命令，系统将弹出如图 11-32 所示的"Component Wizard"对话框。

3）单击 下一步 按钮，在弹出的选择封装类型界面中选择用户需要的封装类型，如 DIP 或 BGA 封装。在本例中，采用 Quad Packs 封装，如图 11-33 所示，然后单击 下一步 按钮。接下来的几步均采用系统默认设置。

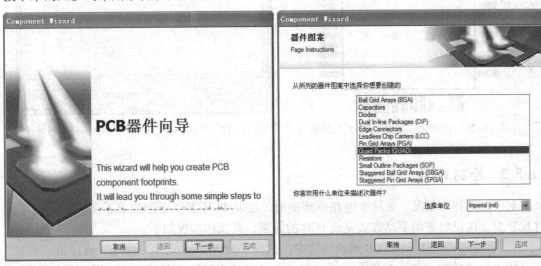

图 11-32　"Component Wizard"对话框　　　　图 11-33　选择封装类型界面

4）在系统弹出的如图 11-34 所示的对话框中设置每条边的引脚数为 12。单击 ![下一步] 按钮，在系统弹出的命名封装界面中为器件命名，如图 11-35 所示。最后单击 ![完成] 按钮，完成 IC1114 封装形式的设计。结果显示在布局区域，如图 11-36 所示。

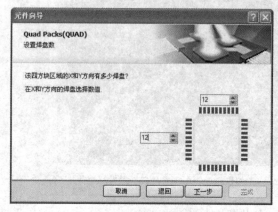

图 11-34 设置引脚数   图 11-35 命名封装界面

5）返回 PCB 编辑环境，选择"设计"→"添加/移除库"命令，在弹出的对话框中单击 ![添加库] 按钮，将设计的库文件添加到项目库中，如图 11-37 所示。单击 ![关闭] 按钮，关闭该对话框。

6）返回原理图编辑环境，双击 IC1114 元件，系统将弹出"元件属性"对话框。在该对话框的右下编辑区域选择"Footprint"属性，按步骤把绘制的 IC1114 封装形式导入。其步骤与连接系统自带的封装形式的导入步骤相同，如图 11-38 所示。具体见前面的介绍，在此不再赘述。

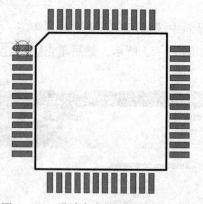

图 11-36 设计完成的 IC1114 元件封装

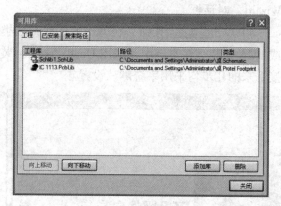

图 11-37 将用户设计的库文件添加到项目库中

11.5.3 绘制 PCB

对于一些特殊情况，如缺少电路原理图时，绘制 PCB 需要全部依靠手工完成。由于元件比较少，这里将采用手动方式完成 PCB 的绘制，其操作步骤如下：

1）手动放置元件。在 PCB 编辑环境中，选择"放置"→"元件"命令，或单击"布线"工具栏中的"放置元件"按钮 ![图标]，系统将弹出"放置元件"对话框。在"放置类型"选项

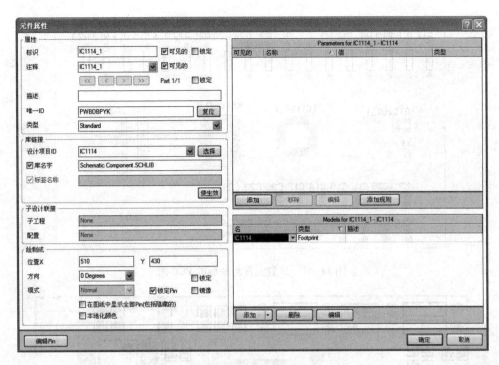

图 11-38 修改后的"元件属性"对话框

组中选择"封装"单选钮，如图 11-39 所示，然后单击□按钮，在系统弹出的"浏览库"对话框中查找封装库，如图 11-40 所示，类似于在原理图中查找元件的方法。

2）查找到所需元件封装后，单击 确定 按钮，在"放置元件"对话框中会显示查找结果。单击 确定 按钮，把元件封装放入到 PCB 中。放置元件封装后的 PCB 图如图 11-41 所示。

图 11-39 "放置元件"对话框

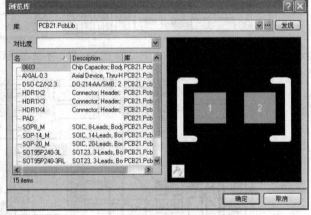

图 11-40 "浏览库"对话框

3）根据 PCB 的结构，手动调整元件封装的放置位置。手动布局后的 PCB 如图 11-42 所示。

4）单击"布线"工具栏中的按钮，根据原理图手动完成 PCB 导线连接。在连接导线前，需要设置好布线规则，一旦出现错误，系统会提示出错信息。手动布线后的 PCB 如图 11-43 所示。至此，U 盘的 PCB 就绘制完成了。

297

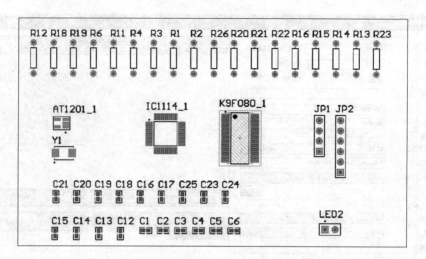

图 11-41　放置元件封装后的 PCB 图

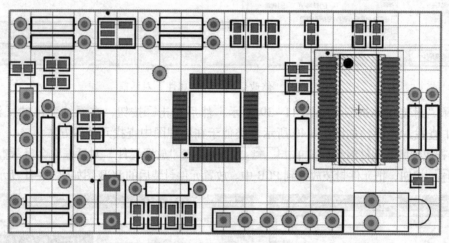

图 11-42　手动布局后的 PCB

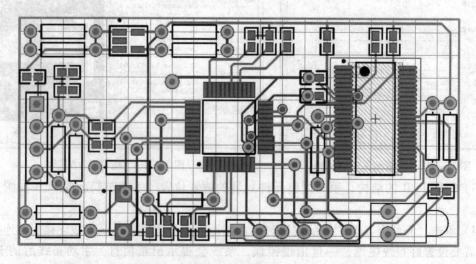

图 11-43　手动布线后的 PCB